TECHNIK, WIRTSCHAFT und POLITIK   43

Schriftenreihe des Fraunhofer-Instituts
für Systemtechnik und Innovationsforschung (ISI)

K. Ostertag · E. Jochem · J. Schleich · R. Walz
M. Kohlhaas · J. Diekmann, H.-J. Ziesing

Energiesparen – Klimaschutz, der sich rechnet

Ökonomische Argumente in der Klimapolitik

Unter Mitarbeit von
Heinz Strebel und Gudrun Krenický

Mit 14 Abbildungen
und 15 Tabellen

Springer-Verlag Berlin Heidelberg GmbH

Dipl.-Volksw. Katrin Ostertag (Projektleitung)
Prof. Dr. Eberhard Jochem
Dr. Joachim Schleich
Dr. Rainer Walz
Fraunhofer-Institut für Systemtechnik und Innovationsforschung (ISI)
Breslauer Straße 48
D-76139 Karlsruhe
http://www.isi.fhg.de

Dipl.-Volksw. Michael Kohlhaas
Dr. Jochen Diekmann
Dr. Hans-Joachim Ziesing
Deutsches Institut für Wirtschaftsforschung (DIW)
Königin-Luise-Straße 5
D-14195 Berlin
http://www.diw.de

Die diesem Buch zugrundeliegenden Arbeiten wurden im Auftrag des Umweltbundesamtes (Forschungsvorhaben FKZ 297 97 202) durchgeführt. Die Verantwortung für den Inhalt liegt jedoch allein beim Auftragnehmer

ISBN 978-3-7908-1294-7

Die Deutsche Bibliothek – CIP-Einheitsaufnahme
Energiesparen – Klimaschutz, der sich rechnet / von Katrin Ostertag ... –
Heidelberg: Physica-Verl., 2000
  (Technik, Wirtschaft und Politik; Bd. 43)
  ISBN 978-3-7908-1294-7   ISBN 978-3-642-57683-6 (eBook)
  DOI 10.1007/978-3-642-57683-6

Dieses Werk ist urheberrechtlich geschützt. Die dadurch begründeten Rechte, insbesondere die der Übersetzung, des Nachdrucks, des Vortrags, der Entnahme von Abbildungen und Tabellen, der Funksendung, der Mikroverfilmung oder der Vervielfältigung auf anderen Wegen und der Speicherung in Datenverarbeitungsanlagen, bleiben, auch bei nur auszugsweiser Verwertung, vorbehalten. Eine Vervielfältigung dieses Werkes oder von Teilen dieses Werkes ist auch im Einzelfall nur in den Grenzen der gesetzlichen Bestimmungen des Urheberrechtsgesetzes der Bundesrepublik Deutschland vom 9. September 1965 in der jeweils geltenden Fassung zulässig. Sie ist grundsätzlich vergütungspflichtig. Zuwiderhandlungen unterliegen den Strafbestimmungen des Urheberrechtsgesetzes.

© Springer-Verlag Berlin Heidelberg 2000
Ursprünglich erschienen bei Physica-Verlag Heidelberg 2000

Die Wiedergabe von Gebrauchsnamen, Handelsnamen, Warenbezeichnungen usw. in diesem Werk berechtigt auch ohne besondere Kennzeichnung nicht zu der Annahme, daß solche Namen im Sinne der Warenzeichen- und Markenschutz-Gesetzgebung als frei zu betrachten wären und daher von jedermann benutzt werden dürften.

Umschlaggestaltung: Erich Kirchner, Heidelberg
SPIN 10763626   88/2202-5 4 3 2 1 0 – Gedruckt auf säurefreiem Papier

Vorwort

Die Auswirkungen einer vom Menschen veränderten Erdatmosphäre sind zwar wegen der Komplexität der Wechselwirkungen zwischen der Konzentrationsanreicherung der Schadstoffe oder Treibhausgase, der Sonneneinstrahlung und -reflexion sowie der Wolkenbildung in ihrem Ausmaß und Detail noch umstritten. Aber es gibt hinreichend Konsens, dass eine Klimapolitik aus Vorsorgegesichtspunkten unbedingt verfolgt werden sollte. Um so mehr verwundert es, wenn relativ einfache technisch-ökonomische Bewertungen von Energieeinspar-Investitionen kontrovers verlaufen, auch wenn es sich um klar definierbare Rationalisierungsinvestitionen handelt, die dazu dienen, unter Einsatz von etwas mehr Know-how und Kapital Energiekosten zu senken und "unter dem Strich" noch ein kleines Plus zu erzielen. Die in den 90er Jahren expandierenden Energiedienstleistungs- und Contracting-Unternehmen bestätigen die Existenz rentabler Energieeinsparmöglichkeiten selbst bei den niedrigen Energiepreisen am Ende des 20. Jahrhunderts.

Dieses Buch zeigt in klarer analytischer Weise, dass die Kontroverse um die Kosten oder Nettoerträge von Energieeffizienz-Investitionen zunächst einer Klärung bedarf, auf welcher der drei Fachebenen gerade debattiert wird: einzelwirtschaftlich, energiewirtschaftlich oder volkswirtschaftlich. Vollzieht man diese Unterscheidung, ist bereits manche Kontroverse beendet, zumindest aber gemildert. Zudem scheint sich bei genauerer Analyse der in Praxis und Forschungsalltag verwendeten Kostenermittlungsmethoden abzuzeichnen, dass Kostenangaben eher zu hoch und Nettoerträge bzw. verminderte externe Kosten eher zu niedrig beziffert werden, falls letztere überhaupt in die ökonomische Bewertung miteinbezogen werden.

Die Nüchternheit, die dieses Buch bei der fachlichen Analyse der ökonomischem Bewertung von Energieeffizienz-Investitionen ausstrahlt, und seine Konkretion wird nach gewisser Zeit vielleicht mehr Akteure und Investoren zu "No-regret"-Investitionen anleiten, als manche Darstellungen von illustren Beispielen allein. Denn meist mangelt es heute nicht an der Verfügbarkeit rentabler Energieeffizienztechniken, es fehlt vielmehr eine differenzierte und breite Fachkenntnis zur ökonomischen Bewertung der Rationalisierungsinvestition Energieeffizienz.

Gewiss fehlen auch Beachtung und Motivation seitens der Investoren, Unternehmens- und Verwaltungsleitungen und der Energie- und Wirtschaftspolitik: Energieeffizienz ist infolge ihrer Vielgestaltigkeit und Unsichtbarkeit fast nie ein Großprojekt und via Medien kaum zu vermitteln. Und gerade darum hat dieses Buch eine bedeutende Botschaft: Energieeffizienz ist weit häufiger rentabel, als selbst Fachleute vermuten.

Das vorliegende Buch wurde in enger Kooperation zwischen dem Fraunhofer-Institut für Systemtechnik und Innovationsforschung (ISI), Karlsruhe, und dem Deutschen Institut für Wirtschaftsforschung (DIW), Berlin, erarbeitet.

Der besondere Dank der Autoren gilt Frau Gudrun Krenicky (ISI), Diplom-Juristin, die zur Bearbeitung der juristischen Fragestellungen wertvolle Recherchen beigetragen hat, und Herrn Prof. Dr. Strebel, Professor der Betriebswirtschaftslehre an der Karl-Franzens-Universität Graz, der das Kapitel zur einzelwirtschaflichen Bewertung fachlich eng begleitet hat. Zu großem Dank verpflichtet sind wir auch Frau Irmgard Sieb (ISI) für die geduldige Rechtschreibkorrektur und Frau Bärbel Katz (ISI), die durch ihr intensives, zuverlässiges und eigenverantwortliches Engagement im Sekretariat eine hervorragende Infrastruktur für die Arbeiten an diesem Buch bereitgestellt hat. Last but not least bedanken wir uns beim Umweltbundesamt als Auftraggeber.

Katrin Ostertag, Eberhard Jochem, Joachim Schleich, Rainer Walz	Michael Kohlhaas, Jochen Diekmann, Hans-Joachim Ziesing
Fraunhofer-Institut für Systemtechnik und Innovationsforschung	Deutsches Institut für Wirtschaftsforschung

Karlsruhe / Berlin, im Januar 2000

Inhaltsverzeichnis

Seite

Kurzfassung 1

1 Einleitung und Problemstellung.. 31

2 Grundlagen zum Verständnis 35
   2.1 Akteurs- und Analyseebenen:
         ein erster Schritt zum Verständnis... 35
   2.1.1 Die einzelwirtschaftliche Perspektive 36
   2.1.2 Die energiesystemanalytische Perspektive 36
   2.1.3 Die gesamtwirtschaftliche Perspektive... 38
   2.2 Zentrale Begriffe und Konzepte 39

3 Bewertung von Energiesparmaßnahmen aus
einzelwirtschaftlicher Sicht... 43
   3.1 Betriebswirtschaftliche Verfahren zur Bewertung
         von REN-Maßnahmen... 45
   3.1.1 Definition von Kosten und Nutzen aus
         einzelwirtschaftlicher Sicht 47
   3.1.2 Statische Kosten- bzw. Gewinnvergleichsrechnung
         und Probleme der Kostenzurechnung.. 48
   3.1.2.1 Vollkosten- oder Teilkostenrechnung? 49
   3.1.2.2 Welche Kostendaten sind relevant? 51
   3.1.2.3 Kosten- oder Gewinnvergleichsrechnung?...................................... 54
   3.1.3 Dynamische Wirtschaftlichkeitsbetrachtung...................................... 56
   3.1.3.1 Der Kapitalwert 56
   3.1.3.2 Die Annuitätenmethode... 59
   3.1.3.3 Der interne Zinssatz 60
   3.1.4 Die Rolle der Amortisationsdauer als Bewertungskriterium.............. 62
   3.1.5 Mehrdimensionale Verfahren der Wirtschaftlichkeitsrechnung......... 64
   3.2 Schlüsselfälle der Bewertung betrieblicher REN-Maßnahmen......... 66
   3.2.1 Dezentrale Wärmeerzeugung 66
   3.2.1.1 Bewertung gemäß der VDI-Richtlinie 6025.................................... 67
   3.2.1.2 Fragen der Bewertung vermiedenen Wärmebedarfs 71
   3.2.2 Stromeigenerzeugung durch Kraft-Wärme-Kopplung 74
   3.2.2.1 Besonderheiten bei der Bewertung von BHKW.............................. 74

3.2.2.2	Bewertung der Kuppelprodukte Wärme und Strom	75
3.2.3	REN-Investitionen in Nebenanlagen	76
3.2.4	Reduzierung des Nutzenergiebedarfs	78
3.3	Private und öffentliche Haushalte als einzelwirtschaftliche Entscheider	80
3.3.1	Die Perspektive der privaten Haushalte	80
3.3.2	Die Perspektive des öffentlichen Sektors	81
3.4	Einflüsse ausgewählter Rahmenbedingungen	83
3.4.1	Die Bedeutung von Energiepreiserwartungen	83
3.4.2	Liberalisierung, Demand-Side-Management und Contracting	84
3.4.3	Einflüsse ordnungsrechtlicher Rahmenbedingungen	86
3.4.4	Einflüsse steuerrechtlicher Rahmenbedingungen	87
3.5	Fazit zur einzelwirtschaftlichen Bewertung von Energiesparmaßnahmen	89

Literatur zu Kapitel 3 92

4 Kostenaspekte der Treibhausgasminderung in Energiesystemanalysen 97

4.1	Szenarien- und Modellanalysen	98
4.1.1	Modellgestützte Systemanalysen	98
4.1.2	Grundstruktur von Energiesystemanalysen und deren Schlüsselgrößen	101
4.2	Kosten- und Potentialkonzepte	105
4.2.1	Der Kostenbegriff aus volkswirtschaftlicher Sicht	105
4.2.2	Möglichkeiten der Minderung von Treibhausgasen in Energiesystemanalysen	107
4.2.3	Minderungspotentiale und Hemmnisse	108
4.2.4	Kann Klimaschutz in Energiesystemmodellen mit Kosteneinsparungen verbunden sein?	110
4.3	Kostenbewertung am Beispiel des IKARUS-Modells	112
4.3.1	Überblick: IKARUS-Datenbank und -Modelle	112
4.3.2	Methodische Grundlagen des IKARUS-Optimierungsmodells	114
4.3.3	Kostendefinitionen und -zurechnungen	116
4.3.4	Interpretation durchschnittlicher und marginaler Vermeidungskosten	120
4.3.5	Vergleich mit ähnlichen Optimierungsmodellen	123
4.4	Bedeutung von Unsicherheiten	125

4.5	Ursachen von Abweichungen der Ergebnisse unterschiedlicher Studien	129
4.6	Fazit zur Bewertung von Energiesparmaßnahmen in Energiesystemanalysen	131
	Literatur zu Kapitel 4	137

5 Gesamtwirtschaftliche Aspekte für Kosten-Wirksamkeitsanalysen 141

5.1	Definition von Kosten und Nutzen aus gesamtwirtschaftlicher Perspektive	141
5.2	Wirkungsmechanismen	143
5.2.1	Preis- und Kosteneffekte	144
5.2.2	Nachfrageeffekte	146
5.2.3	Innovationseffekte	147
5.2.4	Wirkungsrichtung der ausgelösten Impulse	150
5.3	Modellierungsansätze – wichtige Entscheidungen bei der Modellierung	153
5.4	Überblick über Ergebnisse von Modellanalysen	157
5.5	Timing der Emissionsreduktion	162
5.6	Reduktion der externen Kosten	165
5.7	Fazit zur Bewertung von Energiesparmaßnahmen in gesamtwirtschaftlichen Analysen	170
	Literatur zu Kapitel 5	171

6 Querschnittsaspekte: Transaktions- und Programmkosten 177

6.1	Grundsätzliche Überlegungen zur Transaktionskostendebatte	177
6.2	Transaktionskosten an drei konkreten Beispielen	179
6.2.1	Hocheffiziente Elektromotoren (HEM)	179
6.2.2	Kostenunterschied zwischen interner und externer Abwärmenutzung	181
6.2.3	Druckluft-Leckageüberwachung	183
6.3	Contracting als Weg zur Verminderung der Transaktionskosten	185
6.4	Kosten und Nutzen von Programmen	187
6.5	Implikationen für Energiesystemanalysen und gesamtwirtschaftliche Analysen	190

6.5.1	Daten-Input	190
6.5.2	Modellstruktur und Ergebnisse	191
6.6	Schlussfolgerungen	192
	Literatur zu Kapitel 6	194

7 Synopse der drei Analyseebenen ... 197

7.1	Drei Betrachtungsebenen auf einen Blick	197
7.2	Unterschiedlich besetzte Begriffe auf den drei Analyseebenen	201
7.2.1	Was heißt "dynamisch"?	202
7.2.2	Der Sinn unterschiedlicher Kalkulationszinssätze	202
7.2.3	Ressourcenverzehr: mit oder ohne Steuern und Subventionen?	203
7.3	Verknüpfung der Analyseebenen	203

8 Empfehlungen für die Klimapolitik ... 207

8.1	Handlungsempfehlungen für die Klimapolitik	207
8.2	Strategie für die Forschungsförderung	210

Literaturverzeichnis ... 213

Annex 1 ... 223

A.1	Einzelwirtschaftliche Bewertungsverfahren am praktischen Beispiel	223

Annex 2 ... 235

A.2	Liberalisierung der Elektrizitätswirtschaft	235
A.2.1	Die aktuelle Beschlusslage	235
A.2.2	Preisbildung	237
A.2.3	Netzzugang und Durchleitungsrechte	237
A.2.4	Kommunen und EVU	239

Verzeichnis von Exkursen

Seite

Box 3.1: Statische versus dynamische Verfahren der
Wirtschaftlichkeitsrechnung 46
Box 3.2: Ausgaben oder Kosten? – Fachbegriffe versus Sprachalltag 48
Box 3.3: Besonderheiten bei der Identifizierung und monetären
Bewertung von Energieeinspareffekten bei leitungsgebundenen
Energieträgern und Brennstoffen 53
Box 3.4: Auf- und Abzinsung in der dynamischen
Wirtschaftlichkeitsbetrachtung 57
Box 3.5: Formel zur Berechnung des Kapitalwertes 58
Box 3.6: "Annuisierte Investitionskosten" oder "Annuität einer
Investition"? 60
Box 3.7: Kapitalwert oder interner Zinssatz? 61
Box 3.8: Ein- versus mehrdimensionale Bewertungsverfahren 66
Box 3.9: Dampf ≠ Dampf ≠ Wärme 73
Box 3.10: Die "vergessenen" Nebenanlagen 77
Box 3.11: Positivbeispiel einer umfassenden energetischen Sanierung 79

Abbildungsverzeichnis

Seite

Abbildung I: In verschiedenen Studien ermittelte Auswirkungen einer
Klimapolitik auf die Beschäftigung 22
Abbildung II: In verschiedenen Studien ermittelte Auswirkungen einer
Klimapolitik auf das Bruttoinlandsprodukt 23
Abbildung 3.1-1: Verlauf des Kapitalwerts in Abhängigkeit vom
Kalkulationszinsfuß 59
Abbildung 4.1-1: Schema von Energiesystemanalysen 101
Abbildung 4.2-1: Konzepte von Minderungspotentialen 109
Abbildung 4.2-2: Kostenverlauf bei der Reduktion von Emissionen,
ohne/mit Berücksichtigung von Hemmnissen 111
Abbildung 5.2-1: Wirkungsrichtung der ausgelösten Impulse 152
Abbildung 5.4-1: In verschiedenen Studien ermittelte Auswirkungen einer
Klimapolitik auf die Beschäftigung 158
Abbildung 5.4-2: In verschiedenen Studien ermittelte Auswirkungen einer
Klimapolitik auf das Bruttoinlandsprodukt 159
Abbildung 5.6-1: Bandbreite der in unterschiedlichen Studien
abgeschätzten externen Kosten des Energieverbrauchs 166
Abbildung 5.6-2: Stilisierte Ergebnisse eines Integrated Assessment der
Klimapolitik 169

Abbildung 6.2-1: Lebenszykluskosten von Elektromotoren........................ 180
Abbildung 6.3-1: Elemente des Wärmepreises beim Contracting.......................... 186
Abbildung 6.6-1: Mögliche Ergebnisse der Integration von Transaktions-
und Programmkosten in Kostenvergleiche............................... 193

Tabellenverzeichnis

Seite

Tabelle I: Überblick über die Wirkungsmechanismen von
Maßnahmen zur Erhöhung der rationellen
Energieanwendung auf die Volkswirtschaft 20

Tabelle II: Einfluss der Wahl des Diskontierungsfaktors und des
statistischen Werts für ein Menschenleben bei einem
Schadenseintritt in 50 Jahren; Werte in US $ 27

Tabelle 3.1-1: Abschneiden hochrentabler REN-Investitionen mit
langen Nutzungsdauern bei Anwendung der
Amortisationsdauermethode 64

Tabelle 3.2-1: Verrechnungspreise in Abhängigkeit von der Dampfqualität........... 72

Tabelle 4.3-1: Kosten der Vermeidung energiebedingter CO_2-Emissionen
in Deutschland: Durchschnittskosten bei einer Reduktion
um 25 % von 1990 bis 2005 (IKARUS-Modell-Ergebnisse) 122

Tabelle 5.1-1: Bezeichnung der Auswirkungen der Klimapolitik aus
unterschiedlicher Sichtweise.. 142

Tabelle 5.2-1: Überblick über die Wirkungsmechanismen von Maßnahmen
zur Erhöhung der Energieeffizienz auf die Volkswirtschaft............ 143

Tabelle 5.2-2: Einfuhr/Ausfuhr von energiesparenden Erzeugnissen..................... 150

Tabelle 5.3-1: Berücksichtigung der Wirkungsmechanismen in den
Modellierungsansätzen... 156

Tabelle 5.4-1: Wesentliche Ergebnisse ausgewählter Modellanalysen.................. 160

Tabelle 5.6-1: Auswirkungen von drei notwendigen ethisch-normativen
Annahmen auf die berechneten Folgekosten des
anthropogenen Klimawandels im Bereich der
landwirtschaftlichen Produktion und möglicher Todesfälle
durch Verhungern 167

Tabelle 7.1-1: Kosten und Wirtschaftlichkeit einzelwirtschaftlich richtig
ermitteln und interpretieren – einige zentrale Hinweise 198

Tabelle 7.1-2: Kosten und "Gewinne" in der Energiesystemanalyse richtig
ermitteln und interpretieren – einige zentrale Hinweise 199

Tabelle 7.1-3: Kosten und Nutzen gesamtwirtschaftlich richtig ermitteln
und interpretieren – einige zentrale Hinweise.............................. 200

Tabelle 7.3-1: Transaktions- und Programmkosten abschätzen und
interpretieren – einige zentrale Hinweise.................................... 204

Kurzfassung

1. Der Zahlenstreit in der klimapolitischen Diskussion

Wer die derzeitige klimaschutzpolitische Debatte verfolgt, wird mit sehr widersprüchlichen Zahlen zur wirtschaftlichen Bewertung von Klimaschutzmaßnahmen konfrontiert, vielleicht auch verwirrt. Viel – und nicht selten kontrovers – diskutiert ist die Bewertung von Maßnahmen zur Energieeinsparung. Wenn es um rationale Energienutzung im Sinne von Maßnahmen zur Steigerung der Energieeffizienz (REN) geht, sprechen die einen von Rentabilität und insgesamt positiven wirtschaftlichen Effekten. Die anderen sprechen von hohen Kosten und negativen wirtschaftlichen Auswirkungen dieser Maßnahmen zur Steigerung der Energieeffizienz.

Diese Stimmen kommen aus ganz verschiedenen Gruppierungen der Gesellschaft und spiegeln entsprechend unterschiedliche Perspektiven wider: Industrieverbände vertreten die Meinungen ihrer Mitgliedsunternehmen oder sprechen für die gewerbliche Wirtschaft als Ganzes. Energieexperten legen auf Basis ihrer Zahlen energiepolitische Prioritäten fest. Wirtschaftspolitiker diskutieren Energieeffizienzfragen im Kontext allgemeiner volkswirtschaftlicher Größen. Und Umweltpolitiker setzen auf Energieeffizienz als Strategie zur Erreichung einer Reduktion der Treibhausgasemissionen, die mit der Verfolgung anderer volkswirtschaftlicher Ziele (z. B. Arbeitsmarktpolitik) besonders kompatibel ist. Je nach Zusammenhang haben dabei die verwendeten Zahlen zur wirtschaftlichen Bewertung der diskutierten Maßnahmen zur Steigerung der Energieeffizienz einen ganz unterschiedlichen Bedeutungsgehalt, werden aber nicht entsprechend differenziert gehandhabt bzw. aufgefasst. In der Folge kommt es häufig zu Fehlinterpretationen, Missverständnissen und fehlgeleiteten, häufig emotional aufgeheizten Debatten – man redet absichtlich oder unabsichtlich aneinander vorbei. Ziel des vorliegenden Buches ist es, die Diskussion um die wirtschaftlichen Auswirkungen von Klimaschutzmaßnahmen, und insbesondere von energieeffizienzsteigernden Maßnahmen, zu versachlichen und transparent zu machen.

Die Kurzfassung richtet sich insbesondere an Politiker, aber auch an Vertreter von Wirtschaftsverbänden und anderen Nicht-Regierungsorganisationen, die an dieser politischen Diskussion teilnehmen. Insofern wurde besonderes Gewicht auf eine einfache, klare und anschauliche Argumentation gelegt, die auch für betriebs- oder volkswirtschaftliche Laien verständlich ist. Der eilige Leser soll in die Lage versetzt werden, die Zahlenangaben zur wirtschaftlichen Bewertung von Maßnahmen zur Energieeinsparung zu interpretieren und ihren analytischen Hintergrund zu durchschauen. Eine erste wichtige Grundlage dafür ist das Erkennen der verschiedenen Entscheidungszusammenhänge, in denen mit Kosten und Nutzen von energieeffizienzsteigernden Maßnahmen argumentiert wird.

Nach einer kurzen Beschreibung und Abgrenzung der verschiedenen Argumentationsebenen im Überblick (Abschnitt 2) werden anschließend für jede Ebene (Abschnitt 3 bis 5) die zentralen Einflussparameter aufgezeigt, die bestimmen, ob eine eher positive oder eher negative wirtschaftliche Bewertung von Maßnahmen zur Steigerung der Energieeffizienz ausgewiesen wird und in welcher Größenordnung sich die Werte bewegen. Die Annahmen, die in die Ableitung der Ergebnisse zu Kosten und Nutzen solcher Maßnahmen einfließen, werden offengelegt, damit die Diskussion um die wirtschaftliche Bedeutung der rationellen Energienutzung auf der Ebene der Einflussparameter – und damit sachlich und konstruktiv – stattfinden kann. Fehlinterpretationen werden so vermeidbar.

2. Drei unterschiedliche Argumentationsebenen im Überblick

Allgemein gesprochen sind die Kosten einer Maßnahme ihre negativen Konsequenzen, die im Hinblick auf ein bestimmtes Ziel auftreten; ihr Nutzen besteht umgekehrt in einer positiven Auswirkung auf das verfolgte Ziel. Aus dieser ganz allgemeinen Kosten-Nutzen-Definition wird deutlich, dass die Ziele des Betrachters die wirtschaftliche Bewertung einer Maßnahme unmittelbar beeinflussen. Angaben zu Kosten und Nutzen von Maßnahmen zur Steigerung der Energieeffizienz sind deshalb in ihrer Bedeutung abhängig vom Zusammenhang, in dem die Beurteilung angestellt wird – auch wenn sie in scheinbar objektiven Zahlen ausgedrückt werden. Die Beachtung dieses Zusammenhangs ist für das Verständnis der Zahlenangaben zu Kosten und Nutzen außerordentlich wichtig. Im Rahmen der Klimaschutzdiskussion spielen für die Beurteilung von REN-Maßnahmen mehrere verschiedene Zusammenhänge oder auch Argumentationsebenen eine Rolle:

(1) **Die einzelwirtschaftliche Argumentationsebene**: Hier ist der typische Diskussionspartner ein Unternehmen oder auch eine Kommune oder ein privater Haushalt. Diese individuellen Entscheider bewerten Energiesparmaßnahmen danach, was sie für ihr eigenes Wohl und die eigene Zielsetzung bedeuten. Betrachtet man allein die wirtschaftliche Zielsetzung der einzelwirtschaftlichen Akteure, geht es ihnen darum, Gewinne zu maximieren bzw. ein vorgegebenes oder angestrebtes Ziel mit möglichst geringen Kosten zu realisieren. Unter Kosten sind in diesem Zusammenhang die finanziellen und materiellen Ressourcen des Entscheiders zu verstehen, die er zur Erreichung seiner Ziele einsetzt.[1]

(2) **Die Argumentationsebene der Energiesystemanalyse**: Das Energiesystem einer Volkswirtschaft umfasst alle ihre energiebezogenen Bereiche – von der

---

[1] Diese Vereinfachung auf den "Homo oeconomicus" soll jedoch nicht darüber hinwegtäuschen, dass Unternehmen wie auch Kommunen und Haushalte neben wirtschaftlichen auch andere Ziele verfolgen (z. B. Ansehen von Person und Institution, Bequemlichkeiten und Ehrgeiz) und ihr Handeln auch von anderen Formen der Rationalität neben der unterstellten Zweckrationalität bestimmt wird.

Energiegewinnung bzw. dem Import von Energieträgern, über Umwandlung und Verteilung bis zum Endenergieverbrauch der Haushalte und Unternehmen sowie des Verkehrsbereichs. Diskussionspartner, die auf dieser Ebene argumentieren, sind in typischer Weise Experten der Energie- oder Forschungspolitik, oder auch Unternehmen mit langfristigen strategischen Interessen in zentralen energietechnischen Bereichen, z. B. Kraftwerken. Denn das Ziel der Energiesystemanalyse, die computergestützt läuft, besteht in der Regel in der Bestimmung eines kostenminimalen Energiesystems, wobei Höchstgrenzen für die Emission von Treibhausgasen vorgegeben werden können.

Im Unterschied zur einzelwirtschaftlichen Betrachtungsweise werden hier die möglichen Energieeffizienzmaßnahmen aus gesamtwirtschaftlicher Perspektive bewertet, das heißt mit dem Ressourcen- oder Werteverzehr aus volkswirtschaftlicher Sicht. Dies bedeutet, dass die Marktpreise zu korrigieren sind, wenn sie – wie im Fall von Steuern oder subventionierten Preisen – die gesamtwirtschaftlichen Kosten nicht widerspiegeln. Das Interesse der Energiesystemanalyse gilt vornehmlich der Frage, welche Energieerzeugungs- und -anwendungstechniken in welchem Umfang zum Einsatz kommen müssen, um die unter Einhaltung der Emissionsgrenzen kostenminimale Variante des Energiesystems zu realisieren. Die im Ergebnis außerdem ausgewiesenen Kosten dienen hauptsächlich dazu, Prioritäten für die Energie- und Forschungspolitik festzulegen, um das bestehende Energiesystem entsprechend anzupassen.

Zu beachten ist, dass Energiesystemanalysen keine Kosten-Nutzen-Analysen sind, denn der Nutzen, der durch die Vermeidung von Umweltbelastungen entsteht, wird nicht erfasst. Insofern dürfen die errechneten Kosten nicht von vornherein als Argument gegen den Klimaschutz gewertet werden. Die ausgewiesenen Kosten können nicht oder nur sehr eingeschränkt als absolute Kosten interpretiert werden und dürfen nicht den Kosten, die einem Unternehmen aus betriebswirtschaftlicher Sicht durch REN-Maßnahmen entstehen, gleichgesetzt werden.

(3) **Die gesamtwirtschaftliche Argumentationsebene:** Hier werden die Auswirkungen der rationellen Energienutzung auf die gesamte Volkswirtschaft betrachtet. Zentral ist aus volkswirtschaftlicher Sicht zunächst die Vermeidung von Klimaschäden, d. h. der externen Kosten des Klimawandels. Hierin besteht der eigentliche Nutzen der rationellen Energienutzung. Er erhöht sich, falls es durch die Klimapolitik zur Reduktion der externer Kosten der Umweltbelastung kommt. Eine weitere Frage, die auf dieser Ebene diskutiert wird, ist die Vereinbarkeit der Klimaschutzpolitik mit anderen gesamtwirtschaftlichen Zielen. Im Vordergrund stehen dabei meist Beschäftigungswirkungen und Auswirkungen auf das wirtschaftlichen Wachstum gemessen am Bruttoinlandsprodukt. Die Kontroverse, ob durch Maßnahmen zur Energieeffizienzsteigerung nicht nur Klimaschäden vermieden werden, sondern – quasi als Nebeneffekt – außerdem eine Annäherung an gesamtwirtschaftliche Ziele erreicht

wird, oder ob es umgekehrt zu gesamtwirtschaftlichen Kosten, d. h. zu einer Minderung der gesamtwirtschaftlichen Zielgrößen kommt, ist in diesem Zusammenhang zu sehen.

Jede dieser drei Argumentationsebenen hat ihre Berechtigung, und zwar jeweils für die Fragestellungen, die die Zielgrößen betreffen, die ihrem Kostenverständnis zugrunde liegen. Wegen dieser zentralen Unterschiede ist es für eine konstruktive Fachdiskussion wichtig, zunächst die Frage so zu präzisieren, dass klar wird, in welchem der oben skizzierten Kontexte sie steht. Anschließend lassen sich vorhandene Kostenangaben einer kritischen Überprüfung unterziehen und in den Diskussionszusammenhang einordnen. Dafür ist ein Blick auf die im jeweiligen Zusammenhang zentralen ergebnisprägenden Einflussparameter und auch die typischen Fehlerquellen und Missinterpretationen notwendig. Die nächsten drei Abschnitte führen etwas detaillierter in die einzelnen Argumentationsebenen ein.

3. Einzelwirtschaftliche Bewertung von Energiesparmaßnahmen

Wie kann es sein, dass einerseits die Masse der privatwirtschaftlichen Entscheider wohldefinierte REN-Maßnahmen für unwirtschaftlich hält und andererseits viele beratende Ingenieure oder die Broschüren von Effizienz-Wettbewerben (wie z. B. der Eta-Wettbewerb der deutschen Elektrizitätswirtschaft) von erfreulichen Verzinsungen und sehr kurzen Kapitalrückflusszeiten dieser REN-Maßnahmen berichten? Oder noch paradoxer: Wie kann es sein, dass einzelne Unternehmen – nämlich z. B. Contracting-Firmen – in Energieeffizienz ein lukratives Geschäftsfeld sehen und genau aus denjenigen Maßnahmen Gewinn schlagen, die sich laut Aussage ihrer Klienten nicht rechnen?

Oft lässt sich dieser Widerspruch durch einen genaueren Blick auf die "wirtschaftlichen Gründe" des Klienten erklären, auf die er seine Ablehnung von REN-Maßnahmen stützt. So lässt sich beobachten, dass in vielen alltäglichen Entscheidungssituationen zwar nach einzelnen wirtschaftlichen Gesichtspunkten, nicht aber nach vollständigen Wirtschaftlichkeitsberechnungen entschieden wird. In eingeschliffenen Verhaltensweisen – oder auch wegen der kurzfristig nicht verfügbaren Daten, z. B. über den Energieverbrauch einer einzelnen Anlage – werden sehr verkürzte, überschlägige Rechnungen angestellt, die aus Sicht der Betriebswirtschaftslehre falsch oder nur schwach fundiert sind. Die folgenden Beispiele zeigen einige gängige Schwachstellen in der einzelwirtschaftlichen Bewertung von Energieeffizienzmaßnahmen. Sie betreffen die Fragen, welche Kostendaten in eine Wirtschaftlichkeitsbetrachtung einfließen müssen (a-c), wie Investitionsrisiken (d) und Zinseffekte bewertet werden (e), und was bei der Bewertung von Wärme (f), speziell von Wärme aus Kraft-Wärme-Kopplung (g) im Rahmen der innerbetrieblichen Leistungsverrechnung zu beachten ist.

a) REN-Maßnahmen sind Investitionen, nicht Anschaffungen

In vielen Unternehmen werden zur Umsetzung der strategischen Planung jährliche Investitionsbudgets für die einzelnen Abteilungen vorgegeben. Wenn nun eine Ersatzbeschaffung eines Elektromotors fällig wird, und für den Leiter der Abteilung Instandhaltung die Einhaltung seines Investitionsbudgets im Vordergrund steht, so können Unterschiede im Anschaffungspreis aus einsichtigen Gründen zum ausschlaggebenden Bewertungs- und Beschaffungskriterium werden. Auf die Frage, warum er den etwas teureren aber wesentlich energieeffizienteren Motor nicht gekauft hat, wird er vielleicht antworten, dass die Kosten dafür zu hoch waren und meint dabei allein den Anschaffungspreis.

Keine Verkürzung allein auf den Anschaffungspreis!

REN-Maßnahmen gehören zu den **Rationalisierungsinvestitionen**, d. h. zu den Investitionsvorhaben, deren Nutzen zunächst in der Kostenminderung besteht. Zusätzliche Einnahmen, die im Regelfall durch Investitionen angestrebt werden, sind hier nicht primäres Ziel. Sie können aber als Nebeneffekt in Form von z. B. höherer Anlagenauslastung oder verbesserter Produktqualität auftreten. Es sollte deshalb immer geprüft werden, ob nicht auch solche Synergieeffekt auftreten. Aufgrund dieser verschiedenen Zahlungsströme darf die **Entscheidung über eine REN-Maßnahme nicht allein aufgrund von Unterschieden im Anschaffungspreis (oft auch "Investitionskosten" genannt)** erfolgen. Diese Verkürzung ist besonders bei Haushalten und in bestimmten Entscheidungskontexten, z. B. bei eiligen Ersatzbeschaffungen, häufig zu beobachten.

b) Berücksichtigung nur der relevanten Kosten und Nutzen

Eine weit verbreitete Praktik im Zusammenhang mit der Produktpreiskalkulation ist die traditionellen Vollkostenrechnung, bei der alle Kosten des Betriebes letztlich den zur Veräußerung bestimmten Produkten oder Dienstleistungen zugeordnet werden und als Anhaltspunkte für die Preisuntergrenze herangezogen werden. Oft werden auch Investitionsvorhaben nach der Vollkostenmethode bewertet. Dies ist daran zu erkennen, dass mit Gemeinkostenzuschlägen gearbeitet wird.

Teilkosten- statt Vollkostenrechnung! Keine Gemeinkostenzuschläge!

Gemeinkosten sind Kosten, die nicht durch Entscheidungen über eine bestimmte REN-Maßnahme anfallen, sondern aus anderen Entscheidungen resultieren, so z. B. Verwaltungskosten aus der Entscheidung, einen gewissen organisatorischen Rahmen für ein Unternehmen zu etablieren. Verfährt man nach den Prinzipien der Vollkostenrechnung, so werden Energiesparmaßnahmen auch mit Gemeinkosten belastet, d. h. mit Kosten, die sie gar nicht verursachen. Dies hat zur Folge, dass für die Energiesparmaßnahmen gegenüber der Realität eine geringere Kosteneinsparung ermittelt oder gar eine Kostenerhöhung konstatiert wird. **Nach dem betriebswirtschaftli-**

chen Identitätsprinzip ist die Vollkostenrechnung zur Beurteilung eines Investitionsobjekts unzulässig. Vielmehr dürfen nur Einzelkosten – d. h. Kosten, die durch die Entscheidung zur REN-Maßnahme zusätzlich entstehen – berücksichtigt werden. Zu den Einzelkosten gehören die variablen Kosten einer Anlage (z. B. die Kosten für eingesetzte Brennstoffe), aber unter Umständen auch Teile der fixen Kosten, sofern sich diese der einzelnen Maßnahme zurechnen lassen. Nur diese Einzelkosten sind geeignete Grundlagen für Nutzen-Kosten-Vergleiche. Die Teilkostenrechnung erfüllt diese Forderung.

c) Mögliche Kosteneinsparungen bei fixen und bei energieunspezifischen Kosten

Häufig werden Kostenveränderungen – und damit oft auch Kosteneinsparungen – im Bereich der fixen Kosten vernachlässigt, auch wenn sie durch die Entscheidung zur REN-Maßnahme entstehen und damit eindeutig zuordnungsfähige Einzelkosten sind. Beispiele sind wärmebedarfsreduzierende Maßnahmen, durch die eine andernfalls nötige Erweiterung der Kesselanlagen vermieden wird. Außerdem werden häufig auch Änderungen bei Kostenarten vernachlässigt, die nicht mehr direkt mit Energie im Zusammenhang stehen, z. B. die deutliche Reduzierung von Reinigungskosten bei Druckwasserbefeuchtung gegenüber herkömmlichen Luftwäschern. Grund dafür ist die Struktur der Kostenrechnung, die meist zu grob ist, als dass Kosten für einzelne (Groß-) Anlagen ausgewiesen würden. Eigene überschlägige Kostenzurechnungen der Entscheider werden als zu aufwendig oder unzuverlässig angesehen.

Kosteneinsparungen bei fixen Kosten und Kosten außerhalb des Energiebereichs berücksichtigen!

Fixe Kosten sind der Definition nach Kosten, deren Höhe vom Produktionsvolumen unabhängig ist. Anders als der Begriff vielleicht nahe legt, sind fixe Kosten aber durchaus nicht unabänderlich, sondern können, wie im Beispiel oben, durch REN-Maßnahmen abgebaut werden. Diese versteckten Kostenwirkungen sollten – ebenso wie Kostenwirkungen außerhalb des Energiebereichs, die auf REN-Maßnahmen zurückzuführen sind – der Sache nach in die ökonomische Bewertung von REN-Maßnahmen einfließen. Das Ergebnis einer in diese Richtung erweiterten Betrachtung muss keineswegs zu einer Ausweisung von höheren Kosten von REN-Maßnahmen führen. Denn eine konsequente Berücksichtigung aller Kosteneffekte bedeutet im Gegenzug auch eine konsequente Berücksichtigung aller Kosteneinspareffekte von REN-Maßnahmen – ob sie nun im Energiebereich liegen oder außerhalb davon (z. B. bei der Abfallreduktion und entsprechend vermiedenen Entsorgungskosten); und ob sie nun die eigentliche energieeffiziente Anlage betreffen oder vor- bzw. nachgelagerte Anlagen, die vielleicht nicht mehr in der Größe benötigt werden (z. B. wenn durch effiziente Beleuchtung und Bürogeräte der Bedarf an Klimakälte reduziert wird). **Nur durch konsequente Berücksichtigung aller Kosten werden auch alle Kosteneinsparungen sichtbar.**

d) Bewertung des Risikos von Maßnahmen zur Steigerung der Energieeffizienz

Viele Investitionsobjekte werden ausschließlich nach der Amortisationsdauer beurteilt. Ein Grund dafür ist, dass sie relativ leicht und mit relativ wenig Daten überschlägig ermittelt werden kann. Denn man spart sich Überlegungen zur Kosten- und Ertragsentwicklung in den Jahren, nachdem sich die Investition amortisiert hat.

Keine Entscheidung allein auf Basis der Amortisationszeit!

Die Amortisationsdauer gibt an, in welchem Zeitraum die investierten Kapitalbeträge wieder zurückfließen. Richtig ist, dass ein Kapitalbetrag umso länger Verlustgefahren (Risiken) unterliegt, je länger er gebunden ist, d. h. je höher die Amortisationsdauer ist. **Die Amortisationsvergleichsrechnung ist damit als Risikomaß berechtigt. Sie ersetzt jedoch keine Wirtschaftlichkeitsrechnung**, da sie Nutzen und Kosten einer Investition nicht vollständig berücksichtigt. Entscheidend für die Rentabilität einer Investition ist, wie lange sie über die Amortisationsdauer hinaus genutzt werden kann und Erträge erwirtschaftet. Für REN-Investitionen gelten im allgemeinen recht lange Nutzungsdauern (bei Brennern z. B. ca. 15 Jahre), innerhalb derer der Vorteil von Energiekosteneinsparungen realisiert werden kann. Da die Ertragskraft einer Investition in den Jahren, nachdem sie sich amortisiert hat, in die Amortisationsrechnung nicht eingeht, ist die **Amortisationsdauer nur als ergänzendes Risikokalkül** zur eigentlichen Rentabilitätsrechnung sinnvoll.

Keine automatische Übertragung der Amortisationsanforderungen vom Kernbereich auf Energieeffizienzinvestitionen!

Zu berücksichtigen ist außerdem, dass **Investitionsrisiken im Kernbereich der Produktion und Investitionsrisiken im Randbereich grundlegend verschieden** sind. Denn die Rentabilität bestimmter Anlagen im Produktionsprozess – z. B. von Spezialmaschinen in der Textilindustrie zur Herstellung eines bestimmten Modegarns – hängen unter anderem von den Absatzchancen, dem Markt und dem Produktspektrum des Unternehmens ab, die sich von Jahr zu Jahr ändern können. Solche Anlagen können dadurch wesentlich leichter entwertet werden als Investitionen zur Steigerung der Energieeffizienz bei Energiewandlern. Eine energieeffiziente Beleuchtung – um nur ein Beispiel zu nennen – spart auch dann noch Energie und Kosten, wenn ein gänzlich anderer Produktionsvorgang damit beleuchtet wird. **Die unreflektierte Übertragung der Amortisationsanforderung vom Kernbereich einer Produktionsanlage auf REN-Entscheidungen ist deshalb unangemessen.**

e) Einheitlicher Bezugszeitpunkt zur Bewertung von Kosten und Erträgen

Aus Gründen der Vereinfachung wird häufig bei Rentabilitätsrechnungen und den zugrundeliegenden Bewertungen künftiger Kosten und Erträge der Aspekt, wann genau diese Kosten und Erträge entstehen, vernachlässigt. Stattdessen werden künftige Kosten und Erträge mit heutigen Kosten und Erträgen gleichgesetzt, ohne Zins- und Zinseszinseffekte zu berücksichtigen.

Dynamische Bewertung von Kosten und Erträgen mit Zinssensitivitätsrechnung!

Um den zeitlichen Anfall der Ein- und Auszahlungen und entsprechende Zinseffekte sachgerecht zu berücksichtigen, sollten die Beträge, die in die Rentabilitätsrechung eingehen, auf einen einheitlichen Zeitpunkt abgezinst werden; Beträge, die vor diesem gemeinsamen Bezugszeitpunkt liegen, sollten entsprechend aufgezinst werden (dynamische Bewertung). Dies gilt gerade auch für typische REN-Investitionen, da die Nutzungsdauer z. B. bei Kesseln, Regelungssystemen und Wärmedämmung oft sogar Jahrzehnte beträgt und damit die Zeitpunkte einzelner Kosten und Erträge stark divergieren können. Bei der dynamischen Betrachtung stellt sich allerdings die Frage nach dem angemessenen Zinssatz zur Abzinsung. Dieser sollte die Verzinsung einer bzgl. Risiko und Anlagebetrag vergleichbaren Investitionsalternative widerspiegeln. Da die Vergleichbarkeit zweier Investitionen nie exakt sondern immer nur annäherungsweise gegeben ist, besteht für die Wahl des angemessenen Zinssatzes ein gewisser Spielraum. Die Wahl des Zinssatzes innerhalb dieses Spielraums wirkt sich um so stärker auf das Ergebnis der Rentabilitätsrechnung aus, je weiter eine Investition in die Zukunft reicht. Durch Sensitivitätsrechnungen mit verschiedenen Zinssätzen sollte sich der Investor deshalb ein Bild über mögliche Schwankungsbreiten der Rentabilität machen.

f) Ansprüche an die innerbetriebliche Leistungsverrechnung

Wird der Wärmebedarf (oder auch anderer Nutzenergiebedarf, z. B. Druckluft) reduziert, werden oft nur die eingesparten Brennstoffkosten als Kosteneinsparung ausgewiesen. Rückwirkungen auf die Ebene der Wärmeerzeugung, z. B. die Vermeidung eines zusätzlichen Heizkessels etc. bleiben dagegen in der Praxis meist unberücksichtigt, da solche Rückwirkungen in der Regel nicht im innerbetrieblichen Verrechnungspreis für Wärme enthalten sind und zusätzliche Recherchen und Daten notwendig sind, um entsprechende Kostenwirkungen zu quantifizieren.

Berücksichtigung von Kosten der Wärmeerzeugungsanlagen in innerbetrieblichen Wärme-Verrechnungspreisen

Mit diesem Vorgehen wird ein **großer Teil der auf der Ebene der Wärmeerzeugungsanlagen anfallenden (Kapital-) Kosten vernachlässigt**. Empirischen Ergebnissen zufolge kann der Teil noch einmal das Doppelte der Brennstoffkosten ausmachen, d. h. den innerbetrieblichen Verrechnungspreis für Wärme verdreifachen. Aus dieser krassen Unterbewertung des vermeidbaren Wärmebedarfs folgt auch eine Unterbewertung der Kosteneinsparungen, die durch wärmeverbrauchssenkende REN-Maßnahmen realisiert werden können. Eine weitere Folge ist, dass beim Wärmeeinsatz nicht nach verschiedene Wärmequalitäten, die mit unterschiedlich hohem Erzeugungsaufwand verbunden sind, unterschieden wird. Da die mit der Wärmeerzeugung verbundenen Kosten mit dem Temperatur- und Druckniveau steigen, sollten unterschiedliche Wärmequalitäten entsprechend unterschiedliche interne Verrechnungspreise haben.

Zu prüfen ist bei Maßnahmen auf der Verwendungsseite immer, welche Kosten dadurch auf der Ebene der Wärmeerzeugung und anderer dezentraler Energiewandler abbaubar sind. Insbesondere ist dabei auf abbaubare fixe Kosten zu achten. Konkret fallen darunter Einsparmöglichkeiten durch gänzliche Vermeidung von Reinvestitionen, z. B. eines Kessels oder einer Umwälzpumpe, oder zumindest durch Reduktion der Reinvestitionsausgaben, indem kleinere Anlagen beschafft werden können (down-sizing). Die Interdependenz zwischen REN-Maßnahmen auf der Umwandlungs- und Verwendungsebene, die aus dieser Darstellung deutlich wird, ist auch der Grund dafür, warum REN-Maßnahmen im Idealfall im Rahmen einer Gesamtanalyse konzipiert werden sollten.

g) Bewertung von Wärme und Strom aus Kraft-Wärme-Kopplung (KWK)

Eine verbreitete Vorgehensweise bei der Bewertung des Stroms aus KWK-Anlagen ist es, auf Basis des Jahresnutzungsgrades der öffentlichen Stromversorgung von der erzeugten Strommenge auf den vermiedenen Brennstoffverbrauch und die Brennstoffkosten für die Stromerzeugung rückzurechnen. Nur der verbleibende Rest an Brennstoffen bzw. Brennstoffkosten, die die KWK-Anlage verursacht, werden der Wärmeerzeugung zugeschlagen.

Praktizierte Kostenzurechnung bei Wärme aus KWK erzeugt willkürliche Handhabung und oft Unterschätzung des Werts von Wärmeeinsparung

Da die gekoppelte Produktion von Strom und Wärme deutlich effizienter ist als die separate Erzeugung und deshalb die eingesetzte Gesamtmenge an Brennstoffen entsprechend geringer ausfällt, wird bei diesem Vorgehen die **Wärme deutlich niedriger bewertet, als wenn ihr der Brennstoffverbrauch eines konventionellen Wärmeerzeugers zugerechnet würde**. Diese tatsächlich praktizierte, oben geschildert Kostenzuordnung schlägt auf die errechneten Kosteneinsparungen bei Minderungsmaßnahmen des Wärmeverbrauchs durch. REN-Maßnahmen, die hier ansetzen, z. B. Maßnahmen zur Wärmerückgewinnung, werden durch die niedrige Bewertung der eingesparten Wärme oft als unrentabel ausgewiesen ("totgerechnet"). Genauso logisch wäre ein umgekehrtes Vorgehen in der Bewertung. Das heißt, der erzeugten Wärme könnte auch der Brennstoffbedarf bei entsprechender Erzeugung in konventionellen Kesselanlagen gegenübergestellt und die verbleibenden restlichen Brennstoffkosten der Stromerzeugung zugeschlagen werden. Die Wahl zwischen diesen beiden Kostenzurechnungen oder irgendwelcher Zwischenwerte – und damit auch die Bewertung der eingesparten Wärme – ist letztlich willkürlich.

| **Bewertung von Wärme und Strom aus KWK erfordert eine "Systembewertung"** | Der **betriebswirtschaftlich fundierte Ausweg** aus dem Zurechnungsproblem der Brennstoffkosten **besteht in der "Systembewertung"**. Das Problem kann vermieden werden, indem der Kreis der betrachteten Anlagen erweitert wird. Im Fall der KWK-Anlagen müssten dementsprechend |

die gesamten Wärme- und Stromversorgungsanlagen zuzüglich der erwogenen Investition zur verbesserten Wärmenutzung betrachtet werden, um dann festzustellen, wie sich dieses Gesamtsystem ändert, wenn z.B. Wärmeverbrauch reduziert wird.

h) Schlussfolgerungen

Misst man die gegenwärtige Bewertungspraxis an den Maßstäben der Betriebswirtschaftslehre, so ist davon auszugehen, dass mehr rentable Energieeinsparpotentiale vorhanden sind, als gemeinhin von einzelwirtschaftlichen Akteuren, und gerade auch von Unternehmen, behauptet wird. Besonders auf betrieblicher und kommunaler Ebene werden Wirtschaftlichkeitsargumente oft vorschnell verwendet und vorgeschlagene Energieeffizienzmaßnahmen auf Basis sehr verkürzter und oft verzerrender Rentabilitätsüberlegungen abgelehnt. Denn für eine genauere Kosten- und Ertragsanalyse fehlen oft die Daten und die Zeit. Die Wirtschaftlichkeitsargumente stützen sich dann zum Teil auf betriebswirtschaftlich nur schwach fundierte Bewertungsmethoden.

Um die Blockade, die aus der vermeintlichen Unwirtschaftlichkeit entsteht, abzubauen, müssen eventuelle Schwachstellen in der Wirtschaftlichkeitsbetrachtung aufgedeckt bzw. von vorn herein vermieden werden. Für eine Prüfung der Angaben zur Wirtschaftlichkeit auf ihre Stichhaltigkeit sind insbesondere folgende Punkte von Bedeutung:

- Energieeffizienzmaßnahmen können nur im Vergleich mit einer Alternative (z. B. dem Status-quo) bewertet werden. In den Vergleich dürfen nicht nur Unterschiede in den (einmaligen) Investitionsausgaben eingehen, sondern alle Unterschiede zwischen den jährlichen Gesamtkosten der verglichenen Maßnahmen.
- In die Bewertung einer Energieeffizienzmaßnahme müssen genau diejenigen Kosten und Kosteneinsparungen eingehen, die sie verursacht (Teilkostenkonzept: alle Änderungen bei Einzelkosten). Das heißt zum einen, dass die Gemeinkosten nicht einfließen sollten. Und zum anderen müssen auch Änderungen an fixen Kosten und auf der Erlösseite, soweit sie durch die Energieeffizienzmaßnahme bedingt sind, berücksichtigt werden.
- Die Wirtschaftlichkeit einer Investition lässt sich mittels der Annuitäten- oder Kapitalwertmethode oder der Methode der internen Verzinsung berechnen, nicht aber allein durch die Bestimmung der Amortisationszeit, die lediglich ein Risikomaß ist. Risiken von Energieeffizienzmaßnahmen, insbesondere im Bereich

der Querschnittstechniken, sind wegen ihrer Unabhängigkeit von der Produktion im allgemeinen als niedriger einzuschätzen als das Risiko von Investitionen im Kernbereich. Deshalb sollten an sie nicht die gleichen Amortisationsforderungen wie im Kernbereich gestellt werden.

- Kosten und Erträge, die zu unterschiedlichen Zeitpunkten anfallen, sollten erst dann miteinander saldiert werden, wenn sie auf einen einheitlichen Bezugszeitpunkt auf- bzw. abgezinst wurden. Um dem Spielraum bei der Wahl des Abzinsungsfaktors Rechnung zu tragen, sollten Zinssensitivitätsrechnungen angestellt werden.
- Bei der innerbetrieblichen Leistungsverrechnung von Nutzenergie, z. B. Wärme oder Druckluft, sollten nicht nur Strom- und Brennstoffkosten weiterverrechnet werden, sondern auch die Kosten der (Wärme- oder Druckluft-) Erzeugungsanlagen. Nur so kann die Nutzenergie nach unterschiedlichen Qualitäten (z. B. unterschiedliche Druck- und Temperaturniveaus) bewertet und eine generelle Unterschätzung der Kosteneinsparpotentiale im Bereich Nutzenergie vermieden werden.
- Die Erzeugungskosten für Kuppelprodukte wie Strom und Wärme (oder Kälte) sind den Kuppelprodukten nicht einzeln zurechenbar. Wenn dies in der Praxis z. B. nach Maßgabe der anlegbaren Kosten für den substituierten Strombezug doch geschieht, führt dies zu einer erheblichen Unterbewertung der produzierten Wärme und damit auch der eingesparten Kosten für Wärme. Wenn möglich, sollten deshalb Systemalternativen bewertet werden, bei denen die Kostenzuordnung zu den Koppelprodukten nicht erforderlich ist.

Die genannten Punkte können ein erster Schritt bei einer solchen Prüfung der Angaben zur Wirtschaftlichkeit auf ihre Stichhaltigkeit dienen. Es ist allerdings durchaus möglich, dass sich hinter dem Argument der vermeintlichen Unwirtschaftlichkeit andere als direkt wirtschaftliche Gründe verbergen, die aus der Perspektive des einzelnen Entscheiders gegen REN sprechen, so z. B. das Ziel des Abteilungsleiters, das vorgegebene Investitionsbudget einzuhalten. Ein zentrales Instrument der Unternehmenssteuerung gerät hier in Konflikt mit REN. Solche Hemmnisse, die bisher im Sammelbecken "unwirtschaftliche Maßnahmen" verschwinden, gilt es aufzudecken und abzubauen.

4. Bewertung von Energiesparmaßnahmen in Energiesystemanalysen

a) Ziele von Kosten-Wirksamkeits-Analysen mit Energiesystemmodellen

> **Zum Energiesystem eines Landes zählen Import, Gewinnung, Umwandlung, Transport, Verteilung und Nutzung von Energie**

Energiesystemmodelle streben eine detaillierte Abbildung des Energiesystems von der Energiegewinnung bzw. dem Import von Energieträgern, über Umwandlung und Transport bis zum Endenergieverbrauch der Haushalte und Unternehmen sowie des Verkehrsbereichs an. Mit ihrer Hilfe können Aussagen über technische und wirtschaftliche Möglichkeiten zur Reduktion energiebedingter Emissionen von Treibhausgasen gewonnen werden. Im Unterschied zu einzelwirtschaftlichen Ansätzen werden hierbei die möglichen Maßnahmen aus gesamtwirtschaftlicher Perspektive bewertet. Dies bedeutet, dass die Marktpreise zu korrigieren sind, sofern sie nicht die gesamtwirtschaftlichen Kosten widerspiegeln. Ferner können die Wechselwirkungen im Energiesystem (z. B. zwischen Energienutzung, -verteilung und -wandlung) berücksichtigt werden. Auf diese Weise können verschiedene technische Optionen in unterschiedlichen Sektoren und Subsektoren verglichen bzw. ihr Zusammenwirken untersucht werden. Während der Energiebereich hierbei möglichst vollständig abgebildet wird, werden andere volkswirtschaftliche Rückwirkungen (z. B. auf den Arbeitsmarkt, die Nachfrage nach Investitionsgütern oder Bauleistungen) vernachlässigt. In diesem Sinne handelt es sich um gesamt*energie*wirtschaftliche Analysen.

> **Energiesystemanalysen bewerten Einsparmaßnahmen nach gesamtwirtschaftlichen Kosten und Emissionen**

Unter methodischen Aspekten sind bei Energiesystemanalysen die Ansätze der Simulation und der Optimierung zu unterscheiden. Im Rahmen von Simulationsmodellen wird versucht, das wahrscheinliche Verhalten der modellierten Akteure unter verschiedenen Rahmenbedingungen möglichst realitätsnah abzubilden. Damit können die Auswirkungen von vorgegebenen Maßnahmenkombinationen ermittelt werden. Dagegen wird mit Optimierungsmodellen versucht, eine für eine vorgegebene Zielsetzung beste Kombination von Maßnahmen zu finden, die die gesamten Kosten des Energiesystems unter Einhaltung von vorgegebenen Höchstgrenzen für die Gesamtemissionen minimiert. Im Vordergrund steht somit die Frage, welche (technischen) Optionen im Sinne einer Kosten-Wirksamkeits-Analyse "kosteneffizient" sind. Das Ziel solcher Analysen besteht also in der Bestimmung einer Rangfolge unter den technischen Maßnahmen nach dem Kriterium der Wirtschaftlichkeit und unter den vorgegebenen Randbedingungen sowie in der Ermittlung der Zusatzkosten oder Kosteneinsparungen durch Klimaschutz. Eine gesamtwirtschaftliche Beurteilung von klimaschutzpolitischen

Reduktionszielen ist auf dieser Basis nicht möglich, da keine vollständige Kosten-Nutzen-Analyse durchgeführt wird.

Energiesystemmodelle sind keine vollständigen Kosten-Nutzen-Analysen	Modelle sind in der Regel nicht gleichermaßen für die Durchführung von Optimierungsanalysen und Simulationsrechnungen geeignet. In der Realität wird auf den Märkten kein Optimum erreicht, z. B. weil die Marktteilnehmer nur über unvollständige Informationen verfügen,

kein vollkommener Wettbewerb herrscht oder institutionelle Hemmnisse dies verhindern. Die Ergebnisse von Optimierungs- und Simulationsmodellen werden deshalb systematisch voneinander abweichen. In den folgenden Ausführungen werden ausschließlich Optimierungsmodelle betrachtet, da diese speziell für die Analyse der Kosten der Energieversorgung unter Berücksichtigung politischer Restriktionen wie des Klimaschutzes konstruiert wurden.

b) Kostenanalysen in energietechnischen Optimierungsmodellen

Größere energietechnische Optimierungsmodelle beruhen im allgemeinen auf Methoden der linearen Programmierung. Verbreitete Modellfamilien sind MARKAL (Market Allocation, Weiterentwicklung gegenwärtig vor allem im Rahmen von OECD/IEA-ETSAP) und EFOM (Energy Flow Model, Modell der Europäischen Kommission). Diese miteinander verwandten Ansätze unterscheiden sich in der modelltechnischen Abbildung des Energiesystems; sie folgen aber ansonsten einer einheitlichen Modellphilosophie, so dass gleiche Modellvorgaben grundsätzlich zu gleichen Aussagen führen. Die verwendeten Modellversionen beziehen sich auf unterschiedliche zeitliche und regionale Abgrenzungen und bilden das jeweilige Energiesystem mit unterschiedlichem Differenzierungsgrad und unterschiedlichen Qualitäten der verwendeten Daten ab. In Deutschland ist im Rahmen des IKARUS-Projektes (Instrumente für Klimagas-Reduktionsstrategien) ein umfangreiches Optimierungsmodell des nationalen Energiesystems entwickelt worden. Es ist methodisch dem MARKAL-Ansatz sehr ähnlich. Zugunsten einer differenzierteren Technologiestruktur und zur Beschränkung der Modellgröße wurde allerdings auf eine dynamische Modellformulierung, bei der gleichzeitig für mehrere Analysejahre Berechnungen durchgeführt werden, verzichtet.

Energiemodelle bilden das Energiesystem vereinfachend ab	Wesentliche Elemente von solchen Modellen sind Beschreibungen von repräsentativen Techniken der Energiegewinnung, -umwandlung, -verteilung und -verwendung. Diese Techniken werden charakterisiert durch den Einsatz und Ausstoß von Energie (bzw. Nutzenergie), durch die

(direkten) Emissionen und durch die jeweiligen Kosten. Mit der Verknüpfung der Energieströme zwischen den Techniken wird ein vernetzter Energiefluss abgebildet, der das betreffende Energiesystem eines Landes oder einer Region vereinfachend, aber vollständig widerspiegelt. Die Kosten einer jeden Technik umfassen Investitionen, die finanzmathematisch mit Hilfe eines vorgegebenen Zinssatzes auf die Lebensdauer umgerechnet werden, und laufende (feste und variable) Betriebskosten (ohne Energiekosten). Die Energiekosten werden implizit durch die Bilanzierung der Energieströme im Umwandlungssektor und bei den Energieimporten erfasst.

Systematische Unterschiede zu einzelwirtschaftlichen Bewertungen

Die hierbei veranschlagten Kosten können aus mehreren Gründen von den Kosten abweichen, die einzelwirtschaftliche Investoren ihren Entscheidungen zugrunde legen. Hierzu zählen die Behandlung von Steuern und Subventionen, die in Energiesystemen nicht berücksichtigt sind, da sie aus gesamtwirtschaftlicher Perspektive keinen Ressourcenverzehr und somit keine Kosten sondern nur eine Umverteilung von Finanzmitteln darstellen. Außerdem wird im Unterschied zur einzelwirtschaftlichen Ebene mit einem einheitlichen Kalkulationszinssatz gerechnet, der meist in der Höhe der Realverzinsung langfristiger öffentlicher Anleihen – und damit niedriger als im einzelwirtschaftlichen Kalkül – liegt.

Einbeziehung von Wechselwirkungen

Ein grundlegender Unterschied zu einzelwirtschaftlichen Rechnungen besteht darin, dass nicht isoliert über Teile des Energiesystems auf der Basis von Marktpreisen entschieden wird, sondern dass eine simultane Optimierung des Gesamtsystems erfolgt. Dies ermöglicht, energietechnische Interdependenzen systematisch zu erfassen. Durch die Gesamtsystembetrachtung können technische Optionen der Emissionsminderung zugleich auf Seiten der Energieumwandlung und auf Seiten der Energieeffizienz in den Endenergiesektoren konsistent berücksichtigt werden. Außerdem werden Probleme der Kostenzurechnung bei Kuppelprodukten, z. B. bei Kraft-Wärme-Kopplung oder Raffinerien, grundsätzlich vermieden.

c) **Datengrundlagen von Szenarien**

Annahmen über das Referenzszenario sind maßgeblich

Zur Beurteilung von Strategien zur Reduktion von Treibhausgasen müssen jeweils zwei Szenarien quantitativ beschrieben und verglichen werden: ein Referenzszenario und ein Reduktionsszenario. Beide Szenarien gehen vom gleichen Datensatz aus, der dem Modell vorzugeben ist und von dem letztlich die Modellergebnisse abhängen. Im Reduktionsszenario wird zusätzlich ein Reduktionsziel formuliert, z. B. Beschränkung der Kohlendioxid-Emissionen in Deutschland im Jahr 2005 auf 750 Mio. t. Die Daten umfassen für die betrachteten Analysejahre insbesondere:

- die Nachfrage nach Energiedienstleistungen (z. B. zu beheizende Wohnfläche, Stahlerzeugung, Verkehrsleistungen) in Abhängigkeit von der Entwicklung der Bevölkerung, der Gesamtwirtschaft und der Wirtschaftsstruktur,

- die Preise für Energieimporte,
- technische Effizienz, spezifische Emissionen und spezifische Kosten aller zulässigen Techniken,
- Anwendungspotentiale der Techniken und
- weitere energiewirtschaftliche Vorgaben (z. B. zur inländischen Kohlengewinnung).

| **Szenarien sind keine Prognosen** | Im Referenzszenario wird ohne Vorgaben für die Höhe der CO_2-Emissionen die kostenminimale Kombination von Energiewandlungs- und -anwendungstechniken zur |

Deckung der vorgegebenen Nachfrage an Energiedienstleistungen ermittelt. Hierbei ist zu beachten, dass die Ergebnisse eines so definierten Referenzszenarios systematisch von Prognosen der energiewirtschaftlichen Entwicklung nach unten abweichen. Ein Hauptgrund hierfür liegt darin, dass Investoren und Verbraucher in der Realität wegen institutioneller und rechtlicher Gegebenheiten keine kostenminimalen Lösungen realisieren können. Dies wird im Modell ebenso wenig berücksichtigt wie die Tatsache, dass reale Entscheidungen durch eingeschränkte Informationen geprägt sind und nicht allein auf Zweckrationalität beruhen. Reale, unvollkommene Märkte führen nicht zu der im Modell beinhalteten optimalen Abstimmung einzelwirtschaftlicher Pläne. Außerdem gelten für die einzelwirtschaftlichen Entscheidungssituationen zum Teil andere Rahmendaten als im Modell, insbesondere hinsichtlich Steuern und Subventionen. Insgesamt betrachtet sind Energieverbrauch und Emissionen in kostenminimierenden Referenzszenarien in der Regel deutlich niedriger, als sie nach Status-Quo-Prognosen erwartet werden, insbesondere da sie Hemmnisse vernachlässigen.

d) Interpretation von Vermeidungskosten und Unsicherheiten

| **Marginale und durchschnittliche Vermeidungskosten unterscheiden!** | Analysen einer Verminderung von Kohlendioxidemissionen messen die Vermeidungskosten als Kostendifferenz des Energiesystems zwischen Reduktions- und Referenz- |

szenario. Absolute Vermeidungskosten werden in der Regel (als Annuität) in Mrd. DM pro Jahr angegeben. Zum Teil finden sich in der Literatur allerdings auch Angaben, die als über mehrere Jahrzehnte kumulierte Barwerte zu interpretieren sind. Häufig werden Vermeidungskosten auch in DM je Tonne CO_2 angegeben. Hierbei ist es wichtig, **marginale** und **durchschnittliche** Vermeidungskosten zu unterscheiden. Marginale Kosten sind diejenigen Kosten, die für die Vermeidung einer zusätzlichen Emissionseinheit erforderlich sind. Im Modelloptimum geben sie die Grenzkosten der teuersten Minderungsoption an, die gerade noch einbezogen wird, um das CO_2-Reduktionsziel zu erreichen. Diese marginalen Kosten können ein Vielfaches der durchschnittlichen

Vermeidungskosten betragen, die als Verhältnis von Kostendifferenz und Emissionsdifferenz zwischen Reduktions- und Referenzszenario berechnet werden.

Mögliche Gründe für Fehlschätzungen der Kosten

Auch methodisch anspruchsvolle Modelle können letztlich nur das widerspiegeln, was vorher in Form von Daten eingegeben worden ist. Mängel in der Datenbasis und entsprechende Verzerrungen bei der Abbildung der Realität im Modell können grundsätzlich dazu führen, dass die Kosten der Emissionsvermeidung über- oder unterschätzt werden. Da sich die Analysen im allgemeinen auf die mehr oder minder entfernte Zukunft beziehen, können die hiermit verbundenen Unsicherheiten beträchtlich sein. Zu einer systematischen Überschätzung der Vermeidungskosten kommt es beispielsweise in den folgenden Fällen:

- Wenn die Zunahme der Bevölkerung, das Wirtschaftswachstum oder der künftige Anteil energieintensiver Produktionen überschätzt wird, dann wird im Vergleich zu einem Basisjahr eine zu hohe Reduktionsmenge und somit zu hohe Kosten ermittelt.

- Wenn zu geringe (Welt-) Energiepreise unterstellt werden, resultieren im Referenzszenario zu hohe Energieverbräuche und Emissionen und dementsprechend hohe Vermeidungskosten im Reduktionsszenario.

- Wenn die Kostenschätzungen für neue oder breit eingesetzte Energieeffizienztechniken zu pessimistisch sind, werden die Vermeidungskosten insgesamt überschätzt. Dies kann insbesondere für solche Techniken gelten, deren Kosten bei einer Produktion in größeren Serien sinken könnten (Kostendegressionseffekte, Lerneffekte).

- Wenn die ausschöpfbaren Anwendungspotentiale von kostengünstigen Einspartechniken zu gering eingeschätzt werden, nimmt zwangsläufig der Beitrag teurer Optionen in Modellrechnungen zu, so dass die erforderlichen Vermeidungskosten überschätzt werden.

- Wenn in Teilbereichen eines Modells (z. B. im Verkehr) keine ausreichende Flexibilität in Form von wählbaren Alternativen besteht, dann müssen andere Teilbereiche entsprechend höhere Emissionsminderungen erbringen, was insgesamt wiederum dazu führt, dass zu hohe Kosten ausgewiesen werden.

Sind alle relevanten Optionen berücksichtigt?

Hervorzuheben ist, dass die Kosten der Emissionsvermeidung immer dann zu hoch ausgewiesen werden, wenn die technischen und auch organisatorischen Möglichkeiten im Modell unvollständig abgebildet sind. Jede kostengünstige Option, die im Modell fehlt oder nicht ausreichend berücksichtigt ist, führt zu einer systematischen Unterschätzung der wirtschaftlichen Möglichkeiten für Klimaschutz. Eine Tendenz dazu ist grundsätzlich vorhanden, da nicht alle technischen und organisatorischen Innovationen heute bekannt sein können, die erst in den nächsten fünf oder zehn Jahren entdeckt werden.

Geringere Kosten durch Abbau von Hemmnissen

Hinzu kommt, dass die Energiesystemmodelle im allgemeinen keine Hemmnisse abbilden. Emissionsreduktion muss in diesem Fall in den Modellrechnungen zwangsläufig zu Kostenerhöhungen führen. Würden hingegen die volkswirtschaftlichen Gewinne bei Ausschöpfung der technisch-ökonomischen Energieeffizienzpotentiale ermittelt, könnten die durchschnittlichen Vermeidungskosten deutlich niedriger ausfallen oder gar insgesamt als Gewinne ausgewiesen werden.

e) Schlussfolgerungen

Energiesystemmodelle sind ein hilfreiches Instrument für die Bewertung von unterschiedlichen Optionen zur Steigerung der Energieeffizienz, vor allem im Hinblick auf die Frage, welchen technischen Handlungsfeldern unter Kostenaspekten Priorität eingeräumt werden sollte. Um ihre Ergebnisse angemessen interpretieren zu können, ist es notwendig, grundlegende Modellannahmen und Eigenschaften der Modellanalyse zu berücksichtigen:

- Ein wesentlicher Vorteil der Systemanalyse gegenüber einzelwirtschaftlichen Rechnungen besteht darin, dass nicht isoliert über Teile des Energiesystems entschieden wird, sondern dass energietechnische Interdependenzen systematisch erfasst werden. Durch die Gesamtsystembetrachtung können vom Ansatz her zugleich angebots- und nachfrageseitige Optionen der Emissionsminderung konsistent berücksichtigt werden.
- Im Unterschied zu einzelwirtschaftlichen Kalkülen werden die Marktpreise in Systemanalysen um Steuern und Subventionen korrigiert und es wird mit längeren Lebensdauern und einem niedrigerem Zinssatz gerechnet. Dadurch sollen die volkswirtschaftlichen (Opportunitäts-) Kosten besser erfasst werden.
- Bei Kostenangaben muss der Unterschied zwischen Gesamt-, Durchschnitts- und Grenzkosten sorgfältig beachtet werden. Die Grenzkosten geben an, wie teuer eine Reduktion der Emission um eine weitere Einheit (z. B. Tonne CO_2) ist; sie sind grundsätzlich höher als die Durchschnittskosten.
- Energiesystemmodelle ermitteln die Kosten des Klimaschutzes durch den Vergleich eines Reduktions- mit einem Referenzszenario. Solche Kostenangaben sind nur sinnvoll, wenn gleichzeitig die Voraussetzungen des Referenzszenarios und das Reduktionsziel angegeben werden. Unplausible Szenarien können zu wenig aussagekräftigen Ergebnissen führen.
- Kostenangaben können generell nur im Zusammenhang mit den Annahmen und der Datenbasis, die ihnen zugrunde liegen, richtig interpretiert werden. Dies betrifft insbesondere die Vorgabe der Nachfrage nach Energiedienstleistungen, der Techniken, der Preise und der Diskontrate sowie zusätzlicher Begrenzungen ("bounds"). Unrealistische Annahmen und Mängel in der Datenbasis können grundsätzlich dazu führen, dass die Kosten der Emissionsvermeidung über- oder

unterschätzt werden. Da sich die Analysen häufig auf die entfernte Zukunft beziehen, können die hiermit verbundenen Unsicherheiten beträchtlich sein.

- Die Vermeidungskosten unterliegen einer zeitlichen Entwicklung, die von technischem Fortschritt, Lerneffekten und häufig auch Größenvorteilen beeinflusst ist. Diese müssen berücksichtigt werden, damit insbesondere innovative Energieeffizienztechniken angemessen im Technologie-Mix vertreten sind. Jede kostengünstige Option, die im Modell fehlt oder nicht ausreichend berücksichtigt ist, führt zu einer systematischen Unterschätzung der wirtschaftlichen Möglichkeiten für Klimaschutz.

- Optimierungsmodelle berechnen für das Referenzszenario die minimalen Kosten der Energieversorgung unter den definierten Rahmenbedingungen. Reduktionsvorgaben müssen deshalb zwangsläufig zu höheren Kosten führen. Kosteneinsparungen sind möglich, wenn bestehende Hemmnisse abgebaut werden oder Klimaschutzmaßnahmen technischen Fortschritt, Lerneffekte oder Größenvorteile auslösen. Dies kann in Optimierungsmodellen jedoch nur durch Veränderung exogener Vorgaben abgebildet werden. Energiesystemmodelle sind daher kaum geeignet, Kosteneinsparungen durch Hemmnisabbau oder dynamische Effekte zu erfassen.

- Energiesystemanalysen sind keine Kosten-Nutzen-Analysen. Der Nutzen, der durch die Vermeidung von Umweltbelastungen entsteht, wird nicht erfasst. Insofern dürfen die errechneten Kosten nicht von vornherein als Argument gegen den Klimaschutz gewertet werden.

5. Bewertung von Energiesparmaßnahmen in gesamtwirtschaftlichen Analysen

Aus volkswirtschaftlicher Sicht werden die makroökonomischen Auswirkungen als "Kosten", die vermiedenen Umweltbelastungen als "Nutzen" der Klimapolitik thematisiert

Der wesentliche Unterschied zum vorangegangenen Abschnitt liegt bei der gesamtwirtschaftlichen Analyse in der Berücksichtigung eines breiteren Zielbündels, d. h., neben dem Energiesystem werden auch alle anderen Bereiche einer Volkswirtschaft (z. B. der Arbeitsmarkt) in der Analyse berücksichtigt. Damit verbunden ergibt sich auch aus gesamtwirtschaftlicher Sicht eine andere Definition von Kosten und Nutzen. So liegen gesamtwirtschaftliche Kosten vor, wenn die Umweltpolitik zu unerwünschten makroökonomischen Effekten führt, während der Nutzen der Umweltpolitik in den vermiedenen volkswirtschaftlichen Kosten der Umweltbelastung liegt. Im folgenden werden die makroökonomischen Wirkungen einer Klimapolitik (a-c), einschließlich der zeitlichen Verteilung der Reduktionsmaßnahmen (d), sowie die Reduktion der umweltbedingten externen Kosten (e) behandelt.

a) Makroökonomische Ziele und Wirkungsmechanismen

Abbau der Arbeitslosigkeit und eine Steigerung des Wirtschaftswachstums sind wichtige makroökonomische Zielgrößen

Als wichtige makroökonomische Ziele sind der Abbau der Arbeitslosigkeit sowie die Aufrechterhaltung des wirtschaftlichen Wachstums, gemessen z. B. am Bruttoinlandsprodukt (BIP), einzustufen. Hierbei wird die Zielgröße wirtschaftliches Wachstum auch damit begründet, dass eine erhöhte gesamtwirtschaftliche Produktion in der Regel auch einen erhöhten privaten Konsum ermöglicht.

Kommt man den makroökonomischen Zielen durch eine verstärkte rationelle Energienutzung näher, liegt ein gesamtwirtschaftlicher Nutzen vor. Umgekehrt treten gesamtwirtschaftliche Kosten auf, wenn man sich von diesen Zielen entfernt. Dabei gilt es klar festzuhalten, dass Veränderungen im BIP oder dem Beschäftigungsniveau nicht die primären Ziele der Klimapolitik sind, sondern ihr eigentliches Ziel in der Einschränkung der Klimaveränderung und der dadurch entstehenden externen Kosten liegt.

Makroökonomische Wirkungen ergeben sich aus dem Zusammenspiel von Kosten-, Nachfrage- und Innovationseffekten

Die makroökonomischen Zielgrößen Wirtschaftswachstum und Beschäftigung werden durch Maßnahmen der rationellen Energienutzung aufgrund unterschiedlicher Wirkungsmechanismen beeinflusst. Hierbei wirkt eine Erhöhung der Kosten für die Energiebereitstellung eher negativ, die durch Energieeinsparmaßnahmen ausgelösten zusätzlichen Investitionen tendenziell positiv auf die gesamtwirtschaftlichen Ziele. Damit wird zugleich deutlich, dass die Höhe der anvisierten Energieeinsparung die gesamtwirtschaftlichen Auswirkungen ebenfalls beeinflusst, da mit zunehmenden Grad an rationeller Energieanwendung die Realisierung einzelwirtschaftlich rentabler Maßnahmen an Gewicht verlieren. Festzuhalten ist, dass sich die Gesamtwirkung aus dem Zusammenspiel der unterschiedlichen Wirkungsmechanismen ergibt und nicht aus der isolierten Betrachtung einzelner Teileffekte abgeleitet werden kann.

Tabelle I: Überblick über die Wirkungsmechanismen von Maßnahmen zur Erhöhung der rationellen Energieanwendung auf die Volkswirtschaft

Preis- und Kosteneffekte	• Kostenreduktion durch Realisierung einzelwirtschaftlich rentabler Maßnahmen (vgl. Kapitel 4), die nach der neoklassischen Theorie zu Beschäftigungs- oder Reallohnanstieg führen • Mehrkosten durch Realisierung einzelwirtschaftlich unrentabler Einsparpotentiale (vgl. Kapitel 4), die entweder durch Reallohnsenkung kompensiert werden oder zu Beschäftigungsrückgang führen • Reduktion der Kosten für Arbeit, falls Energiesteuer durch Senkung von Abgaben auf Arbeit (z. B. Sozialversicherungsbeiträge) kompensiert wird • Reduktion von volkswirtschaftlichen Kosten, falls die Zusatzkosten der Besteuerung (excess burden) durch die Einführung und Kompensation einer Klimasteuer gesenkt werden
Nachfrageeffekte	• positive und negative direkte und – entsprechend den Vorleistungsbeziehungen – indirekte Nachfrageeffekte • positive oder negative Einkommenskreislaufeffekte
Innovationseffekte	• Wirkungen der Diffusion von Technologien der rationellen Energienutzung auf die Produktivität • Anregung zur Generierung von neuen technischen Lösungen • Verbesserung der technologischen Wettbewerbsposition auf dem internationalen Gütermarkt für Technologien der rationellen Energieanwendung (first mover advantage)

b) Empirische Ergebnisse von Modellanalysen

Für Deutschland wurden die Effekte einer Klimaschutzpolitik auf Produktion und Beschäftigung in mehreren Studien untersucht. Hierbei kommen die einzelnen Studien z. T. zu unterschiedlichen Ergebnissen (vgl. Abbildungen I und II).

Diese Unterschiede lassen sich im wesentlichen damit erklären, dass die Studien verschiedene Modellierungsansätze verwenden und die Wirkungsmechanismen in unterschiedlichem Ausmaß berücksichtigen:

- Diejenigen Studien, die zu eher negativen Wirkungen kommen, sind dadurch gekennzeichnet, dass sie vor allem die Auswirkungen modellieren, die von einer Mehrbelastung der Volkswirtschaft durch erhöhte Kosten der Energiebereitstellung ausgehen würden. Hierbei wird diese eingeschränkte Betrachtungsweise oftmals implizit gewählt, sei es weil ein ökonomisches Modell gewählt wird, das nur kostensteigernde Maßnahmen berücksichtigen kann (angewandtes Gleichgewichtsmodell), sei es weil durch eine unzureichende Fundierung der Inputdaten und die Wahl des Referenzszenarios einzelwirtschaftlich rentable Maßnahmen definitorisch ausgegrenzt werden. Damit werden die Effekte der Realisierung einzelwirtschaftlich rentabler Einsparpotentiale genauso außer Acht gelassen wie die Wirkungen einer erhöhten Nachfrage auf Beschäftigung und Produktionswachstum.

- Demgegenüber kommen Studien, die einzelwirtschaftlich rentable Einsparpotentiale bzw. die (Netto-) Nachfrageeffekte berücksichtigen, zu deutlich positiveren Ergebnissen. Zusätzlich ist zu bedenken, dass eine Reduktion der Abgabenlast auf Arbeit, die durch die Einführung einer Energiesteuer finanziert würde, positive Arbeitsplatzeffekte bewirken würde. Entsprechend weist die überwiegende Zahl der Studien positive Arbeitsplatzeffekte aus. Gleichzeitig muss man in den Fällen, in denen es zu einem verminderten Wachstum kommt, deren Größenordnung bedenken. So wird in allen Studien für das Referenzszenario eine deutliche Steigerung des BIP gegenüber heute angenommen, die bis zum Jahr 2020 in etwa zu einer Verdopplung führen würde. Gegenüber dieser Steigerung im Zeitablauf ist eine Reduktion des BIP um wenige Prozentpunkte gegenüber der Referenzentwicklung als minimal einzustufen.

Auffallend ist die enorme Bandbreite der makroökonomischen Auswirkungen innerhalb einzelner Studien. Hierfür verantwortlich sind die Variationen in der makroökonomischen Einbettung der Energieeinsparung. Zum Beispiel kann eine – aus klimapolitischen Gründen eingeführte – CO_2-Steuer zu ganz unterschiedlichen makroökonomischen Effekten führen, je nachdem ob das Steueraufkommen zur Reduktion der Abgabenlast auf Arbeit, zur Senkung des öffentlichen Haushaltsdefizits oder zur Steigerung der Staatsausgaben verwendet wird. Entsprechend sind unterschiedliche Auswirkungen in Abhängigkeit der in den Analysen unterstellten Reaktionen der Tarifpartner zu erwarten. Die Höhe der innerhalb einzelner Studien bestehenden Bandbreiten deutet darauf hin, dass entscheidend für die makroökonomischen Wirkungen weniger die eigentliche Energiepolitik, als vielmehr ihre wirtschaftspolitische Einbettung ist.

Klimapolitik führt eher zu positiven makroökonomischen Wirkungen

Interpretiert man die unterschiedlichen Ergebnisse vor diesem Hintergrund, ist es plausibel anzunehmen, dass eine verstärkte Energieeinsparung zwar geringe, aber eher positive makroökonomische Effekte aufweist. Insbesondere ist hervorzuheben, dass bei einer geeigneten wirtschaftspolitischen Einbettung eine forcierte Energieeinsparung zur Verminderung der Arbeitslosigkeit beitragen kann.

Abbildung I: In verschiedenen Studien ermittelte Auswirkungen einer Klimapolitik auf die Beschäftigung

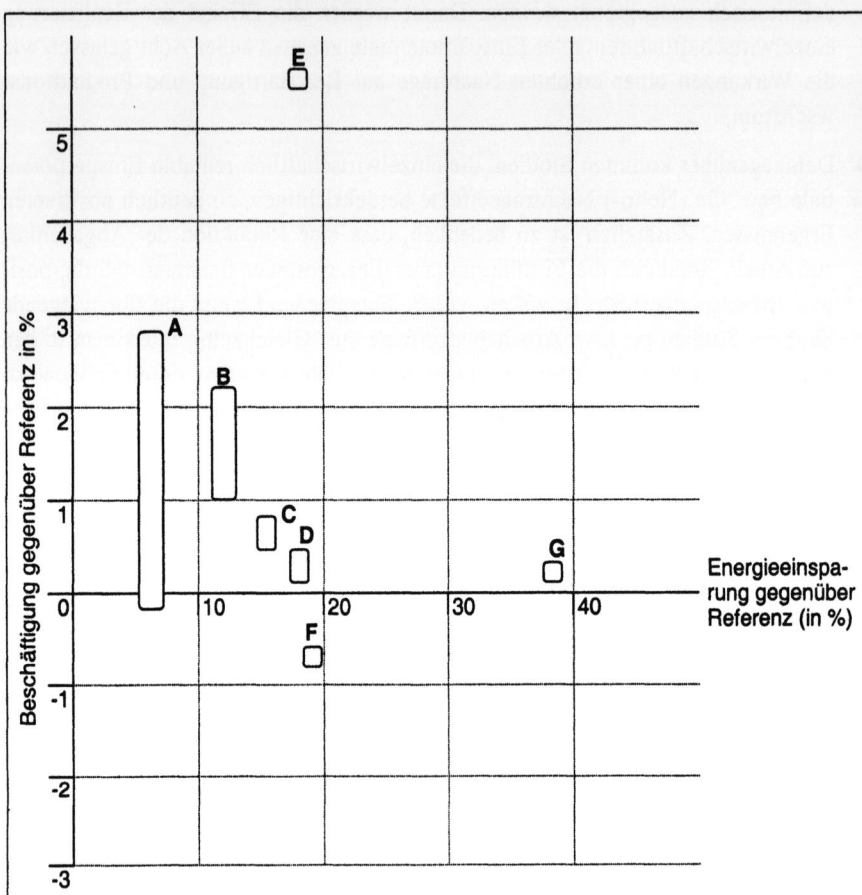

Quellen:
A Welsch, H (1996): Klimaschutz, Energiepolitik und Gesamtwirtschaft. Eine allgemeine Gleichgewichtsanalyse für die Europäische Union. München
B DIW (Kohlhaas, M. et al.) (1994): Wirtschaftliche Auswirkungen einer ökologischen Steuerreform. Gutachten im Auftrag von Greenpeace. Berlin
C DIW/Fifo (1997): Anforderungen an und Anknüpfungspunkte für eine Reform des Steuersystems unter ökologischen Aspekten. Berlin
D ISI/DIW (R. Walz; M. Schön; J. Blazejczak; D. Edler) (1995): Gesamtwirtschaftliche Auswirkungen von Emissionsminderungsstrategien. In: Enquête-Kommission Schutz der Erdatmosphäre (Hrsg.): Studienprogramm; Band 3: Energie; Teilband 2. Bonn: Economica Verlag
E Meyer, B. u. a.(1997): Was kostet eine Reduktion der CO_2-Emissionen? Ergebnisse von Simulationsrechnungen mit dem umweltökonomischen Modell PANTA RHEI. Beiträge des Instituts für empirische Wirtschaftsforschung der Universität Osnabrück Nr. 55
F RWI/Ifo (1996): Gesamtwirtschaftliche Beurteilung von CO_2-Minderungsstrategien. Essen/München, Juli 1996
G Öko-Institut (1996): Nachhaltige Energiewirtschaft – Einstieg in die Arbeitswelt von Morgen. Freiburg

Abbildung II: In verschiedenen Studien ermittelte Auswirkungen einer Klimapolitik auf das Bruttoinlandsprodukt

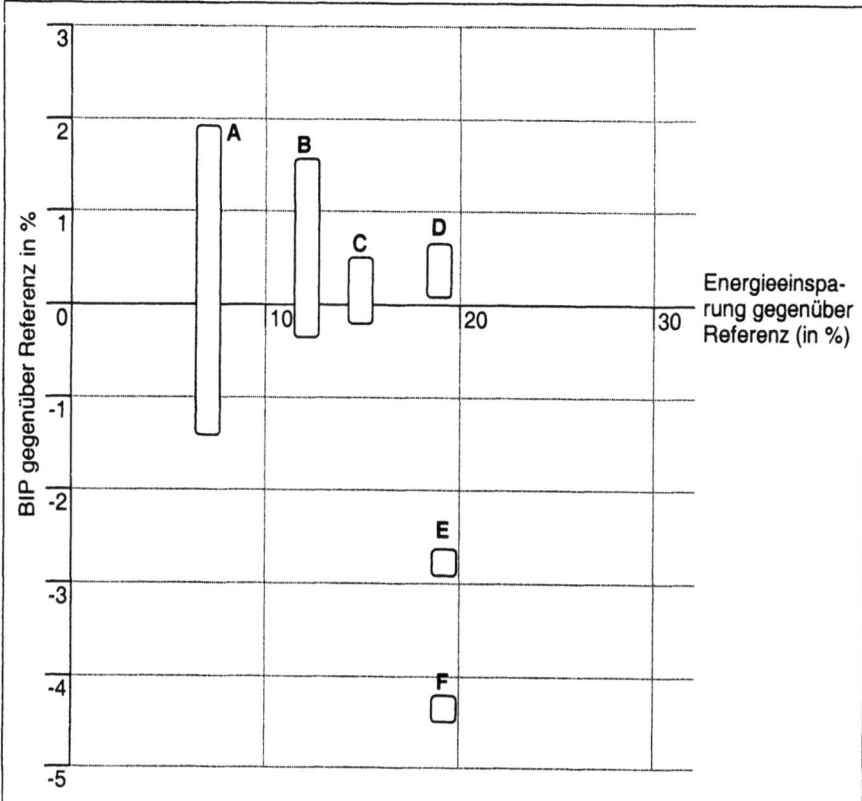

Quellen:

A   Welsch, H (1996): Klimaschutz, Energiepolitik und Gesamtwirtschaft. Eine allgemeine Gleichgewichtsanalyse für die Europäische Union. München

B   DIW (Kohlhaas, M. et al.) (1994): Wirtschaftliche Auswirkungen einer ökologischen Steuerreform. Gutachten im Auftrag von Greenpeace. Berlin

C   DIW/Fifo (1997): Anforderungen an und Anknüpfungspunkte für eine Reform des Steuersystems unter ökologischen Aspekten. Berlin

D   ISI/DIW (R. Walz; M. Schön; J. Blazejczak; D. Edler) (1995): Gesamtwirtschaftliche Auswirkungen von Emissionsminderungsstrategien. In: Enquête-Kommission Schutz der Erdatmosphäre (Hrsg.): Studienprogramm; Band 3: Energie; Teilband 2. Bonn: Economica Verlag

E   Meyer, B. u. a.(1997): Was kostet eine Reduktion der CO_2-Emissionen? Ergebnisse von Simulationsrechnungen mit dem umweltökonomischen Modell PANTA RHEI. Beiträge des Instituts für empirische Wirtschaftsforschung der Universität Osnabrück Nr. 55

F   RWI/Ifo (1996): Gesamtwirtschaftliche Beurteilung von CO_2-Minderungsstrategien. Essen/München, Juli 1996

c) **Bedeutung der Innovationseffekte**

Die in Abbildung I und II aufgeführten Studien konzentrierten sich auf die Kosten- bzw. Nachfragewirkungen einer Politik, die auf die Verbesserung der rationellen Energienutzung gerichtet ist, vernachlässigen aber nahezu alle dadurch ausgelösten Innovationswirkungen. Hierbei sind drei Teileffekte zu unterscheiden:

- Produktivitätswirkungen einer verstärkten Diffusion von Energieeffizienztechnologien,
- Generierung von neuen Innovationen, wie sie z. B. im Bereich der Niedrigenergiehäuser sehr eindringlich demonstriert wurde;
- Verbesserungen im internationalen Qualitätswettbewerb durch frühzeitige Spezialisierung auf Güter der rationellen Energienutzung (first mover advantage)

Empirische Untersuchungen zeigen auf, dass eine verstärkte Diffusion von Klimaschutztechniken eine produktivitätssteigernde Wirkung nach sich zieht. Hierbei handelt es sich um die Diffusion bisher bekannter und erprobter Technologien. Zusätzlich müssten auch die Wirkungen berücksichtigt werden, die durch verstärkte Forschung und Entwicklung, von neuen Standards oder Selbstverpflichtungen oder von einer Energiesteuer auf die Generierung neuen technischen Wissens und die Etablierung neuer technologischer Entwicklungspfade ausgehen. Hierzu liegen noch keine eindeutigen validierten Ergebnisse vor. Allerdings ist es aufgrund vorliegender Einzelbeispiele hoch plausibel, dass derartige energiepolitische Maßnahmen zusätzlich die Generierung neuer, innovativer Verfahren begünstigen.

Neben der preislichen Wettbewerbsfähigkeit, die durch die Kosteneffekte beeinflusst wird, werden Außenhandelserfolge auch durch den *Qualitätswettbewerb* bestimmt. Insbesondere bei technologieintensiven Gütern hängen hohe Marktanteile von der Innovationsfähigkeit einer Volkswirtschaft und der frühzeitigen Marktpräsenz ab (first mover advantage). Eine forcierte nationale Strategie zur Verbesserung der rationellen Energieanwendung bewirkt tendenziell, dass sich die betreffenden Länder frühzeitig auf die Bereitstellung der hierzu erforderlichen Güter spezialisieren. Bei einer nachfolgenden Ausweitung der internationalen Nachfrage nach diesen Gütern sind diese Länder dann aufgrund ihrer frühzeitigen Spezialisierung in der Lage, sich im internationalen Wettbewerb durchzusetzen. Anhand der energiepolitischen Initiativen der Bundesregierung Anfang der 80er Jahre konnte beobachtet werden, dass energiesparende Produkte wie Wärmeschutzglas, hocheffiziente Brenner oder energiesparende Regelsysteme im Außenhandel weit überproportionale Wachstumsraten erzielten. Diese Exporterfolge, die sich mit dem first mover advantage erklären lassen, haben sich teilweise bis heute erhalten.

| **Positive Wirkung wird durch Innovationseffekte noch verstärkt** | Insgesamt ist es daher plausibel anzunehmen, dass die oben angeführten Modellanalysen zu positiveren Auswirkungen auf die Gesamtwirtschaft kommen würden, wenn sie zusätzlich diese Innovationseffekte berücksichtigen würden. |

d) Erweiterung des klimapolitischen Gestaltungsspielraums durch gezielte Beeinflussung der zeitlichen Verteilung von Emissionsvermeidungskosten

Bei der Frage nach der zeitlichen Verteilung von Treibhausgasminderungskosten geht es darum, *wann* CO_2-Reduktionen vorgenommen werden sollen. Während in der aktuellen politischen Diskussion in Westeuropa eher für eine frühzeitige Emissionsreduktion plädiert wird, favorisiert man in den USA eine Verschiebung, um durch verstärkte Forschungsaktivitäten künftige Vermeidungskosten zu verringern. Beide Strategien können sich auf zahlreiche wissenschaftliche Studien mit komplexen dynamischen Optimierungsmodellen stützen.

Befürworter einer abwartenden Strategie weisen darauf hin, dass *technologischer Fortschritt* letztendlich automatisch zu niedrigeren Kosten führt. Diese Argumentation lässt jedoch außer Acht, dass sich technischer Fortschritt nicht nur infolge staatlicher Forschungs- und Entwicklungsaktivitäten einstellt, sondern insbesondere als langjährige Lerneffekte in der Praxis und als nicht unbegrenzt schnelle Anpassungsreaktion auf Politik- und Marktgegebenheiten. Für frühe Vermeidungsmaßnahmen spricht außerdem, dass sich mit zunehmendem Technologieeinsatz kostenreduzierende Lerneffekte einstellen.

Die *Trägheit des* vorhandenen *Kapitalstocks* verteuert eine schnelle Umwandlung, so dass es sinnvoll ist, dessen natürliche und kontinuierlich ablaufende qualitative und quantitative Veränderung zur Steigerung der Energieeffizienz auszunutzen. Da diese Transformation entscheidend von der Lebensdauer der Investitionen abhängt, sollten gerade in den Bereichen Bau, Infrastruktur und Transportwesen frühzeitig die Weichen für eine energie-effiziente Entwicklung gestellt werden.

Um die zu unterschiedlichen Zeitpunkten anfallenden Kosten- und Nutzengrößen vergleichbar zu machen, werden diese *abgezinst*. Dadurch wird eine zeitliche Verschiebung von Kosten rechnerisch begünstigt. Die Wahl des anzulegenden Abzinsungsfaktors ist jedoch umstritten. Hierbei stellt sich die Frage nach einer angemessenen Berücksichtigung der Interessen künftiger Generationen und der Bewertung katastrophaler Ereignisse, die weit in der Zukunft liegen (z. B. Überflutung von Flussdeltas in Europa, Afrika, Asien und Amerika innerhalb der nächsten 100 bis 200 Jahre). Die komplexen klimatischen Zusammenhänge machen es unmöglich, adäquate Umweltziele mit Sicherheit zu definieren, und einmal eingetretene Umgesehen) zu vorsichtigen Vermeidungsstrategie geringer sind als die Kosten einer zu optimistischen Strategie.

Kritik entzündet sich schließlich am zugrundeliegenden *Entscheidungskriterium*, wonach eine Maßnahme dann vorteilhaft sei, wenn die (heutigen) Gewinner die (künftigen) Verlierer potentiell entschädigen können (eine tatsächliche Kompensation muss aber nicht erfolgen). Damit können z. B. Auswirkungen von Dürren oder Überschwemmungen mit gesteigerter Bequemlichkeit beim Autofahren aufgerechnet werden. Diese Überlegungen verdeutlichen, dass entscheidende Bestimmungsfaktoren der zeitlichen Verteilung von Minderungskosten letztendlich das Resultat von *Werturteilen* sind, die in die ökonomischen Modelle einfließen, und auch als solche gekennzeichnet werden sollten.

e) Reduktion der externen Kosten

Die Klimaschutzpolitik zielt auf die Reduktion der Emissionen von Treibhausgasen ab, um eine Klimakatastrophe zu verhindern. In der volkswirtschaftlichen Terminologie wird diese Zielsetzung als Reduktion der externen Kosten des Klimawandels thematisiert. Will man diesen primären Nutzen der Klimapolitik in monetären Einheiten ausdrücken, ist es erforderlich, die Höhe der vermiedenen externen Kosten anzugeben. Hierzu werden unterschiedliche Ansätze verfolgt, die von einer Berechnung der direkten Schadenskosten bis hin zu einer Abschätzung der Zahlungsbereitschaften zur Vermeidung (willingness to pay) bzw. Akzeptanz (willingness to accept) dieser Schäden reicht. Allen Ansätzen gemeinsam ist die Problematik, dass aufgrund der komplexen Wirkungsketten nur ein Teil der Auswirkungen identifiziert und quantifiziert werden kann. Folglich steht eine Monetarisierung immer vor dem Problem, dass die Vernachlässigung unbekannter oder nicht quantifizierbarer Auswirkungen zu massiven Unterschätzungen der externen Kosten führen kann.

Aus volkswirtschaftlicher Sicht besteht der Nutzen der Klimapolitik in der Reduktion der externen Kosten der Umweltbelastung

In der Vergangenheit hat es zahlreiche Versuche gegeben, diese externen Kosten v. a. für den Fall einer Verdopplung der CO_2-Konzentrationen zu monetarisieren. Hierbei kommen die Studien zu höchst disparaten Ergebnissen. Eine Bandbreite der spezifischen externen Kosten zwischen 30 und knapp 1.000 DM pro Tonne CO_2 ist keine Seltenheit. Bezogen auf die deutschen Emissionen würden diese spezifischen Werte damit externen Kosten in einer Größenordnung zwischen 25 und 800 Mrd. DM pro Jahr entsprechen. Im Verhältnis zum Bruttoinlandsprodukt würden damit Kosten ausgewiesen, die von einigen Prozentpunkten bis zu exorbitant hohen Kosten reichen.

Gründe für diese höchst unterschiedlichen Ergebnisse gibt es zahlreiche. So führen die angesprochenen naturwissenschaftlichen Unsicherheiten dazu, dass sich die in den einzelnen Abschätzungen einbezogenen Schadenskategorien deutlich unterscheiden. Aber auch die verwendete Methodik, insbesondere die Frage der Diskontierung in Zukunft anfallender Schäden sowie die – ethisch umstrittene – monetäre Bewertung von Todesfolgen ist verantwortlich für die unterschiedlichen Ergebnisse. So ergeben sich hohe externe Kosten, wenn eine Diskontierung der in Zukunft anfallenden Schäden abgelehnt wird. In die gleiche Richtung wirkt es sich aus, wenn man – im Gegensatz zu den Ergebnissen von Zahlungsbereitschaftsanalysen – es ablehnt, für sich entwickelnde Länder einen geringeren statistischen Wert für ein Menschenleben anzusetzen als für die Industrieländer. Tabelle II verdeutlicht an einem Beispiel, dass in Abhängigkeit der gewählten Vorgehensweise die errechneten externen Kosten für denselben Schadensfall um mehr als den Faktor 1.000 differieren können.

Tabelle II: Einfluss der Wahl des Diskontierungsfaktors und des statistischen Werts für ein Menschenleben bei einem Schadenseintritt in 50 Jahren; Werte in US $

	Todesfall bewertet mit statistischem Wert für:	
	Entwicklungsland	Industrieland
Diskontierung mit 0 %	33.000	3.300.000
Diskontierung mit 3 %	7.528	752.753
Diskontierung mit 5 %	2.878	287.772

Quelle: Daten nach Hohmeyer 1998

Höhe der externen Kosten hängt von ethisch-normativen Wertsetzungen ab

Insbesondere bei den Aspekten der Diskontierung und der Bewertung von Menschenleben handelt es sich aber nicht um wissenschaftlich eindeutig zu entscheidende Sachfragen, sondern um zentrale ethisch-normative Wertsetzungen. Solange kein gesellschaftlicher Konsens bezüglich dieser Fragen besteht, wird es auch nicht zu einer eindeutigen Ausweisung der externen Kosten des Klimawandels kommen.

Zusätzlich zur Reduktion der Treibhausgasemissionen führt eine verstärkte Energieeinsparung auch zu weiteren Umweltentlastungen, v. a. im Bereich der luftbedingten Emissionen (z. B. Verminderung von SO_2- oder NO_X-Emissionen). Die damit verbundene Reduktion der externen Kosten müsste folglich zu den vermiedenen externen Kosten des Klimawandels noch hinzugezählt werden. Abschätzungen für die Bundesrepublik Deutschland wiesen für die 80er Jahre externe Kosten der Luftverschmutzung in der Größenordnung von 50 Mrd. DM aus. Vor allem aufgrund der zwischenzeitlich gesunkenen SO_2-Emissionen wurden diese Zahlen zwar inzwischen nach unten korrigiert. Dennoch wird deutlich, dass eine verstärkte Energieeinsparung zusätzlich zur Reduktion der externen Kosten des Klimawandels auch noch den Zusatznutzen aufweisen würde, die ein beträchtliches Ausmaß erreichenden externen Kosten der Luftverschmutzung zu vermindern.

f) Schlussfolgerungen

Insgesamt sind daher folgende Schlussfolgerungen hinsichtlich der gesamtwirtschaftlichen Auswirkungen einer Energieeinsparpolitik zu ziehen:

- Die für Deutschland vorliegenden Studien kommen zu unterschiedlichen, insgesamt aber im Vergleich zu den Gesamtgrößen eher geringen makroökonomischen Wirkungen.
- Bei der Interpretation der Ergebnisse der einzelnen Studien ist jeweils zu hinterfragen, ob sie alle relevanten Wirkungsmechanismen berücksichtigen. Bei Berücksichtigung mehrerer Wirkungsmechanismen sind eher positive makroökonomische Wirkungen zu erwarten, die durch die in den Modellergebnissen nicht ausreichend berücksichtigten Innovationseffekte noch verstärkt werden.
- Die Höhe der *innerhalb* einzelner Studien bestehenden Bandbreiten deutet darauf hin, dass entscheidend für die makroökonomischen Wirkungen weniger die eigentliche Energiepolitik, als vielmehr ihre wirtschaftspolitische Einbettung ist.
- In der Diskussion über die zeitliche Verteilung der Emissionsmaßnahmen erscheinen die Argumente gewichtiger zu sein, die für ein frühzeitiges Beginnen der Reduktionsbemühungen sprechen.
- Die Reduktion der externen Kosten kann zwar nicht genau quantifiziert werden, da die Ergebnisse durch zahlreiche ethisch-normative Wertsetzungen determiniert werden und zudem die Tendenz besteht, aufgrund fehlender Quantifizierungen von Umweltschäden nur Teileffekte der gesamten Auswirkungen zu monetarisieren. Dennoch zeigen die vorliegenden Schätzungen auf, dass die externen Kosten des Klimawandels eine exorbitante Höhe erreichen können. Selbst wenn man lediglich die Untergrenze der Abschätzungen der vermiedenen externen Kosten heranzieht, wird einem die gesamtwirtschaftliche Vorteilhaftigkeit einer verstärkten Energieeinsparung eindringlich vor Augen geführt.

6. Fazit

Hält man sich die unterschiedliche Fragestellung und die je nach betrachteter Zielgröße unterschiedlichen Definitionen von Kosten und Nutzen auf den drei Argumentationsebenen vor Augen, so wird deutlich, dass Zahlen- und Kostenangaben ihre Aussagekraft verlieren, wenn sie aus dem Zusammenhang gerissen werden, in dem sie errechnet worden sind. Für ihre Interpretation ist es zentral, sie der Argumentationsebene zuzuordnen, aus der sie stammen. Wenn konkret von Kosten von REN-Maßnahmen gesprochen wird, muss sowohl dem Absender als auch dem Adressaten dieser Information dabei klar sein, ob es dabei um Ressourcenverzehr aus der Sicht eines einzelwirtschaftlichen Entscheiders geht, oder um Ressourcenverzehr im Rahmen des Energiesystems aus volkswirtschaftlicher Sicht oder um Auswirkungen auf das Bruttosozialprodukt.

Tatsächlich kann es Maßnahmen geben, die gesamtwirtschaftlich rentabel sind, einzelwirtschaftlich aber unrentabel. Ein Grund dafür können z. B. die Steuern sein, die in der gesamtwirtschaftlich orientierten Energiesystemanalyse nicht berücksichtigt sind. Ein weiterer Grund kann auch in Hemmnissen wie dem Investor-Nutzer-Dilemma liegen, bei dem die eingesparten Energiekosten nicht beim Investor anfallen. In der gesamtwirtschaftlichen Bewertung einer solchen Maßnahme spielt es keine Rolle, bei wem die Ressourceneinsparungen anfallen, aus einzelwirtschaftlicher Perspektive jedoch schon. Um gesamtwirtschaftlich rentablen REN-Maßnahmen zur Umsetzung zu verhelfen, muss die Energie- und Klimapolitik solche Diskrepanzen abbauen.

Allerdings lässt sich an vielen Beispielen beobachten, dass eine Maßnahme auch dann, wenn sie sowohl gesamt- als auch einzelwirtschaftlich (z. B. gemessen an ihrem Kapitalwert) rentabel ist, häufig von den betroffenen Entscheidern "aus wirtschaftlichen Gründen" nicht umgesetzt wird. Ein Grund dafür liegt darin, dass in vielen alltäglichen Entscheidungssituationen zwar nach *einzelnen* wirtschaftlichen Gesichtspunkten, nicht aber nach *vollständigen* Wirtschaftlichkeitsberechnungen entschieden wird. Oft werden in eingeschliffenen Verhaltensweisen – oder auch wegen der kurzfristig nicht verfügbaren Daten z. B. über den Energieverbrauch einer einzelnen Anlage – sehr verkürzte, überschlägige Rechnungen angestellt.

Die Seriosität einer Zahl zur Bewertung einer REN-Maßnahme steht und fällt daher – und das gilt für alle Argumentationsebenen – mit der Dokumentation der Methode, nach der sie errechnet wurde. Denn dadurch werden die Annahmen und Vorgaben, die einer Berechnung oder einem Modell zugrunde liegen und ihr Ergebnis maßgeblich prägen, auf ihre Belastbarkeit und Plausibilität hin überprüfbar.

Für die Entscheidungsträger in der Energie- und Klimapolitik, die über Umfang, technische Handlungsbereiche und zeitliche Verteilung von Klimaschutzmaßnahmen entscheiden, ist die gesamtwirtschaftliche Perspektive zur Beurteilung ihrer

Politikoptionen maßgeblich. Im Hinblick auf Kosten interessiert hier die Frage, inwiefern ihre Politik mit anderen gesamtwirtschaftlichen Zielen, v. a. Wachstum von Bruttosozialprodukt und Beschäftigung vereinbar ist. Es geht also darum, ob *Gestaltungsspielraum* für Klimapolitik vorhanden ist. Dies lässt sich aus der Summe aller Studienergebnisse eindeutig bejahen.

Dabei sollte das eigentliche Ziel und der eigentliche, ursprüngliche Nutzen von Klimaschutz nicht aus den Augen verloren werden. Er liegt in der Vermeidung der Klimaschäden, die aus einer Klimaveränderung resultieren würden. Diese vermiedenen externen Kosten sind in den gesamtwirtschaftlichen Analysen entweder gar nicht enthalten oder mit sehr hohen Unsicherheiten behaftet. Kosten können deshalb nicht der einzig entscheidende Punkt sein, sondern müssen in einen Abwägungsprozess eingehen. Unter Berücksichtigung des Nutzens von Klimaschutz kann dabei durchaus auch eine verminderte Zielerreichung bei anderen gesamtwirtschaftlichen Größen politisch tragbar und gesellschaftlich gerechtfertigt sein.

Doch auch wenn sich die Klimapolitik allein im Rahmen der einzel- und gesamtwirtschaftlich rentablen REN-Maßnahmen bewegt, kommt der Schritt von der Wirtschaftlichkeit – ob gesamt- oder einzelwirtschaftlich betrachtet – zur Umsetzung klimapolitischer Maßnahmen durch einzelwirtschaftliche Entscheider nicht automatisch. Für die Akzeptanz einer energieeffizienteren Lösung ist nicht die Wirtschaftlichkeit allein ausschlaggebend. Eine Begriffsklärung zum Thema Kosten und Wirtschaftlichkeit allein wird deshalb nicht ausreichen, sondern energiepolitische Instrumente müssen am realen Entscheidungsprozess ansetzen und im Einzelfall überzeugen.

1 Einleitung und Problemstellung

Im Sinne des Umwelt- und Klimaschutzes ist eine stärkere rationelle Energienutzung (REN) notwendig. Das bedeutet, den Primärenergieverbrauch zu senken, ohne den Nutzen aus der Energieanwendung dadurch einzuschränken. Für die Realisierung eines klimaverträglichen Energiesystems steht eine Vielzahl an technischen und organisatorischen Lösungen der Energieverbraucher und -anbieter zur Verfügung. Eine besondere Rolle kommt den Maßnahmen im Bereich der Energieeinsparung zu. Denn im Unterschied zu vielen "End-of-Pipe"-Investitionen im klassischen Umweltschutz können sich Energiesparinvestitionen über verringerte Energiekosten bezahlt machen.

Wer die derzeitige klimaschutzpolitische Debatte verfolgt, wird allerdings mit sehr widersprüchlichen Zahlen zur wirtschaftlichen Bewertung von Klimaschutz- und insbesondere REN-Maßnahmen konfrontiert, vielleicht auch verwirrt. Die schnell wachsenden Umsätze von Energiedienstleistungsunternehmen, die vielen Bewerbungen deutscher Unternehmer um den Energieeffizienz-Preis der Elektrizitätswirtschaft und die empirischen Ergebnisse vieler Fallstudien werten die einen als eindrucksvollen Beleg dafür, dass es in hohem Maße wirtschaftliche, aber noch nicht genutzte Energieeffizienz-Potentiale in der Wirtschaft und den öffentlichen Einrichtungen gibt. In der schnellen Ergreifung dieser Chancen sehen sie Möglichkeiten, nicht nur die Ertragskraft der Unternehmen zu steigern und die öffentlichen Ausgaben zu reduzieren, sondern auch energietechnische Innovationen und das Wachstum der deutschen Exporteure solcher innovativer Produkte und Dienstleistungen zu beschleunigen. Beim gleichen Typ von Energieeffizienz-Investitionen befürchten andere hohe Kosten und negative wirtschaftliche Auswirkungen.

Diese Stimmen kommen aus ganz verschiedenen Gruppierungen der Gesellschaft und spiegeln entsprechend unterschiedliche Perspektiven wider: Industrieverbände vertreten die Meinungen ihrer Mitgliedsunternehmen oder sprechen für die gewerbliche Wirtschaft als ganzes. Energieexperten legen auf Basis quantitativer Modellergebnisse energiepolitische Prioritäten fest. Wirtschaftspolitiker diskutieren Energieeffizienzfragen im Kontext allgemeiner volkswirtschaftlicher Größen. Und Umweltpolitiker setzen auf Energieeffizienz als Strategie zur Erreichung einer Reduktion der Treibhausgasemissionen, die mit der Verfolgung anderer volkswirtschaftlicher Ziele (z. B. Arbeitsmarktpolitik) kompatibel ist. Je nach Zusammenhang haben dabei die verwendeten Zahlen zur wirtschaftlichen Bewertung der diskutierten Maßnahmen – auch wenn sie übereinstimmen in der Einheit DM pro Tonne CO_2 angegeben sein mögen – einen ganz unterschiedlichen Bedeutungsgehalt, werden aber nicht entsprechend differenziert gehandhabt bzw. interpretiert.

In der Folge kommt es häufig zu Fehlinterpretationen, Missverständnissen und fehlgeleiteten, häufig emotional aufgeheizten Debatten. So werden z. B. die Investitionsausgaben der Ruhrgas AG für die Abdichtung von Leckagen im Rahmen der Modernisierung ihrer Erdgas-Pipeline als CO_2-Minderungskosten angegeben ohne zu berücksichtigen, dass durch die Reduktion der Leckageverluste erhebliche Mengen an Erdgas gewonnen werden. Oder die Investitionsausgaben für einen Graphitwärmetauscher werden zwar den verminderten Brennstoffkosten für Heizzwecke und den entsprechenden CO_2-Einsparungen gegenübergestellt, ohne aber die vermiedene Investition in einen Heizkessel, der ohne den Wärmetauscher notwendig gewesen wäre, einzuberechnen. Oder ein weiteres Beispiel: Der Preis für die letzte und teuerste CO_2-Minderungsoption, die in Modellrechnungen gerade noch einbezogen wird, um das CO_2-Reduktionsziel zu erreichen (d. h. die Grenzkosten der CO_2-Vermeidung), wird mit den durchschnittlichen Vermeidungskosten verwechselt, wobei beide Größen um ein Vielfaches auseinander liegen können.

Mit der Studie soll Transparenz in der Bewertung von CO_2-Minderungsmaßnahmen hergestellt und die Debatte über wirtschaftliche Auswirkungen des Klimaschutzes versachlicht werden. Sie zeigt die verschiedenen Zusammenhänge und Argumentationsebenen auf, in denen dabei argumentiert wird. Der Leser wird so in die Lage versetzt, aus dem Kontext gerissene Zahlen besser einzuordnen und zu deuten. Die Studie liefert damit Interpretations- und Argumentationshilfen in der Debatte um Klimaschutzpolitik und leistet einen Beitrag zur Verständigung zwischen Forschung und Politik einerseits und zwischen verschiedenen Forschungsrichtungen andererseits.

Die Bearbeitung des Projekts war eng gekoppelt an die Art und Weise, wie das Thema aktuell in der politischen Öffentlichkeit und in der Fachwelt diskutiert wird. Der Anknüpfung an diese Diskussionen und Einbindung der daran Beteiligten dienten mehrere Projektgespräche sowie ein Workshop mit Experten.

Für das Projekt sind alle Endenergieverbraucher, d. h. Haushalte, Industrie, Kleinverbrauch, Energieumwandlung und Verkehr, sowie alle Maßnahmen zur rationellen Energienutzung (angebots- und nachfrageseitig) relevant. Da für die wirtschaftliche Bewertung von Maßnahmen aber die Perspektive des Entscheiders und seine Zielvorstellungen maßgeblich sind, gliedert sich der Bericht nach den verschiedenen Entscheidungskontexten. Das sind die einzelwirtschaftliche Ebene, die Energiesystemebene und die gesamtwirtschaftliche Ebene.

Kapitel 2 gibt zunächst einen kurzen Überblick über diese drei Analyseebenen und führt zentrale Begriffe und Konzepte ein, die auf allen drei Analyseebenen bedeutsam sind. Kapitel 3 bis 5 behandeln die einzelnen Analyseebenen ausführlich. Dabei befasst sich Kapitel 3 mit der Perspektive des einzelnen wirtschaftlichen Akteurs, der unter Berücksichtigung seiner individuellen Belange Entscheidungen über seinen Energieverbrauch und die damit verbundene technische und organisatorische Infrastruktur trifft. Kapitel 4 behandelt modellgestützte Analysen des Energiesystems, die zur Beurteilung der technischen und wirtschaftlichen Möglichkeiten einer

Reduktion energiebedingter Emissionen von Treibhausgasen aus gesamtwirtschaftlicher Perspektive eingesetzt werden. In Kapitel 5 werden die wesentlichen Auswirkungen der rationellen Energienutzung auf makroökonomische Zielvariablen, wie Wachstum und Vollbeschäftigung, diskutiert. Darüber hinaus wird auf Fragen des "Timing" der Emissionsreduktion und der Reduktion der externen Kosten des Klimawandels eingegangen. Kapitel 6 greift einen ersten Querschnittsaspekt auf, der sich durch alle Analyseebenen durchzieht, und diskutiert in diesem Zusammenhang Transaktions- und Programmkosten. Kapitel 7 dient der Zusammenführung der Ergebnisse aus den vier vorangegangenen Kapiteln. Einige zentrale Abgrenzungen und gängige Schwachstellen in Analysen werden beispielhaft herausgegriffen, um daran häufige Missinterpretationen und Fehlerquellen deutlich zu machen. Außerdem wird die Bedeutung der stärkeren Verknüpfung der Analyseebenen diskutiert. Das letzte Kapitel zeigt schließlich auf, was von Seiten der Politik zur Förderung eines besseren Verständnisses von Bewertungsfragen auf den verschiedenen Analyseebenen beigetragen werden kann. Die Federführung für Kapitel 4 lag beim DIW. Die Federführung für die übrigen Kapitel sowie die Projektleitung lagen beim ISI.

2 Grundlagen zum Verständnis

Die Widersprüche und Verständnisschwierigkeiten in der aktuellen klimapolitischen Diskussion lassen sich zugespitzt an folgender Anekdote illustrieren: In eine Gesprächsrunde am Rande einer klimapolitischen Konferenz erläutert ein angesehener Wissenschaftler, wie hoch profitabel die Wärmedämmung eines Gebäudes in Deutschland aus den 50er Jahren bei der jetzt fällig werdenden Außenwandsanierung sei. Ein Vertreter einer privaten Wohnungsbaugesellschaft und ein Manager eines Gebäudeleasingunternehmens schütteln bei dieser frohen Botschaft nur milde lächelnd mit dem Kopf: es sei alles längst durchgerechnet, bei den heutigen Brennstoffpreisen von Rentabilität keine Rede. Der als erfahrener Makroökonom dabeistehende vierte Gesprächspartner meint schließlich, es hänge von bestimmten theoretischen Grundannahmen ab, ob man die Ergebnisse der makroökonomischen Modelle zur Frage einer verstärkten Wärmedämmung im Gebäudebestand als volkswirtschaftliche Kosten oder zusätzliche Nutzen zu bewerten habe.

Der zuhörende, inzwischen völlig verwirrte Energiepolitiker verlässt in diesem Augenblick den Gesprächskreis, um sich der Lektüre des folgenden Kapitels hinzugeben. Denn das Ziel dieses nächsten Abschnitts ist, das scheinbar Widersprüchliche dieser kuriosen Einstiegsgeschichte verständlich zu machen. Dazu werden zunächst die verschiedenen Entscheidungs- und Analyseebenen und ihre Bedeutung erläutert (Kap. 2.1). Anschließend werden einige zentrale Begriffe definiert, die durchgehend für alle Entscheidungskontexte relevant – wenn auch zum Teil inhaltlich verschieden – sind. Dies geschieht hier nur auf einer ersten Stufe. Fachliche Vertiefungen folgen in den Kapiteln 3 bis 5.

2.1 Akteurs- und Analyseebenen: ein erster Schritt zum Verständnis

Die Beurteilung einer energiesparenden Maßnahme nach ökonomischen Kriterien ist stets eine Sache der Perspektive und der Zielvorstellungen des Betrachters und Entscheiders. Grundsätzlich lassen sich in der klimapolitischen Diskussion drei verschiedene Entscheidungs- und Analyseebenen unterscheiden. Das sind die einzelwirtschaftliche Ebene, die Energiesystemebene und die gesamtwirtschaftliche Ebene.

2.1.1 Die einzelwirtschaftliche Perspektive

Der Gebäudeeigner, der Betriebsleiter oder Stadtkämmerer trifft seine Entscheidungen unter Hinzunahme von Wirtschaftlichkeitsrechnungen, Kostenvergleichen oder Kosten-Nutzen-Analysen. Seine Kostenerhebung und Kostenberechnungsmethoden basieren auf den Methoden der Betriebswirtschaftslehre und orientieren sich an den jeweils konkreten betrieblichen Gegebenheiten und Preisen bezogener Energie und anderer Vorleistungen – z. B. Beratung, Investitionsgüter, Wartung, Hilfsstoffe etc. – und den individuellen Belangen des einzelnen wirtschaftlichen Akteurs.

Man bezeichnet diese Überlegungen als **einzelwirtschaftliche Analysen**. Hier überlegt z. B. ein Produktionsbetrieb, was außer der Verzinsung des Eigen- und Fremdkapitals als Risikoaufschlag für sich überraschend schnell veränderte Produktionserfordernisse oder Gebäudeleerstände berechnet werden sollte und in welchem Bereich die Investitionsprioritäten des Unternehmens liegen. Hier wird vielleicht auch entschieden, dass man die neue Kesselanlage noch nicht mit der Vollautomatik ausrüstet, sondern erst fünf Jahre später, wenn man den verdienten Kesselhausführer in Pension schicken kann, oder erst wenn die Tilgungsraten einer Großinvestition ausgelaufen sind und bei der Verschuldungsgrenze wieder mehr Spielraum besteht.

Auch Investitions- und Konsumentscheidungen von privaten Haushalten spiegeln die einzelwirtschaftliche Perspektive wider. Beispiele sind wirtschaftliche Überlegungen darüber, wie viel mehr man in zusätzliche Wärmedämmung zu investieren bereit ist, um sich damit über die nächsten Jahrzehnte niedrige Nebenkosten für die Heizung zu sichern. Ein weiteres Beispiel ist die Abwägung zwischen einem hoch energieeffizienten Kühlschrank, der vielleicht etwas teurer ist, und einem mit deutlich schlechteren Energiekennwerten.

Der Stadtkämmerer hat zwar nicht wie ein Unternehmen primär die Erwirtschaftung eines Gewinns im Auge. Dennoch stellt er wirtschaftliche Überlegungen darüber an, wie er kommunalpolitische Vorhaben möglichst kostengünstig realisieren kann. Anders als ein Unternehmern oder ein privater Haushalt, muss er dabei Haushaltsregeln einhalten und vielleicht akzeptieren, dass ein Neubau irgendeines öffentlichen Gebäudes der Gemeinde (nach Ansicht der Mehrheit des Stadtrates) mehr Nutzen bringt, als die Entlastung des Energiekostentitels im Verwaltungshaushalt infolge einer Energieeffizienzinvestition.

2.1.2 Die energiesystemanalytische Perspektive

Obwohl der Energiesystemanalytiker Hausherr oder Aufsichtsrat eines Stadtwerkes sein mag, kennt er in seinen Analysen weder Investitions- noch Konsumprioritäten, weder hinausgezögerte Pensionierungen noch Entlanghangeln an der Verschuldungsgrenze. Er muss bei seinen energiewirtschaftlichen Strategieüberlegungen von solchen Einzelheiten abstrahieren. Denn seine Analyseebene ist die Energiewandlung und -nutzung einer gesamten Volkswirtschaft oder eines Bundeslandes.

Unter dem Energiesystem einer Volkswirtschaft versteht man die technisch-organisatorische Infrastruktur, die notwendig ist, um die Volkswirtschaft mit Energie in der Form zu versorgen, die der Endverbraucher für seine Bedürfnisse benötigt. Im Energiesystem werden deshalb sowohl Techniken der Energieangebotsseite, d. h. Techniken zur Gewinnung und Umwandlung von Energie, als auch Techniken auf der Anwendungsseite zur Bereitstellung der letztlich gewünschten Nutzenergie – wie Raum- oder Prozesswärme bzw. -kälte, Kraft oder Licht – analysiert. Darunter fallen z. B. Heizkessel, Wärmedämmung, Beleuchtungssysteme, Druckluftkompressoren, Lackierstraßen, Förderbänder.

Im Prinzip sind also alle Aktivitäten bzw. Techniken einer Volkswirtschaft vertreten, in denen Energie eine Rolle spielt. Und das sind sehr viele: zwanzig oder dreißig Gebäudetypen des Gebäudebestandes mit unterschiedlichsten Beheizungssystemen und Möglichkeiten, den Wärmebedarf zu vermindern oder die Heizungsanlage zu verbessern, 50 oder mehr Industrie- und Stromerzeugungsprozesse, vier Verkehrsmodi, geteilt nach Nah- und Fern- oder Freizeit-, Berufs-, Einkaufs- und Urlaubsverkehr sowie wiederum viele Möglichkeiten erhöhter Energieeffizienz und Brennstoffsubstitution, dazu die verschiedenen Möglichkeiten der erneuerbaren Energiequellen, der Kraft-Wärme-Kopplung und des erhöhten Recycling energieintensiver Materialien; dies alles mit Angaben zum Energiebedarf, zu spezifischen Emissionen und den Kosten für mehr Energieeffizienz oder Energiesubstitutionen, aber auch zum Anlagen- und Gebäudebestand (vgl. Wagner, Stein 1999).

Angesichts dieser Fülle technischer Anlagen muss der Analytiker Durchschnittswerte bilden, vereinfachen, typisieren und sich ganz auf diese typisierten Energiewandler und -nutzungsanlagen bzw. -nutzungssektoren konzentrieren und beschränken.

Auch die Frage, was Kosten und Nutzen sind, erfährt eine qualitativ andere Antwort als bei der einzelwirtschaftlichen Bewertung. In Energiesystemanalysen werden Maßnahmen aus gesamtwirtschaftlicher Sicht bewertet, das heißt, dass die Bewertung von Kosten zu Knappheitspreisen erfolgen sollte. Die Kapitalkosten werden deshalb auf Basis der Zinsen für langfristige öffentliche Rentenpapiere mit einer Realverzinsung von vier Prozent pro Jahr ohne Risikoaufschläge berechnet. Die geringe angesetzte Verzinsung für Kapital führt zu einer relativen Besserstellung kapitalintensiver Investitionen rationeller Energienutzung (z. B. der Wärmedämminvestitionen, s. o.) und Energiewandlung (z. B. Wasserkraft- und Windenergieanlagen) im Vergleich zur einzelwirtschaftlichen Bewertung.

2.1.3 Die gesamtwirtschaftliche Perspektive

Die Bewertungsebene des Makroökonomen liegt noch um eine Etage höher: Er betrachtet nicht nur die Veränderungen der CO_2-mindernden Investitionen auf die Energiewirtschaft mit ihren Energie- und Geldströmen, sondern die Auswirkungen dieser Maßnahmen auf die gesamte Volkswirtschaft. Es geht um Fragen, ob die Baupreise wegen der Wärmedämmprogramme betroffen sind, ob Löhne relativ zum eingriffsfreien Referenzfall steigen oder sinken, ob die Staatsverschuldung wegen geringerer Mineralölsteuereinnahmen steigt oder wegen relativ höherer Erwerbstätigenzahl und ihrer Lohnsteuer und Kaufkraft zunimmt gegenüber einem Referenzfall. Damit tauchen auch Fragen zum Zinsniveau oder den Wechselkursveränderungen, zu Verschiebungen auf dem Arbeitsmarkt, zum veränderten Außenhandel und Wachstum des Bruttosozialproduktes auf.

Bei dieser Komplexität der Wechselwirkungen sind weitere Vereinfachungen notwendig; die gesamten Wärmedämminvestitionen "verschwinden" in dem Sammelposten Bauinvestitionsnachfrage und die verminderten Heizölmengen sind nur Teil des Produktionsoutputs der Mineralölwirtschaft oder der importierten Mengen an Mineralölprodukten, bei denen wertmäßig die Kraft- und Treibstoffe überwiegen und auch die petrochemischen Grundstoffe ein merkliches Gewicht haben.

Doch neben der höheren Aggregationsstufe, die die Vogelperspektive der Makroökonomie erforderlich macht, verstärkt sich auch der Dissens um das theoretische Konzept, wie die Volkswirtschaft denn funktioniert, und um die Koeffizienten, Vorzeichen und mathematischen Funktionen der volkswirtschaftlichen Rechenmodelle, die zur Bestimmung der Kosten dienen. So hängt das Ergebnis zum Beispiel davon ab, ob der Analytiker in seinem Modell unterstellt,

- ob in seinem Referenzlauf alle Akteure ihren optimalen Punkt von Kosten und Nutzen gefunden haben und jeder Eingriff, z. B. eine verschärfte WärmeschutzVO, deshalb zu höheren (Produktions- oder Faktor-) Kosten und dadurch zu leichten Wachstumsverlusten beim Bruttosozialprodukt führen muss,
- oder ob dieses Gleichgewicht ("Pareto-Optimum") als nicht gegeben betrachtet wird und dann unter Kenntnis unausgeschöpfter Rationalisierungspotentiale ein geeignetes Eingreifen in die energiewirtschaftlichen Zusammenhänge netto volkswirtschaftlichen Nutzen mit sich bringt.

Außerdem ist das Ergebnis stark davon abhängig, welche anderen Wirkungsmechanismen, z. B. Nachfrage- oder Innovationseffekte, das Modell noch berücksichtigt (vgl. Walz 1998). Je nach Abbildung derartiger zentraler Hypothesen im Modell erhält dann der Analytiker unterschiedliche Rechenresultate für die Auswirkungen auf die Beschäftigung oder das Bruttosozialprodukt.

2.2 Zentrale Begriffe und Konzepte

Der Begriff "**Kosten**" wird auf allen drei Ebenen verwendet, auch wenn auf der einzelwirtschaftlichen, energiesystemanalytischen und gesamtwirtschaftlichen Bewertungsebene der Abstraktionsgrad und die Beurteilungsperspektive wechselt. Dem gemeinsamen Begriff liegt ein einheitliches Konzept zugrunde, das sich in seinen konkreten Ausprägungen inhaltlich unterscheidet. Dieses gemeinsame Konzept haben Ewert und Wagenhofer (1997) auf den Punkt gebracht: Kosten sind negative Konsequenzen einer Aktion, die im Hinblick auf ein bestimmtes Ziel auftreten. Das Ziel unterscheidet sich aber bei den drei oben genannten Analyseebenen und Akteursgruppen:

- Das Ziel in der **einzelwirtschaftlichen Betrachtung** ist die **Gewinnmaximierung.** Bei der einzelwirtschaftlichen Bewertung der Kosten einer einzelnen (REN-) Maßnahme geht es deshalb zum einen um den damit verbundenen Ressourcenverzehr. Zur Bewertung dieses Ressourcenverzehrs sind aus einzelwirtschaftlicher Sicht die – dem Betrieb vorgegebenen – Marktpreise für Vorleistungen (Anlagen, Betriebsmittel etc.) relevant, die zur Realisierung der Maßnahme benötigt werden. Dem Ressourcenverzehr werden eventuelle Erträge, die mit der Maßnahme erwirtschaftet werden, gegenübergestellt. Sie werden mit den Marktpreisen für die entsprechenden Produkte bewertet. Um zu einer Entscheidung für oder gegen eine betrachtete Maßnahme zu gelangen, reicht es aber nicht, sie einzeln zu betrachten. Vielmehr müssen immer mindestens zwei Alternativen miteinander verglichen werden – und zwar sowohl bezüglich ihres Ressourcenverzehrs wie auch bezüglich ihrer Erträge.

- Das Ziel von **Energiesystemanalysen** besteht in der Regel in der **Minimierung der gesamten Kosten des Energiesystems** – von der Energiegewinnung bis zur Verwendung von Energie – und der Einhaltung von vorgegebenen Höchstgrenzen für die Summe der Emissionen aller Sektoren. Im Vordergrund steht somit die Frage, welche (technischen) Optionen im Sinne einer Kosten-Wirksamkeits-Analyse "kosteneffizient" sind. Die energiesystemanalytische Bewertung der Kosten möglicher Maßnahmen orientiert sich in den Einzelelementen weitgehend an den betriebswirtschaftlich vorgegebenen Strukturen. Im Unterschied zu einzelwirtschaftlichen Ansätzen wird aber der Ressourcenverzehr aus gesamtwirtschaftlicher Perspektive bewertet. Dieser unterscheidet sich vom einzelwirtschaftlichen Ressourcenverzehr. Denn manches, was aus einzelwirtschaftlicher Sicht einen Ressourcenverzehr darstellt, ist aus gesamtwirtschaftlicher Sicht lediglich eine Umverteilung von Ressourcen zwischen verschiedenen Akteuren, z. B. im Fall von Steuern zwischen dem Staat und dem privaten Sektor.

- Zur Beurteilung von Maßnahmen aus **gesamtwirtschaftlicher Sicht** sind ihre Auswirkungen auf gesamtwirtschaftliche Ziele relevant. Das gesamtwirtschaftliche Ziel besteht in der **Maximierung der gesellschaftlichen Wohlfahrt**. Dafür sind mehrere gesamtwirtschaftliche **Teilziele** relevant. In der öffentlichen Diskussion spielen einmal die makroökonomischen Ziele wie **Wachstum und Beschäftigung** eine wichtige Rolle. Gesamtwirtschaftliche Kosten liegen vor, wenn es durch die rationelle Energienutzung zu einer Verminderung des gesamtwirtschaftlichen Zielerreichungsgrades kommt. Umgekehrt liegt ein Nutzen dann vor, wenn hierdurch eine Annäherung an das Zielbündel erreicht wird. Eine zweite Kategorie gesamtwirtschaftlicher Ziele liegt in einer aus gesamtwirtschaftlicher Sicht möglichst optimalen Allokation, zu deren Realisierung dem Preismechanismus die entscheidende Rolle zukommt. Gravierende Störungen in der Allokationsdynamik liegen vor, wenn es externe Kosten gibt, die sich nicht in den Preisen widerspiegeln und die daher bei den Allokationsentscheidungen unberücksichtigt bleiben. Gerade im Hinblick auf die Verwendung von Energie sind hierbei die externen Kosten der Umweltverschmutzung eine Ursache erheblicher Fehlallokationen. Werden durch die rationelle Energienutzung die externen Kosten reduziert, kommt es zur Verminderung von Fehlallokationen und damit zu einem gesamtwirtschaftlichen Nutzen. Damit übersetzt die Volkswirtschaftslehre das eigentliche Ziel der Klimapolitik – die Reduzierung der Treibhausgasemissionen zur Verhinderung der Klimakatastrophe – in ihrer Sprache mit einer möglichst optimalen Ressourcenallokation.

Einige weitere gemeinsame Konzepte oder Denkweisen ziehen sich durch die nächsten Kapitel hindurch und werden hier kurz skizziert:

- Die Analyse von Kosten und Nutzen ist auf allen drei Ebenen durch ein **Denken in Alternativen** geprägt. Grundlage der Beurteilung von Maßnahmen oder Maßnahmenbündeln ist immer ein Vergleich. Dabei handelt es sich auf der einzelwirtschaftlichen Ebene um den Vergleich zwischen zwei konkreten Handlungsalternativen, z. B. der Beibehaltung des Status-Quo gegenüber einer Ersatzinvestition. Auf Ebene der Energiesystemanalysen und der gesamtwirtschaftlichen Analysen werden Szenarien – z. B. ein Business-as-usual-Szenario und ein Szenario verstärkter Energieeffizienzpolitik oder strenger CO_2-Emissionsgrenzen – miteinander verglichen.

- Kennzeichnend für dieses Denken in Alternativen ist auch das Konzept der **Opportunitätskosten**. So wie auf der Kostenseite im Vergleich zweier Maßnahmen letztlich nur die Mehrkosten zählen, so sind auf der Ertragsseite auch nur die Ertragsunterschiede zur Beurteilung relevant. Um diese zu ermitteln, werden die entgangenen Erträge der nicht realisierten Option als "Opportunitätskosten" der Kostenseite der realisierten Option zugeschlagen. Nur so ist gewährleistet, dass bei der Maximierung von Gewinnen bzw. von Wohlfahrt tatsächlich die Ressourcen der produktivsten Verwendung, und nicht nur einer produktiven Verwendung zugeführt werden.

- Maßnahmen werden durchgängig anhand ihrer künftigen Auswirkungen beurteilt. Man hat es also mit der **Schätzung und Bewertung künftiger Entwicklungen** und Größen zu tun. Auf jeder Ebene spielen deshalb Fragen der Risikobewertung, der Unsicherheiten über künftige Preisentwicklung oder der Implikationen des technischen Fortschritts eine Rolle. Dabei ist zu beachten, dass sich die Betrachtungen über sehr verschiedene Zeithorizonte erstrecken können. Diese sind auf der einzelwirtschaftlichen Ebene eher kürzer. Zehn Jahre sind hier vielleicht ein guter Anhaltspunkt. Auf den beiden anderen Analyseebenen wird durchaus mit Stichjahren wie 2020, 2050 oder in Ausnahmefällen gar 2100 gearbeitet.

- Wenn in den folgenden Kapiteln von "Modellen" gesprochen wird, handelt es sich um empirisch gestützte, quantitative Modelle.

3 Bewertung von Energiesparmaßnahmen aus einzelwirtschaftlicher Sicht

Die einzelwirtschaftliche Sicht als erste Analyseebene in dieser Studie befasst sich mit der Perspektive des einzelnen wirtschaftlichen Akteurs, der unter Berücksichtigung seiner individuellen Belange Entscheidungen über seinen Energieverbrauch und die damit verbundene technische und organisatorische Infrastruktur trifft. Insofern Wirtschaftlichkeitskriterien hier als maßgebliche Determinanten der Entscheidung angesehen werden, handelt es sich um die Perspektive des "homo oeconomicus". Dabei kann es sich im konkreten Fall um die Perspektive eines Unternehmens, die Sicht eines privaten Haushaltes oder auch die Perspektive einer öffentlichen Verwaltungsstelle handeln. Wirtschaftlichkeitsrechnungen bzw. Entscheidungsmodelle haben hier die Aufgabe, die zielrelevanten Folgen, z. B. Kostenreduktion oder Verbesserung der Produktqualität, einer bestimmten Handlungsalternative (meist Investitionsalternativen) zu prognostizieren. Auf der Grundlage dieser zielrelevanten Folgen wird die Präferenzordnung der in Betracht gezogenen Alternativen ermittelt, welche dann die Grundlage zur wirtschaftlichen Entscheidung bildet.

Vor dem Hintergrund der vielfachen Erfahrung von beratenden Ingenieuren und wissenschaftlicher Beobachtung, dass Unternehmen REN-Maßnahmen ablehnen, weil sie sie gemessen an streng betriebswirtschaftlichen Kriterien falsch bewerten (s. dazu auch Annex 1), ist es das Ziel dieses Kapitels, Bewertungsprobleme und -fehler bei REN-Maßnahmen auf der Energieverwendungsseite greifbar zu machen. Ausgehend von einer kritischen Darstellung des Ist-Zustands, wie energieverbrauchsrelevante Entscheidungen in der Praxis fallen, werden in folgenden betriebswirtschaftlich fundierten Bewertungsmethoden dargestellt. Dabei werden auch Bewertungsunsicherheiten und -risiken illustriert und Spielräume aufgezeigt, die sich daraus bei der Angabe von konkreten Zahlen zur Wirtschaftlichkeit ergeben.

Der Schwerpunkt dieses Kapitels liegt in der ökonomischen Bewertung von REN-Maßnahmen aus Sicht der Unternehmen, da diese auch der Gegenstand der Betriebswirtschaftslehre sind. Generell sind die von der Betriebswirtschaftslehre entwickelten Bewertungsmaßstäbe der Sache nach auch zur Beurteilung der Wirtschaftlichkeit von REN-Maßnahmen aus einzelwirtschaftlicher Sicht privater Haushalte und der Akteure im öffentlichen Sektor relevant. Denn bei der Anschaffung z. B. von langlebigen Konsumgütern durch private Haushalte, also z. B. von Kühlschränken, Heizanlagen oder von Immobilien handelt es sich um Investitionen[2]. Für deren Beurteilung im Hinblick auf Wirtschaftlichkeit sind prinzipiell die gleichen Bewertungsmaßstäbe sachgerecht, wie sie die Betriebswirtschaftslehre für Investiti-

---

2 Da REN-Maßnahmen immer die Energiekosten *mehrerer* nachfolgender Perioden verändern, sind sie generell eher mit Investitionsentscheidungen als mit Konsumentscheidungen vergleichbar.

onsentscheidungen der Unternehmen entwickelt hat. Zwei weitere Gründe sprechen für die ausführlichere Behandlung der Unternehmen als Entscheider.

- Zum einen wird die einzelwirtschaftliche Rentabilität von REN-Maßnahmen von Vertretern der gewerblichen Wirtschaft besonders kontrovers diskutiert, und dies dominiert die momentane Debatte.
- Zum zweiten ist es in dieser Entscheidergruppe noch am ehesten plausibel, dass "harte Wirtschaftlichkeitskriterien" tatsächlich ausschlaggebend für die Entscheidung sind und deshalb eine Auseinandersetzung auf dieser Ebene lohnt.

Bei privaten Haushalten ist allgemein anerkannt, dass (sozial-) psychologische Aspekte – z. B. Statusdenken, Lebensstile, Gewohnheitsverhalten u. ä. – das Verhalten wesentlich mit beeinflussen, so dass selbst bei sachgerecht angestellten und positiv ausfallenden Wirtschaftlichkeitsbetrachtungen mit abweichenden Entscheidungen zu rechnen ist (s. z. B. Jochem et al. 1997). Dies sollte jedoch nicht darüber hinwegtäuschen, dass auch Unternehmen soziale Systeme darstellen und nicht wie ein Einzelakteur entscheiden, sondern der Entscheidungsprozess ebenfalls durch viele nicht-ökonomische Aspekte geprägt ist (s. auch Hennicke et al. 1998a). Vor einer einseitigen Verkürzung auf wirtschaftliche Argumente im Zusammenhang mit der stärkeren Verbreitung von REN-Maßnahmen sei daher gewarnt (vgl. auch Kap. 3.1.5).

Die Schwerpunktsetzung auf die Perspektive der Unternehmen ist jedoch nicht einem entsprechenden Schwerpunkt auf Industrie und Gewerbe als CO_2-Emittenten gleichzusetzen. Zwar ist bei Analysen im Kontext von Klimaschutz und CO_2-Emissionen die Unterscheidung von Untergruppen danach, wer emittiert (bzw. Energie verbraucht), gängig. In dieser Analyse geschieht die Unterscheidung nach Unternehmen, Haushalten und öffentlichem Sektor aber bewusst danach, wer über REN-Maßnahmen *entscheidet*, da sie sich mit den "richtigen" wirtschaftlichen Entscheidungskriterien befasst. Dabei ist festzuhalten, dass Entscheidungen durch Unternehmen auch den Energieverbrauch und die damit verbundenen CO_2-Emissionen der Haushalte oder Gebietskörperschaften mitbestimmen – ein offensichtliches Beispiel ist die Wohnungswirtschaft oder das Leasen/Mieten von Verwaltungs- und Bürogebäuden – und dann in der Regel zu dem bekannten Investor-Nutzer-Dilemma führen, das REN-Maßnahmen oft verhindert.

Da sich die Überlegungen in diesem Kapitel auf die Perspektive der Energieanwender konzentrieren, wird die Ebene der zentralen Strom- und Wärmeerzeugung in Kraftwerken nur am Rande betrachtet. Relevant ist dagegen die dezentrale Strom- und Wärmeerzeugung zur Deckung des Eigenbedarfs. Auf der Energieverwendungsseite sind außerdem Maßnahmen relevant, die die Umwandlung von Sekundär- bzw. Endenergie in Nutzenergie betreffen, und die den Bedarf an Nutzenergie reduzieren. Konkret gehören zu den betrachteten Maßnahmen z. B. Wärmeerzeuger

(z. B. Heizkessel), Wärmedämmung oder Änderungen am Produktionsprozess, die den Bedarf an Prozesswärme, -kälte oder an Druckluft mindern.

Im ersten Teil des Kapitels werden zunächst verschiedene betriebswirtschaftliche Bewertungsverfahren dargestellt, ihre Aussagekraft diskutiert und typische Fehler bei ihrer Anwendung aufgezeigt (Kap. 3.1). Anschließend werden einige betriebliche REN-Maßnahmen, bei denen es in der Praxis besonders häufig und besonders drastisch zu verzerrten Bewertungen zu Lasten von REN-Maßnahmen kommt, herausgegriffen (Kap. 3.2). Im Anschluss werden Besonderheiten der anderen einzelwirtschaftlichen Akteursgruppen sowie übergreifend gültige Einflussfaktoren auf die REN-Entscheidung diskutiert (Kap. 3.3). Die beispiel- bzw. musterhafte Anwendung der skizzierten Bewertungsmethoden ist im Annex anhand dreier konkreter Beispiele dargestellt.

3.1 Betriebswirtschaftliche Verfahren zur Bewertung von REN-Maßnahmen

Der folgende Abschnitt stellt einige grundlegende Begriffe (bzw. Begriffspaare) und Verfahren vor, die für die Bewertung von REN-Maßnahmen relevant sind (siehe hierzu auch Strebel 1998). Diese Verfahren sind zunächst nicht REN-spezifisch, sondern gelten generell für die wirtschaftliche Bewertung von Handlungsalternativen mit längerfristigen wirtschaftlichen Auswirkungen (investive und organisatorische Maßnahmen). Jedoch gibt es einige **Besonderheiten bei REN-Maßnahmen**, die die Anwendung der Verfahren hier besonders **anfällig für Fehlbewertungen** macht. Dazu gehört zum Beispiel, dass zwei alternative Anlagen (z. B. Druckluftkompressoren unterschiedlicher Bauart, Kühlschränke mit verschiedenen Investitionskosten und spezifischen Stromverbräuchen) rein anhand der Anschaffungskosten verglichen werden, ohne dass Unterschiede in den resultierenden jährlichen Energiekosten dagegengehalten werden. Ausgehend von solchen weitverbreiteten verkürzten und damit verfälschten "Wirtschaftlichkeitsbetrachtungen" werden die wichtigen Punkte herausgearbeitet, auf die bei der Erstellung und der Interpretation von Zahlenwerten zur Wirtschaftlichkeit von REN-Maßnahmen besonders geachtet werden sollte.

Nach der Einführung einiger allgemeiner Begriffsdefinitionen (Kap. 3.1.1) werden verschiedene Verfahren der Wirtschaftlichkeitsberechnung vorgestellt. Dabei wird nach statischen und dynamischen Verfahren unterschieden (vgl. Box 3.1: Statische versus dynamische Verfahren). Im Kapitel 3.1.2 wird zunächst das statische Verfahren der Kosten- bzw. Gewinnvergleichsrechnung und die bereits bei diesem einfachen Verfahren entstehenden Probleme der Kosten- und Ertragszurechnung diskutiert. Darauf aufbauend werden weitergehende Bewertungselemente, die in dynamischen Bewertungsverfahren eine Rolle spielen, problematisiert (Kap. 3.1.3). Abschließend werden mehrdimensionale Verfahren aufgezeigt, die es erlauben, weitere Bewertungskriterien für wirtschaftliche Handlungsalternativen – z. B. Risiko, Flexibilität u. ä. – in der Gesamtbetrachtung zu berücksichtigen (Kap. 3.1.4 und 3.1.5).

> **Box 3.1: Statische versus dynamische Verfahren der Wirtschaftlichkeitsrechnung**
>
> Bei den sog. **statischen Verfahren** werden die verwendeten Rechengrößen nur einem bestimmten Planungszeitraum zugeordnet. "Statisch" hat hier (auch) den Sinn von "einperiodig". Exakter Zeitpunkt des Entstehens ökonomischer Wirkungen, die mit den verwendeten Rechengrößen abgebildet werden, sind irrelevant[3]. Bei statischen Verfahren gibt es zwar Zinsen (z. B. kalkulatorische Zinsen der Kostenrechnung), aber keine Zinseszinsen, weil diese (nur bei dynamischen Verfahren) dazu verwendet werden, um zeitlich unterschiedliche Geldbeträge (z. B. von Zahlungen) in vergleichbare (addierbare) Werte umzurechnen.
>
> Zu beachten ist, dass auch in der statischen Betrachtungsweise im Prinzip die gesamte Nutzungsdauer bzw. alle Perioden, in denen sich Kostenänderungen ergeben, berücksichtigt werden müssen. Da jedoch der Zeitpunkt der Veränderungen und damit Zinseffekte vernachlässigt werden, lassen sich die Werte der einzelnen Perioden leicht in jährliche Durchschnittswerte umrechnen. Ihr Vergleich liefert dann das selbe Ergebnis wie der Vergleich der gesamten Kosten- (und Ertrags-) änderungen einer Handlungsalternative.
>
> Bei den sog. **dynamischen Verfahren** ist der Eintrittszeitpunkt eines Vorganges wesentlich. Eine Einzahlung von DM 1.000,- zu Beginn des Planungszeitraums verkörpert nämlich einen höheren Wert als eine gleich hohe Einzahlung am Ende des Planungszeitraums. Der Grund hierfür liegt darin, dass die dynamischen Verfahren Zinsen und Zinseszinsen berücksichtigen. Ein zu Beginn des Planungszeitraums verfügbarer Geldbetrag von DM 1.000.- kann bis zum Ende des Planungszeitraums verzinslich angelegt werden und wächst entsprechend an. Dieser Geldbetrag verkörpert am Ende des Planungszeitraums einen höheren Wert als zu dessen Beginn. Ein erst am Ende des Planungszeitraums eingehender Geldbetrag trägt vorher keine Zinsen.
>
> Wegen der unterschiedlichen Periodisierung der Zahlungen können sich in den Resultaten beider Rechnungsarten Unterschiede ergeben, die sich auch auf die Präferenzordnung von Alternativen auswirken. Dies hängt damit zusammen, dass die Zinsen bei beiden Rechnungsarten für unterschiedliche Zeiträume anfallen und unterschiedlich berechnet werden.
>
> Die dynamische Bewertung ist generell der statischen vorzuziehen, da sie den zeitlichen Anfall der Ein- und Auszahlungen und entsprechende Zinseffekte berücksichtigt. Dies gilt gerade auch für REN-Investitionen, da die wirtschaftlichen Effekte über die gesamte Nutzungsdauer entstehen, die mehrere Jahre – im Fall von typischen REN-Investitionen (z. B. Wärmedämmung, Kessel) sogar Jahrzehnte – beträgt.

---

[3] Dies bedeutet z. B., dass ein Kostenbetrag von DM 1.000,- am Anfang eines Planungszeitraums einem Kostenbetrag von DM 1.000,- am Ende des Planungszeitraums gleichgesetzt wird.

3.1.1 Definition von Kosten und Nutzen aus einzelwirtschaftlicher Sicht

Aus wirtschaftlicher Sicht ist immer zu prüfen, ob die bisherige Arbeitsweise noch Verbesserungen zulässt, d. h., ob noch ungenutzte Kostensenkungspotentiale durch rationelle Energienutzung existieren. Der Begriff der "Kosten" spielt dabei neben "Nutzen" eine zentrale Rolle. Ganz allgemein formuliert sind Kosten "angesichts eines bestimmten Zielplanes und Entscheidungsfeldes resultierende negative Konsequenzen einer Aktion" (Ewert/Wagenhofer 1997). Nutzen – im betriebswirtschaftlichen Kontext i. a. als "Leistung" bezeichnet – sind dem gemäß positiv beurteilte Konsequenzen einer Aktion.

Bei der Bewertung der Kosten einer einzelnen (REN-)Maßnahme ist die Frage der sachgerechten Zurechnung von Kosten zu diesen Maßnahmen von entscheidendem Gewicht; denn die ermittelten Werte stellen die Entscheidungsgrundlage zur Auswahl zwischen zwei Alternativen – in unserem Fall der energieeffizienten und der weniger energieeffizienten Alternative – dar. Nach diesem entscheidungsorientierten Kostenbegriff sind Kosten "mit der Entscheidung über das betrachtete Objekt ausgelöste Ausgaben (im Sinne von Zahlungsverpflichtungen) oder Auszahlungen" (Riebel 1993). Die betriebswirtschaftliche Kostenrechnung dient letztlich als Informationssystem zur Bereitstellung der relevanten Kostendaten zur Erstellung der gewünschten Kosten-Nutzen-(Leistungs-)Kalkulationen. Stehen keine detaillierten Kostenrechnungsdaten zur Verfügung, wie dies bei kleineren Betrieben und Gemeinden sowie bei privaten Haushalten häufig der Fall ist, müssen diese Daten im Einzelfall erst ermittelt werden.

Investitionsvorhaben sind vielfach von der Absicht getragen, Kosten künftig zu mindern. Man spricht hier auch von **Rationalisierungsinvestitionen**. Dazu gehören auch REN-Maßnahmen. Der Nutzen ("Gewinn") einer solchen Investition besteht dann in der insgesamt eintretenden Kostenminderung. Erlöszuwächse, d. h. Änderungen auf der Seite der Einzahlungen durch den Verkauf der fertiggestellten Produkte, die im Regelfall durch Investitionen angestrebt werden, sind hier nicht primäres Ziel. Es sollte aber immer geprüft werden, ob sie nicht als Synergieeffekt eine Rolle spielen (z. B. höhere erzielbare Preise durch Qualitätsverbesserungen oder Steigerung des Outputs durch Senkung der Ausschussquote in einem stabileren Produktionsprozess).

Gemäß dem "engen Kostenbegriff" werden in der Wirtschaftlichkeitsrechnung nur monetäre Konsequenzen berücksichtigt, während im "weiten Kostenbegriff" auch nicht-monetäre Handlungsfolgen einbegriffen werden. Die weiteren Ausführungen beschränken sich auf monetäre Effekte. Nicht-monetäre Effekte werden in gesonderten Abschnitten diskutiert (vgl. Kap. 3.1.5).

Im allgemeinen Sprachgebrauch werden "Kosten" häufig mit "Ausgaben" (explizit oder implizit) gleichgesetzt. Dies kann insbesondere bei Investitions*ausgaben* zu starken Verzerrungen zu Ungunsten von REN führen. Denn Ausgaben sind nur insoweit Kosten, als sie mit einem – durch Entwicklung, Produktion und Verkauf bedingten – Werteverzehr verbunden sind. Die Investitionsausgaben für ein Gerät, das über mehrere Jahre genutzt wird, sind also nicht gleichzusetzen mit den Gerätekosten für dieses Jahr. Vielmehr müssen die Anschaffungskosten über die gesamte Nutzungsdauer verteilt werden, um zu den tatsächlichen jährlichen Kapitalkosten zu gelangen. Weitere Einzelheiten zu dieser "Verteilung" werden in den folgenden Kapiteln noch erläutert.

Box 3.2: Ausgaben oder Kosten? – Fachbegriffe versus Sprachalltag

Nicht alle Ausgaben sind Kosten im betriebswirtschaftlichen Sinne. Allerdings wird diese Unterscheidung im allgemeinen Sprachgebrauch nicht durchgehalten – ganz im Gegenteil, was zu Verwirrungen führen kann. So spricht einerseits das Steuerrecht von Betriebsausgaben. Darunter fallen z. B. der im betrachteten Jahr angefallene Aufwand für Personal. Dies sind im betriebswirtschaftlichen Sinne Kosten. Andererseits ist der Begriff "Anschaffungskosten" oder Investitionskosten sehr geläufig. Damit werden einmalig (zu Beginn der Investition) anfallende Investitionsausgaben (-auszahlungen) bezeichnet. Aus betriebswirtschaftlicher Sicht handelt es sich um Ausgaben (und nicht um Kosten), da nicht die gesamte Summe einen entsprechenden Werteverzehr in einer Rechnungsperiode (z. B. ein Jahr) darstellt.

3.1.2 Statische Kosten- bzw. Gewinnvergleichsrechnung und Probleme der Kostenzurechnung

Eine einfache (statische) Form der Wirtschaftlichkeitsbetrachtung ist die Kostenvergleichsrechnung. Hierzu werden die Kosten zum Erreichen eines bestimmten Zwecks ermittelt, indem die Beträge aller Kostenarten zusammengefasst werden, die zur Zweckerreichung aufgewendet werden müssen. Will man z. B. bei einem Energiewandler eine bestimmte Energieeffizienzverbesserung erreichen, so sind alle dafür anfallenden Kosten der Verfahrensänderung bzw. der Änderungen der Verfahrensbedingungen zu ermitteln und zu addieren. Für eine tatsächliche Wirtschaftlichkeitsrechnung muss darüber hinaus jedoch ein Vergleich der Kosten (bzw. Kosten und Nutzen) von Alternativen angestellt werden mit dem Ziel, die günstigste Alternative zu ermitteln. Auch die Alternative, nichts zu ändern, sollte betrachtet werden.

3.1.2.1 Vollkosten- oder Teilkostenrechnung?

Bei der Kostenvergleichsrechnung sind zwei Verfahren verbreitet – die Vollkostenrechnung und die Teilkostenrechnung – die im folgenden dargestellt und diskutiert werden. Bei der **traditionellen Vollkostenrechnung** werden alle Kosten des Betriebes (die betrieblichen Gesamtkosten) letztlich den veräußerten oder zur Veräußerung bestimmten Betriebsleistungen (Produkte, Dienstleistungen), die auch als "Kostenträger" bezeichnet werden, zugeordnet. Das für diese Kostenträger geübte Vorgehen der Vollkostenrechnung ist außerdem aber auch für Kalkulationsobjekte eingeführt, bei denen keine direkten Erlöse anfallen, sondern die vielmehr auf der Basis verursachter Kosten und Kosteneinsparungen beurteilt werden müssen. Dazu gehören auch die REN-Maßnahmen.

Die für die Vollkostenrechnung notwendigen Daten werden im Fall von (größeren) Unternehmen bei regulären Investitionsrechnungen aus dem betrieblichen Rechnungswesen entnommen. Dazu gehört auch die Kostenrechnung. Diese wird traditionell in Kostenarten-, Kostenstellen- und Kostenträgerrechnung gegliedert. In der Kostenartenrechnung werden die Kosten nach Art der eingesetzten Güter unterschieden und erfasst, z. B. Materialkosten, Energiekosten, Personalkosten oder Fremdleistungskosten. Die genannten Kostenarten werden letztlich über den Weg der Kostenstellen (z. B. Abteilungen eines Betriebes) den betrachteten Bezugsobjekten, d. h. den Produkten (den Kostenträgern) oder den Anlagen des Unternehmens zugerechnet und werden damit als Entscheidungsgrundlage relevant.

Direkte Kosten (Einzelkosten) sind solche Kosten, die von Entscheidungen über dieses Bezugsobjekt ausgelöst werden. Das Prinzip der entscheidungsorientierten Zuordnung wird nach Riebel (1993) Identitätsprinzip genannt. Direkte Kosten lassen sich nach diesem Prinzip dem Bezugsobjekt unmittelbar zurechnen. So entsteht der Materialverbrauch für einen Kundenauftrag letztlich durch die Entscheidung über die Auftragsannahme. Mit der Entscheidung über Schaffung oder Aufrechterhaltung der Betriebsbereitschaft, z. B. eines betriebseigenen Blockheizkraftwerks, entstehen z. B. kalkulatorische Abschreibungen[4] und Personalkosten, z. B. für Wartungspersonal. *Indirekte Kosten oder Gemeinkosten* sind Kosten, die nicht durch Entscheidungen über das Bezugsobjekt anfallen, sondern aus anderen Gründen (z. B. für Buchhaltung, Akquisition oder Marketing). Sie werden über die Kostenstellen- und Kostenträgerrechnung geschlüsselt und ebenfalls den Entscheidungsobjekten zugeordnet.

Zu beachten ist, dass bei diesem Vorgehen **auch Gemeinkosten weiterverrechnet werden**, so z. B. auch die Gehaltskosten der Geschäftsführung, obwohl diese Ge-

---

[4] Bei Gegenständen des Sachanlagevermögens (Maschinen, Fahrzeuge usw.) tritt während der Bereitstellung und Nutzung ein Werteverzehr ein, der durch die kalkulatorischen Abschreibungen berücksichtigt wird.

hälter von Entscheidungen über den realisierten Energieeffizienzstandard in der Produktion oder vom verkauften Produkt völlig unabhängig sind. Für die Verrechnung aller Kosten auf die Betriebsleistungen hat die Praxis zwar nachvollziehbare Regeln entwickelt, diese sind aber betriebswirtschaftlich vielfach nicht begründbar.[5] Grund für diese Verrechnung sind traditionelle Verhaltensweisen. Dabei schwingen auch Praktiken der Kostenrechnung mit, die im Zusammenhang mit der Preiskalkulation – neben der Bewertung von Investitionsoptionen, oder allgemeiner: von alternativen technischen oder organisatorischen Lösungen, ein weiterer Einsatzweck der Kostenrechnungsdaten – eine Rolle spielen. Obwohl auch zur Festlegung von Preisen Vollkosten letztlich keine sachgerechte Größe darstellen, sind sie doch auch hier sehr verbreitet. Oft ist aber auch der Zwang oder der Wille zur Vereinfachung maßgeblich für die Wahl der Verfahren.

Nach dem Identitätsprinzip ist die Vollkostenrechnung unzulässig, da nicht alle Entscheidungen und Handlungen im Betrieb die so bezeichneten "Kostenträger" betreffen. Verfährt man nach den Prinzipien der Vollkostenrechnung, so werden REN-Maßnahmen mit Kosten belastet, die sie gar nicht verursacht haben bzw. verursachen. So ist eine **Konsequenz der Volkostenrechung, dass für die REN-Maßnahmen gegenüber der Realität eine geringere Kosteneinsparung ermittelt oder gar eine Kostenerhöhung konstatiert wird**. REN-Maßnahmen werden dann oft zurückgestellt, weil man die erwarteten Kostenminderungen als zu gering betrachtet, oder gar unterlassen, weil man per Saldo sogar mit Mehrkosten rechnet.

Alternativ zur Vollkostenrechnung kann eine **Teilkostenrechnung** vorgenommen werden. Dabei werden die Kosten und Leistungen den realen Vorgängen auf der Basis der diese auslösenden ("identischen") Entscheidungen (z. B. über die Produktion oder die Wahl der technischen Verfahrensbedingungen) zugeordnet. Diese Zuordnung entspricht dem bereits erwähnten Identitätsprinzip der entscheidungsorientierten Kostenrechnung (Riebel 1993) als Grundlage der modernen betriebswirtschaftlichen Kostentheorie. Dies hat den Vorzug, dass bei jedem Bezugsobjekt nur solche Kosten und Nutzen (z. B. Erlöse) erscheinen, die durch Entscheidungen über dieses Bezugsobjekt entstehen. Solche Kosten sind "**Einzelkosten**"[6].

Zwar ist die Teilkostenrechnung gegenüber der Vollkostenrechnung mit höherem Aufwand verbunden, weil ihre organisatorischen Bedingungen in Unternehmen, die bisher nur mit Vollkostenrechnung gearbeitet haben, erst geschaffen werden müssen. Aber nur die so ermittelten entscheidungsrelevanten **Einzelkosten sind geeig-**

---

5 Auch das übliche Argument, dass alle Kosten durch die Erlöse mindestens gedeckt werden müssen und diese durch Verkauf und Vermietung der Produkte erzielt werden, liefert keinen stichhaltigen Beweggrund, weil für diese Kostendeckung nur garantiert werden muss, dass die Erlöse die Gesamtkosten übertreffen.

6 Da sie sich immer auf ein bestimmtes Bezugsobjekt beziehen, werden sie gelegentlich auch als "relative Einzelkosten" bezeichnet.

nete **Grundlagen für Nutzen-Kosten-Vergleiche** und daraus folgende ökonomische Urteile über vorzunehmende Entscheidungen und Handlungen.

3.1.2.2 Welche Kostendaten sind relevant?

Da der Unterscheidung der Einzelkosten von den (nicht zuzurechnenden) Gemeinkosten eine hohe Bedeutung zukommt, werden sie im folgenden noch etwas näher erläutert. Dabei werden auch Besonderheiten deutlich, die sich daraus ergeben, dass es sich bei Energiekosten oft um eine "gemischte" Kostenart handelt. Das heißt, unter diesem Begriff wird der Werteverzehr mehrerer recht unterschiedlicher Güter zusammengefasst. Dies ist bei der Zurechnung der Energiekosten nach dem Identitätsprinzip besonders zu beachten.

Zu den Einzelkosten gehören sämtliche **Kosten der Betriebsbereitschaft** benötigter Maschinen, und zwar für den gesamten Planungszeitraum. Die Kosten der Betriebsbereitschaft – oder Kapitalkosten – ergeben sich aus den Abschreibungen, d. h. für einen Gegenstand des Sachanlagevermögens (Maschine etc.) aus der gleichmäßigen Aufteilung der Anschaffungs- oder Herstellungsausgaben[7] (A) auf die im Einkommensteuergesetz definierte "betriebsgewöhnliche" Nutzungsdauer der Anlage (n). Sie zählen zu den fixen Kosten, weil ihre Höhe nicht von der ausgebrachten Menge (z. B. der erzeugten Druckluft bei einer Druckluftanlage) beeinflusst wird. Fix heißt aber nicht unveränderlich. Vielmehr ist gerade bei REN-Investitionen darauf zu achten, welche beschäftigungsfixen Kosten bei Realisation der Alternative abgebaut werden können. Abbaufähige beschäftigungsfixe Kosten liegen vor, wenn der Ersatz abgenutzter Anlagen entfällt, weil diese Anlagen künftig nicht mehr benötigt werden. Installiert man etwa zur Deckung der Grundlast eine Gasturbinen-KWK-Anlage, um mit Hilfe des Einsatzes von Erdgas bei hohem Wirkungsgrad Elektrizität und Dampf zu gewinnen und entfällt damit der Bedarf an separater Dampferzeugung weitgehend, so kann die Ersatzinvestition für eine Kesselanlage unterbleiben. Entsprechend sind wegfallende Personalkosten zu beachten (z. B. Kesselwart), die bei solchen Aktionen manchmal vergessen werden.

Werden die technischen Anlagen für Energieerzeugung und -verwendung erst beschafft und kommt das investierte Kapital aus einer Kreditaufnahme (als "Fremdkapital"), so fallen dafür **Zinskosten** (Fremdkapitalzinsen) an, deren Höhe sich nach Betrag, Zinssatz und Bindungsdauer des Kapitals richtet. Wird die Investition aus eigenen Mitteln finanziert, gilt das dafür nötige Kapital von da ab als "gebunden", d. h. anderen Zwecken entzogen. Es kann z. B. nicht mehr bei einer Bank verzinslich angelegt werden, und der Investor muss auf daraus fließende Zinserträge verzichten. Die entgangenen Erträge der jeweils nicht realisierten Investitionsoption zählen zu den Kosten der realisierten Option und werden als **Opportunitätskosten** bezeich-

---

[7] vermindert um den Restverwertungswert am Ende der wirtschaftlichen Lebensdauer

net. So sind in diesem Fall die Einbußen an Zinserträgen als Opportunitätskosten zu werten und muss beim Alternativenvergleich als wirtschaftlicher Nachteil einbezogen werden. Im Fall der Fremdkapitalfinanzierung fallen tatsächliche Zinszahlungen an. Die jährlichen Zinszahlungen berechnen sich aus dem durchschnittlich gebundenen Kapital – unterstellt man eine kontinuierliche Tilgung, so ist dies gemittelt über die Laufzeit die Hälfte des Kapitalbetrages (A/2) – und dem Zinssatz.

Die jährlichen Kosten für die Betriebsbereitschaft (Kapitalkosten K) setzen sich somit statisch betrachtet folgendermaßen zusammen:

$$K = A/n + (A/2) * i$$

(A: Anschaffungskosten; n: Nutzungsdauer; i: Zinssatz)

Dies entspricht der statischen Bewertungsmethode; ein Zahlenbeispiel dazu findet sich im Annex 1 bei der Berechnung der jährlichen Kapitalkosten einer Luftbefeuchtungsanlage. Zur dynamischen Bewertung der Kapitalkosten werden die Anschaffungs- und Herstellungskosten "annuisiert" (s. dazu Kap. 3.1.3.2)

Außerdem gehören zu den Kosten der Alternative alle damit verbundenen beschäftigungsabhängigen (z. B. produktionsmengenabhängigen) Kosten, z. B. für Material und Energie, die in der Betriebswirtschaftslehre **beschäftigungsvariable Kosten** genannt werden. Diese Kosten werden von Art und Dauer des Einsatzes (d. h. der "Beschäftigung") einer Anlage (z. B. Drucklufterzeuger) beeinflusst. Hier sind auch wegfallende beschäftigungsproportionale Kosten in Rechnung zu stellen, wie sie z. B. mit einer Erhöhung des thermischen Wirkungsgrades bei REN-Maßnahmen einhergehen. Variable Energiekosten sind vor allem Brennstoff- oder Stromkosten.

Im Konglomerat der Energiekosten werden aber meist nicht nur fixe und variable Kosten zusammengefasst, sondern oft auch Kosten verschiedener (Nutz-) Energieformen und Energieträgerarten. Ein funktionaler Zusammenhang zwischen Energiekosten und Energieverbrauchern ist dabei nicht darstellbar. Nur bei sachgerechter Trennung in möglichst reine Kostenarten lassen sich wieder ein eindeutiges Mengengerüst der Kosten bzw. eindeutige Kostenbeträge darstellen und nach dem Identitätsprinzip sachgerecht zurechnen.

Einige weitere Besonderheiten in der REN-Bewertung seien in diesem Zusammenhang der Zurechnungsproblematik noch erwähnt. Auf die Bedeutung von Auslastungseffekten und dem "timing" (Lastverlauf) des Energiebedarfs für die Identifizierung und monetäre Bewertung von Energieeinspareffekten weist Box 3.3 hin. Darüber hinaus besteht ein gängiger Fehler bei der Bewertung von REN-Maßnahmen darin, dass die berücksichtigten Energiekosten zu eng gefasst sind. Oft werden lediglich die (Änderungen in den) variablen Energieträger (n) in der Wirtschaftlichkeitsberechnung, d. h. konkret die Minderung der Bezugskosten für Strom und Brennstoffe berücksichtigt.

Box 3.3: **Besonderheiten bei der Identifizierung und monetären Bewertung von Energieeinspareffekten bei leitungsgebundenen Energieträgern und Brennstoffen**

Stromeinsparung als Beispiel

Bei der Stromerzeugung gibt es einige technische Besonderheiten, die sich auf die preisliche Bewertung der erzeugten Kilowattstunden auswirken und somit auch in der Bewertung von stromsparenden REN-Maßnahmen zu beachten sind. Auf saisonal oder tageszeitlich schwankenden Strombedarf kann der Energieversorger kaum durch Energiespeicherung, sondern im wesentlichen nur mit Einsatz unterschiedlicher Kraftwerke reagieren (Swoboda 1994).[8] Die Kosten pro kWh erzeugter elektrischer Energie variieren deshalb mit der Anlagenauslastung. Dies schlägt sich in der Preisstruktur für Stromabnahmen nieder. Bei gewerblichen und industriellen Abnehmern gliedert sich der Tarif meist in einen Arbeitspreis (Preis pro kWh) und einen Leistungspreis (monatlicher Preis pro kW vertraglich mit dem EVU vereinbarte Spitzenlast des Unternehmens). Hinzu kommt meist eine zeitabhängige Gestaltung der Arbeitspreise (Sommer oder Winter, Tages- oder Nachtzeit etc., Swoboda 1994), die die Besonderheiten des Lastgangs des EVU widerspiegeln und Preisanreize für Stromabnehmer schaffen soll, ihren Stromverbrauch in Zeiten der niedrigen Auslastung des EVU zu verlagern.

Diese Preisstruktur hat auch Einfluss auf die Beurteilung von REN-Maßnahmen bei den Energieverwendern. Erzielt man Stromeinsparungen, so macht es für deren Kostenwert einen wesentlichen Unterschied, ob dadurch die Spitzenlast reduziert wird (und damit die Kosten für die bezogene Leistung) oder nicht. Außerdem können vermiedene Kosten für die bezogene Arbeit (Kilowattstunden) außer von der Menge auch von dem in der jeweiligen Periode gültigen Arbeitspreis abhängen.

Brennstoffeinsparung

Bei Energieversorgungsanlagen entstehen Fixkosten durch einen für viele Energieumwandlungsprozesse typischen, energetischen Grundverbrauch (z. B. Kessel- und Transportverluste bei Betriebsbereitschaft ohne Last). Dies ist eine Besonderheit von Energieumwandlungsprozessen (zum folgenden vgl. Gälweiler 1981). Der energetische Wirkungsgrad variiert mit der abgegebenen physikalischen Leistung, dem Lastgrad. Der Einfachheit halber unterstellt man oft trotzdem einen linearen Zusammenhang zwischen Beschäftigung (d. h. zum Beispiel der produzierten Wärmemenge) und beschäftigungsvariablen Kosten, womit die Effekte unterschiedlicher Auslastung vernachlässigt werden. Viele REN-Maßnahmen setzen an der richtigen Dimensionierung (d. h. an einer Reduktion der Anlagengröße bzw. -leistung) an und versuchen damit das Betreiben von Anlagen in weniger effizienten Teillastbereichen zu vermeiden oder zu minimieren. Die Einsparung bei variablen Energie(bezugs)kosten durch die bessere Auslastung wird durch das oben skizzierte Vorgehen aber nicht ausgewiesen.

---

[8] Grundlastkraftwerke (Wasserkraft, Braunkohle- und Kernkraftwerke) mit hohen fixen und niedrigen variablen Kosten für jahreszeitlich durchgehenden Bedarf; Mittellastkraftwerke (Steinkohle, Kraft-Wärme-Kopplung) mit niedrigen fixen und höheren variablen Kosten für den über den Grundlastbedarf hinausgehenden längerfristigen Bedarf sowie Spitzenlastkraftwerke (öl- und gasgefeuerte Kraftwerke, Gasturbinen, Pumpspeicherwerke) für Spitzenlastzeiten (etwa an kalten Wintertagen vormittags und abends) mit niedrigeren Fixkosten und relativ hohen variablen Kosten.

Kosteneinspareffekte auf Ebene der Anlagen (Kapitalkosten, Wartungs- und Reparatur- und Überwachungskosten etc.) werden fälschlicherweise vernachlässigt. Dies führt zu einer krassen Unterbewertung der eingesetzten Energie und damit gleichzeitig zu einer starken Unterbewertung der Kosteneinspareffekte von REN-Optionen (Fünfgeld 1998), d. h. die Wirtschaftlichkeitsberechnungen werden dadurch zu Lasten von REN-Optionen verzerrt. Diese Frage der Berücksichtigung energierelevanter Nebenkosten wird anhand eines Beispiels im Annex sowie in Kapitel 3.2 noch mal aufgegriffen.

Spezialproblem: Kostenzuordnung bei Kuppelproduktion

Eine weitere besondere Bewertungsproblematik liegt im Fall der Kuppelproduktion von Strom und Wärme, d. h. bei der Kraftwärmekopplung (KWK) vor. Die kennzeichnenden Merkmale der Kuppelproduktion sind (vgl. Piller/Rudolph 1991):

- Herstellung von mindestens zwei Outputarten ("Kuppelprodukte"),
- in ein und derselben Anlage,
- aus ein und demselben Prozess und
- unter Einsatz von Stoff- und Energiearten.

Bei Kuppelprodukten gibt es aus Sicht der Betriebswirtschaftslehre keine betriebswirtschaftlich konsistente Möglichkeit, Produktionskosten bzw. Kostenminderungen einzelnen Kuppelprodukten zuzurechnen. Das heißt, hier lassen sich Brennstoffverbrauch und damit Brennstoffkosten nicht eindeutig der erzeugten Wärme und Strom zuordnen. Probleme entstehen daraus insbesondere bei der Bewertung nachgelagerter Anlagen, die diese Wärme und Strom abnehmen. Ein systemarer Ansatz bietet hier die Lösung (vgl. Kap. 3.2.2).

3.1.2.3   Kosten- oder Gewinnvergleichsrechnung?

Die **Kostenvergleichsrechnung** ist als Entscheidungsgrundlage nur dann zulässig, **wenn die Alternativenwahl keinen Einfluss auf die Erlöshöhe** ausübt. Haben Entscheidungen und Handlungen jedoch nicht nur Kosten, sondern auch Erlöswirkungen, so muss beim Alternativenvergleich statt der Kostenvergleichsrechnung eine Gewinnvergleichsrechnung angewandt werden. Wenn man den wirtschaftlichen Vorteil einzelner Projekte beurteilen will, ist dabei die relevante Beurteilungsgröße nicht der Gewinn, wie die Bezeichnung "Gewinnvergleichsrechnung" nahe legt, sondern der **Gewinn*beitrag*** (Deckungsbeitrag) der betrachteten Alternative. Dieser ist der **Saldo zwischen denjenigen Erlösen und Kosten**, die dieser Alternative nach dem Identitätsprinzip zugerechnet werden können.

Auch wenn REN-Investitionen primär Rationalisierungsinvestitionen sind, die sich auf der Kostenseite auswirken, können in Einzelfällen oder als Nebeneffekt auch Erlöswirkungen von Bedeutung sein (vgl. 3.1.1). Folgendes Beispiel macht dies deutlich: Wird im Rahmen einer REN-Maßnahme Abwärme extern verwertet, so kann dies zu Erlösen führen. So geht schon seit den 70er Jahren Abwärme aus Hochöfen, Walzwerken und Schwefelsäureanlagen in den Energieverbund der Fernwärmeschiene Niederrhein und heizt dort ca. 40.000 Wohnungen (vgl. Kern 1981).

Während bei der Kostenvergleichsrechnung nur ein Vergleich von wenigstens zwei Alternativen zu einer Handlungsempfehlung führen kann, ist eine **Gewinnvergleichsrechnung bereits zur Beurteilung einer einzelnen Maßnahme** geeignet. Jede Alternative mit einem Überschuss der jährlichen (Durchschnitts-) Erlöse über die jährlichen (Durchschnitts-) Kosten ist nämlich für sich genommen vorteilhaft. Eine Alternative mit einem Überschuss der jährlichen Kosten über die jährlichen Erlöse bedeutet hingegen eine Verschlechterung gegenüber der Ausgangslage und ist daher zu unterlassen.

An dieser Stelle ist noch mal hervorzuheben, dass Wirtschaftlichkeitsbetrachtungen stets den Vergleich zweier Alternativen beinhalten müssen. Dabei kann eine Alternative durchaus in der Beibehaltung des Status quo bestehen. Wichtig ist aber zu beachten, dass auch in diesem Fall die Kosten, die mit der Beibehaltung des Status quo verbunden sind, in die Beurteilung explizit einfließen müssen, was oft vernachlässigt wird. Implizit werden die Kosten des Status quo damit mit null bewertet. Bei einer Kostenvergleichsrechnung wird dann die Beurteilung zu Lasten jeder Alternative, die eine Änderung des Status quo bedeutet – also auch zu Lasten von REN-Maßnahmen – verzerrt.

Der Vergleich kann auf zweierlei Art erfolgen. Entweder es werden für jede Alternative die Kosten (bzw. bei der Gewinnvergleichsrechnung die Gewinnbeiträge) ermittelt und anschließend verglichen. Dann ist die Alternative mit den niedrigeren Kosten bzw. den höheren Gewinnbeiträgen die wirtschaftlichere. Oder es wird von vornherein eine **Differenzkostenbetrachtung** durchgeführt. In diesem Fall wird nur eine Kennzahl ermittelt, indem die einzelnen Kostenkomponenten der beiden Alternativen miteinander verglichen werden und die jeweilige Differenz als Mehrkosten oder als Kosteneinsparung der betrachteten Alternative in die Gesamtsumme einfließt. Werden auf diesem Weg die (Mehr-!) Kosten einer REN-Maßnahme berechnet, so müssen eventuell entgangene Gewinnbeiträge der nicht realisierten Alternative als sogenannte "Opportunitätskosten" bei den Mehrkosten berücksichtigt werden (s. o.). Das Geld, das in eine REN-Maßnahme investiert wird, kann z. B. nicht mehr bei einer Bank verzinslich angelegt werden. Der Investor muss auf daraus fließende Zinserträge verzichten.

Soweit bei Realisation einer REN-Maßnahme Kapital investiert wird, muss die Verzinsung des eingesetzten Kapitals in der Wirtschaftlichkeitsbetrachtung berücksichtigt werden, d. h., der erzielte Gewinnbeitrag wird mit dem dafür eingesetzten Kapital ins Verhältnis gesetzt. Der entsprechende Maßstab der Verzinsung ist die (Kapital-) Rentabilität[9]. Daher bietet es sich an, den Alternativenvergleich nicht mit einer Gewinn-, sondern mit einer **Rentabilitätsvergleichsrechnung** vorzunehmen. Die Formel für die Rentabilitätsrechnung entspricht dann der Gleichung (1).

(1) R = jährlicher Gewinnbeitrag/zusätzliche Kapitalbindung * 100 (%/Jahr)

3.1.3 Dynamische Wirtschaftlichkeitsbetrachtung

Dynamische Verfahren operieren mit Auszahlungen (Geldabflüssen) und Einzahlungen (Geldzuflüssen)[10]. Für ihre sachgerechte Zuordnung zu den zu beurteilenden Alternativen gilt auch hier das für Kosten- und Leistungsrechnungen erläuterte Identitätsprinzip (vgl. Kap. 3.1.2). Damit sind alle Zurechnungs- und Identifikationsprobleme, die bereits im Zusammenhang mit statischen Verfahren dargestellt wurden, auch bei diesen Methoden relevant und stellen auch hier entsprechende Fehlerquellen dar.

Im folgenden werden drei Varianten der dynamischen Wirtschaftlichkeitsbetrachtung vorgestellt: die Kapitalwertmethode, die Annuitätenmethode und die Methode des internen Zinssatzes. Allen dynamischen Verfahren ist gemeinsam, dass hier Zinseszinseffekte berücksichtigt werden, d. h., der Zeitpunkt, zu dem Ein- und Auszahlung anfallen, spielt für deren Wert eine Rolle.

3.1.3.1 Der Kapitalwert

Der Kapitalwert einer Investition ist Ausdruck der Rentabilität des investierten Kapitals über die Laufzeit, d. h. die voraussichtliche reale Nutzungsdauer der Investition. Um ihn zu berechnen, werden zunächst alle Ein- und Auszahlungen ermittelt, die einem Investitionsvorhaben zugeordnet werden können. Diese lassen sich in einer Zahlungsreihe anordnen, die auch die Auszahlung für die Investition selbst einschließt. Die Salden der Einzahlungen und Auszahlungen je eines Jahres der voraussichtlichen Nutzungsdauer heißen auch "Rückflüsse" dieses Jahres. Der Kapitalwert einer Investition ist der Saldo aller auf einen bestimmten Bezugszeitpunkt ab- oder aufgezinsten Zahlungen aus der Zahlungsreihe der Investition. Bei Investitionsvorhaben ("Investitionsrechnungen") ist Abzinsung auf den Beginn der Investition (Zeitpunkt t = 0) üblich. Begründung und Verfahren des Auf- und Abzinsens sind in Box 3.4 zusammengefasst. Die Abzinsung geschieht auf der Basis eines vorher gewählten Zinssatzes, der Kalkulationszinssatz genannt wird (vgl. Box 3.5).

---

9 Als statische Größe ist die Rentabilität eine Jahresrentabilität mit der Dimension %/Jahr. Diese Rentabilitätsgröße ist als vereinbarter Zinssatz für ein Sparguthaben wohlbekannt.

10 Statische Verfahren arbeiten dagegen mit den Rechengrößen Kosten und Leistungen. Diese unterschiedlichen Rechengrößen der statischen und dynamischen Verfahren können aber nach dem sog. Lücke-Theorem ineinander umgerechnet werden (Lücke 1955).

Box 3.4: **Auf- und Abzinsung in der dynamischen Wirtschaftlichkeitsbetrachtung**

Aufzinsungsfaktoren für dynamische Investitionsrechnung leiten sich aus folgender Überlegung ab: Ein Kapital K_0 von z. B. 100 DM wird ein Jahr lang mit Zinssatz i verzinst. Am Ende des Jahres erfolgt der Rückfluss in Form der Zinsen. Werden die Zinsen des ersten Jahres dem Kapital gutgeschrieben, so beträgt das Kapital K_1 nach einem Jahr

$K_1 = K_0 * (1 + i) = K_0 * q$ $K_1 = 100 + 100 * 0,1 = 110$
(Zeitwert nach 1 Jahr)

Werden die Zinsen jeweils dem anfänglichen Kapital zugeschlagen und mit diesem weiterverzinst, so hat man nach einer beliebigen Zahl n von Jahren schließlich:

$K_n = K_0 (1 + i)^n = K_0 * q^n$ (vollständige Induktion)

K_n ist das Kapital mit Zinseszinsen nach n Jahren (Zeitwert). Der Ausdruck in der Klammer ist der erwähnte Aufzinsungsfaktor a[11]. Der Abzinsungsfaktor ist der Kehrwert davon: durch Multiplikation des Zeitwerts K_n erhält man den "Barwert" K_0:

$K_0 = K_n * 1/q^n$

Die Werte der Abzinsungsfaktoren $1/q^n$ liegen bei positiven Zinssätzen zwischen 0 und 1 ($0 < 1/q^n < 1$) und sinken mit steigendem Zinssatz und steigender Abzinsungsdauer.

Der Betrag des Kapitalwertes C_0 kann gleich 0, größer 0 oder kleiner 0 sein. Bei einem Kapitalwert $C_0 = 0$ wird der gesamte ursprüngliche Kapitaleinsatz amortisiert, und die tatsächliche Verzinsung ("Effektivverzinsung" oder "interne Verzinsung") stimmt mit dem Kalkulationszinsfuß überein. Deckt sich der Kalkulationszinssatz mit der gewünschten Effektivverzinsung, so ist die Investition als wirtschaftlich erfolgreich zu beurteilen.

Für $C_0 > 0$ folgt dann, dass sich die Investition mit einem gegenüber dem Kalkulationszinssatz höheren Effektivzinsfuß verzinst, dessen Höhe allerdings aus der Rechnung nicht unmittelbar hervorgeht. Im übrigen wird der ursprüngliche Kapitaleinsatz wieder vollkommen amortisiert. Die Investition ist also wiederum wirtschaftlich erfolgreich, die Verzinsung sogar über dem angestrebten Ziel.

Für $C_0 < 0$ ist die Effektivverzinsung geringer als der Kalkulationszinssatz. Das wirtschaftliche Ergebnis der Investition ist unbefriedigend. Bei einer Effektivverzinsung < 0 % wird nicht einmal die Amortisation des eingesetzten Kapitals erreicht.

---

11 In den bisherigen Rechnungen ist die Inflation nicht berücksichtigt worden. Muss man eine Inflationsrate b beachten, so muss diese in die Rechnung einbezogen werden. Man rechnet dann nicht mit dem Aufzinsungsfaktor (1 + i), sondern mit dem Faktor 1 + i + b + ib, bzw. (1+i) (1+b).

> **Box 3.5: Formel zur Berechnung des Kapitalwertes**
>
> Ausgehend von den Rückflüssen jeder Periode der Nutzungsdauer (R_1, R_2,...R_n) wird der Saldo ihrer Barwerte und der anfänglichen Investitionsauszahlung gebildet:
>
> $$C_0 = \frac{R_1}{q} + \frac{R_2}{q^2} + \frac{R_3}{q^3} + ... + \frac{R_n}{q^n} - I_0$$
>
> Bei Sachinvestitionen sind die Informationen über künftige Aus- und Einzahlungen allerdings oft nur dürftig. Man behilft sich dann mit Schätzungen, die oft auf Durchschnittswerten beruhen, und greift damit notgedrungen auf Elemente der statischen Rechnungen zurück, die theoretisch weniger fundiert sind, aber geringere Ansprüche an die Eingabedaten stellen. Zur Vereinfachung der Schätzung, nimmt man oft die Übereinstimmung der Rückflüsse in den verschiedenen Perioden an.[12] Dies vereinfacht die Rechnung wesentlich. Es ist dann nämlich
>
> $$C_0 = \frac{R}{q} + \frac{R}{q^2} + \frac{R}{q^3} + ... + \frac{R}{q^n} - I_0$$
>
> Diese Formel lässt sich vereinfachen zur Formel für den Kapitalwert:
>
> $$C_0 = R \times \frac{q^n - 1}{q^n(q-1)} - I_0 \quad \text{mit } q = (1+i)$$
>
> Der Faktor $\left[\frac{q^n - 1}{q^n(q-1)} \right]$ wird "Rentenbarwertfaktor" genannt, dessen Kehrwert als Wiedergewinnungsfaktor bezeichnet wird.

Die Ergebnisse der Berechnung des Kapitalwerts werden von folgenden Sachverhalten bestimmt:

1. der Zahlungsreihe der Investition,
2. dem Bezugszeitpunkt und
3. dem Kalkulationszinssatz.

Auch bei gegebener Zahlungsreihe variiert also der Kapitalwert mit dem Bezugszeitpunkt und dem Kalkulationszinssatz. Dabei stellt sich die Frage nach **der Wahl des "richtigen" Kalkulationszinssatzes**. Im Prinzip soll er die Verzinsung einer alternativen, vergleichbaren Anlagemöglichkeit des Kapitals darstellen. Dies ist dann der Fall, wenn wesentliche Faktoren, die die angemessene Verzinsung bestimmen – nämlich die Dauer der Kapitalbindung und das Risiko der Anlagemöglichkeiten – übereinstimmen. Die Dauer der Kapitalbindung ist dabei nicht zu verwechseln mit der (bei REN-Investitionen oft sehr langen) Nutzungsdauer der betroffenen Anlage. Das anfänglich investierte (und dann zunächst gebundene) Kapital wird durch die dann folgenden Rückflüsse wieder freigesetzt. Je nach Höhe der Rückflüsse kann die Freisetzung auch im Fall von REN-Investitionen sehr schnell

---

[12] In bestimmten Fällen, z. B. bei bestimmten Renten- oder Versicherungsleistungen stimmen die Zeitwerte der jährlichen Rückflüsse tatsächlich überein.

erfolgen. Die Dauer der Kapitalbindung ist also im Einzelfall zu bestimmen. Eine kürzere Kapitalbindung ist in der Regel mit niedrigeren Zinsen verbunden, eine längere Bindung mit höheren. Was das Risiko von REN-Investitionen betrifft, sprechen viele Überlegungen dafür, es als eher gering einzustufen. Ein Grund dafür ist, dass die Kosteneinsparungen nicht direkt mit dem Kerngeschäft zusammenhängen und damit auch nicht den z. T. dort zu beobachtenden starken Fluktuationen unterworfen sind. Dieser Aspekt wird in Kapitel 3.1.4 noch weiter vertieft. Ein geringes Risiko geht im allgemeinen mit geringer erzielbarer Verzinsung einher.

Den funktionalen Verlauf des Kapitalwertes in Abhängigkeit vom Kalkulationszinsfuß zeigt folgende Graphik:

Abbildung 3.1-1: Verlauf des Kapitalwerts in Abhängigkeit vom Kalkulationszinsfuß

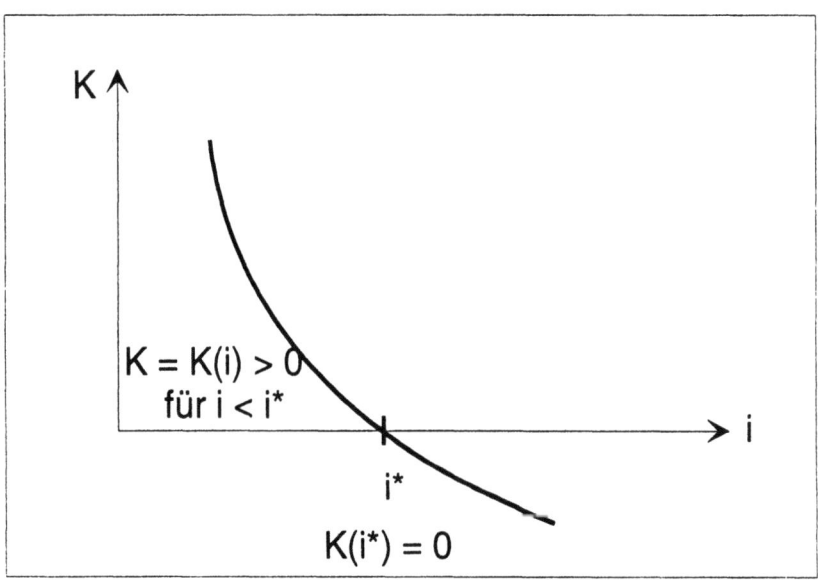

3.1.3.2 Die Annuitätenmethode

Investitionsalternativen übereinstimmender Laufzeit, aber verschiedener Zahlungsreihen kann man auch anhand der Annuitätenmethode vergleichen. Bei der Annuitätenmethode werden alle Zahlungen aus einem Investitionsvorhaben (die gesamte Zahlungsreihe) für die gesamte Lebensdauer der Investition in gleiche jährliche Zahlungen umgerechnet. Bei jährlichen Zahlungen und einer Lebensdauer von n Jahren besteht die Zahlungsreihe dann aus n gleichen Zahlungen.

Die Annuität über die bestimmte Laufzeit lässt sich ermitteln, indem man den Kapitalwert – oder allgemein: einen bestimmten einzusetzenden Kapitalbetrag – durch den Rentenbarwert *dividiert*. Der Kehrwert des Rentenbarwertes ist der sogenannte "Wiedergewinnungsfaktor" (vgl. auch Box 3.5). Die Annuität erhält man daher auch durch Multiplikation des Kapitalwertes (eines Kapitalbetrages) mit dem Wiedergewinnungsfaktor. Ein einmal bezahlter Kapitalbetrag lässt sich also ohne wirtschaftlichen Nachteil durch eine Abfolge solcher Annuitäten über die Dauer der Laufzeit ersetzen.

Für die Beurteilung der Wirtschaftlichkeit einer Investition auf Basis der Annuität gelten die gleichen Kriterien wie bei der Kapitalwertmethode. Ist die Annuität positiv, ist die Investition wirtschaftlich vorteilhaft; ist sie null stellt sich der Investor wirtschaftlich weder besser noch schlechter; ist die Annuität negativ, ist das Projekt wirtschaftlich nachteilig.

Box 3.6: "Annuisierte Investitionskosten" oder "Annuität einer Investition"?

Leicht kommt es zu Verwechslungen zwischen der Annuität einer Investition und den annuisierten Investitionskosten. Unter letzterem Begriff ist die Aufteilung der Investitionsausgaben auf die Nutzungsdauer der Anlage nach der Annuitätenmethode gemeint. Die Annuität einer Investition bezieht sich dagegen auf alle Zahlungsströme, die mit dem Investitionsprojekt verbunden sind, enthalten also auch weitere Aus- und Einzahlungen in den Folgeperioden nach der Anschaffung der Anlage.

3.1.3.3 Der interne Zinssatz

Bei der Methode des internen Zinssatzes wird die Wirtschaftlichkeit einer (REN-)Maßnahme als Zinssatz auf das eingesetzte Kapital angegeben. Sie ist damit der bei den statischen Verfahren erläuterten Rentabilität ähnlich, berücksichtigt aber neben Zins auch Zinseszinseffekte. Außer im Falle $C_0 = 0$, in dem der Kalkulationszinssatz der internen Verzinsung gerade entspricht, macht die Kapitalwertmethode keine Aussage über den Satz der internen Verzinsung dieser Investition. Da diese Größe aber für den Entscheidungsträger durchaus interessant ist – z. B. weil die Rentabilität von alternativen Anlagemöglichkeiten in dieser Größe angegeben wird – liegt es nahe, den internen Zinssatz ebenfalls zu bestimmen, und zwar mit der sogenannten Internen-Zinssatz-Methode, auch wenn diese mit gewissen Problemen behaftet ist (s. Box 3.7: Kapitalwert oder interner Zinssatz?).

Der interne Zinssatz ist definiert als der Zins bei dem der Kapitalwert der betrachteten Zahlungsreihe null wird. Setzt man nun den Kalkulationszinssatz als Unbekannte und den Kapitalwert $C_0 = 0$, lässt sich aus der Gleichung der effektive Zins berechnen.[13]

Box 3.7: Kapitalwert oder interner Zinssatz?

Um Aussagefähigkeit und faktische Anwendbarkeit der Kapitalwertmethode und der Internen-Zinssatz-Methode zu prüfen, sollen hier die Prämissen beider Methoden analysiert werden. Denn wählt man Prämissen für praxisorientierte Entscheidungsmodelle, so muss garantiert sein, dass sie auch für die Realität gelten.

Direkt vergleichbare Alternativen hat man nur, wenn die Kapitaleinsätze zu Beginn der Investition übereinstimmen und die Vorhaben zudem übereinstimmende Laufzeiten haben. Gilt dies zunächst nicht, so muss genau genommen zum Ausgleich unterschiedlicher Kapitaleinsätze die Verzinsung der Differenzinvestition in die Rechnung einbezogen und dem Investitionsvorhaben mit dem geringeren Kapitaleinsatz gutgeschrieben werden. Zum Ausgleich unterschiedlicher Laufzeiten müsste außerdem die Reinvestition des wieder freigesetzten Kapitals des kürzeren Vorhabens in die Wirtschaftlichkeitsbetrachtung mit einfließen.

In der Praxis bleiben Differenz- und Reinvestition meist unberücksichtigt. In der Kapitalwertmethode kommt dies der Annahme gleich, dass ihr Kapitalwert null ist. Dabei wird unterstellt, dass sich die Differenzinvestition genau mit dem Kalkulationszinsfuß der ursprünglichen Investitionsvorhaben verzinst. Wählt man als Kalkulationszinssatz den Zinssatz auf dem langfristigen Kapitalmarkt (etwa für öffentliche Obligationen), so ist eine Anlage von Differenzinvestitionen zu diesem Zinssatz stets möglich. Die zugrundeliegende Prämisse über die Verzinsung der Differenzinvestition entspricht dann der Realität, und das Rechenergebnis kann auf die Wirklichkeit übertragen werden.

Bei der Internen-Zinssatz-Methode entspricht die Vernachlässigung der Differenz- und Reinvestitionen der Annahme, dass sie sich genau mit dem internen Zinssatz verzinsen. Bei internen Zinssätzen von z. T. 15 % und mehr ist diese Prämisse der Internen-Zinssatz-Methode völlig unrealistisch. Für den praktischen Einsatz ist deshalb die Kapitalwertmethode vorzuziehen.

Nachdem diese Erkenntnis lange Zeit auf die akademische Welt beschränkt war, findet sie nun auch langsam Eingang in die Praxis. Zu beobachten ist dies derzeit im Bereich der Finanzdienstleistungen. Hier wurde kürzlich in einem Fall sogar durch gerichtlichen Beschluss die Bewerbung von Kapitalanlagefonds auf Basis des internen Zinssatzes untersagt (Ökobank 1998).

---

[13] Exakt ist dieser nur für $t < 4$ möglich, jedoch gibt es einfache (z. B. graphische) Näherungsverfahren zu seiner Ermittlung.

3.1.4 Die Rolle der Amortisationsdauer als Bewertungskriterium

Investitionen unterliegen Verlustgefahren (Risiken). Je länger ein Kapitalbetrag gebunden ist, desto länger ist er solchen Risiken ausgesetzt. Das Kapital wird jedoch durch sog. Rückflüsse wieder "freigesetzt". Als "Rückflüsse" bezeichnet man die Salden der periodenbezogenen Ein- und Auszahlungen. Bei Investitionsvorhaben wie REN, die auf Reduktion künftiger Betriebskosten gerichtet sind ("Rationalisierungsinvestitionen"), erscheinen als Rückflüsse in der Regel die jährlichen bzw. durchschnittlichen jährlichen Kostenminderungen. Die Zeit, innerhalb der die gesamten anfänglichen Investitionsausgaben wieder zurückgeflossen sind, bezeichnet man als Wiedergewinnungszeit oder Amortisationsdauer des investierten Kapitals. Die statische Amortisationsdauer bestimmt sich nach

(2)   AD: = Investitionsbetrag/jährlicher Gewinnbeitrag* (Jahre).

   * bei reinen Rationalisierungsinvestitionen: jährliche Netto-Kosteneinsparung

Vergleicht man zwei Investitionen über denselben Betrag, so ist die Investition mit der kürzeren Amortisationsdauer die weniger riskante Option und also aus risikopolitischen Überlegungen vorzuziehen.

Rechenbeispiel

Hat man z. B. ein Investitionsvorhaben X mit einer Investitionssumme von DM 100.000,- und einem jährlichen (durchschnittlichen) Kapitalrückfluss von DM 50.000,- sowie ein Investitionsvorhaben Y mit derselben Investitionssumme[14], aber einem jährlichen (durchschnittlichen) Kapitalrückfluss von DM 40 000,- so gilt

AD_x = 100.000,- DM : 50.000,- DM/a = 2 Jahre

AD_y = 100.000,- DM : 40.000,- DM/a = 2,5 Jahre

und X ist weniger riskant.

Die Amortisationszeit lässt sich auch als dynamische Größe berechnen, indem der Kapitalwert gleich null gesetzt wird. Sie wird dann interpretiert als der (kritische) Betrachtungszeitraum (vgl. auch VDI-Richtlinie 6025 und Kap. 3.2.1.1) der Investition. Erst die Einzahlungsüberschüsse, die nach diesem Betrachtungszeitraum prognostiziert werden, machen die Investition wirtschaftlich vorteilhaft.

Vielfach sind die künftigen Beträge von Kosten und Erträgen oder Auszahlungen und Einzahlungen eines Investitionsvorhabens unsicher und erlauben keine zuverlässige Rentabilitätsrechnung. Dennoch darf die **Amortisationsvergleichsrechnung**

---

[14] Stimmen die Kapitaleinsätze der Vorhaben nicht überein, so muss die Investitionssumme des Projektes mit dem geringeren Kapitaleinsatz wieder um die Differenzinvestition ergänzt werden, um zu vollständigen (vergleichbaren) Alternativen zu gelangen.

nur als *ergänzendes* Kalkül verwendet werden, um nämlich auch den **Risikoaspekt** in die Entscheidungsvorbereitung einzubringen. Denn die Amortisationsvergleichsrechnung ist keine Wirtschaftlichkeitsrechnung, da sie Nutzen und Kosten bzw. die Einzahlungsüberschüsse einer Investition, die nach der Amortisationszeit noch realisiert werden, nicht berücksichtigt. Diese Einzahlungsüberschüsse sind aber für die Wirtschaftlichkeit der Investition entscheidend. Eine Beurteilung der Wirtschaftlichkeit auf alleiniger Grundlage der Amortisationsdauer, wie z. B. in Rentz (1995), ist aus betriebswirtschaftlicher Sicht unzureichend.

Einen ersten groben Anhaltspunkt für die Wirtschaftlichkeit einer Anlage kann der Vergleich der Amortisationsdauer mit der voraussichtlichen Nutzungsdauer der Investition geben. Liegt die Nutzungsdauer deutlich über der Amortisationszeit, wirkt sich dies unter der Annahme, dass die mit der Investition erzielten Einzahlungsüberschüsse in jeder Periode der Nutzungsdauer in gleicher Höhe anfallen, positiv auf den Kapitalwert aus. Kann eine Investition dagegen nicht über die Amortisationsdauer hinaus genutzt werden, oder bringt sie darüber hinaus keine Einzahlungsüberschüsse mehr, so hat sie bestenfalls einen Kapitalwert von null. Im Sinne einer effizienten Ressourcenallokation sollten die Investitionsobjekte mit den höchsten Kapitalwerten realisiert werden. Wenn im Entwurf zur Wärmenutzungsverordnung verlangt wird, dass "Maßnahmen [...] durchzuführen [sind], wenn die Amortisationsdauer [...] kleiner als die Nutzungsdauer der Anlage [...] ist" (UBA 1997, §5, (1)), so kann dadurch diese Reihenfolge nach Kapitalwerten durchbrochen werden. Dies kann jedoch aus gesamtwirtschaftlicher Sicht gewünscht sein, wenn die dadurch realisierten REN-Investitionen mit einem entsprechend hohen externen Nutzen verbunden sind, der sich im Kapitalwert nicht niederschlägt.

Aus der Alltagspraxis der Investitionsentscheidungen der Betriebe lässt sich immer wieder beobachten, dass unter den verfügbaren Alternativen schließlich die mit der kürzesten Amortisationsdauer ausgewählt wird. Damit wird aber möglicherweise auf Rückflüsse und damit auf eine Alternative mit höherer Verzinsung verzichtet, die beim Ergreifen anderer Alternativen zusätzlich eintreten könnten. Ein mögliches "golden end", d. h. Kosteneinsparungen auch nachdem das eingesetzte Kapital bereits amortisiert ist, erkennt man zum Entscheidungszeitpunkt zwar genau genommen nur bei vollkommener Information. Aber auch wenn Prognosen über künftige Zahlungsströme immer mit gewissen Unsicherheiten behaftet sind, rechtfertigt dies nicht ihre die völlige Vernachlässigung. Wenn Investitionsobjekte mit Amortisationsdauer von über 2 Jahren in vielen Betrieben abgelehnt werden, diese aber über 10 Jahre und länger positive Rückflüsse einbringen würden, bedeutet die Entscheidung nach der Amortisationsdauer einen Verzicht auf sehr wirtschaftliche Investitionsmöglichkeiten. Die Größenordnung der bereits nicht mehr akzeptierten internen Verzinsung, die damit impliziert wird, zeigt Tabelle 3.1-1.

Mit größerer Prognosesicherheit kann gerade bei energiesparenden Maßnahmen, v. a. im Bereich der Querschnittstechniken oft gerechnet werden. Natürlich können sich die Absatzchancen und der Markt eines Unternehmens, sein Produktspektrum etc. ändern. Aber während z. B. bestimmte Anlagen im Produktionsprozess dadurch leicht entwertet werden können, ist dies bei REN-Maßnahmen bei Energiewandlern wesentlich weniger wahrscheinlich. Denn eine energieeffiziente Beleuchtung – um nur ein Beispiel zu nennen – spart auch dann noch Energie und Kosten, wenn ein gänzlich anderer Produktionsvorgang damit beleuchtet wird. Die unreflektierte Übertragung der Amortisationsanforderung vom Kernbereich eines Unternehmens, d. h. dem Produktionsbereich auf REN-Entscheidungen ist deshalb unangemessen.

Tabelle 3.1-1: Abschneiden hochrentabler REN-Investitionen mit langen Nutzungsdauern bei Anwendung der Amortisationsdauermethode

geforderte Amortisationszeiten (Jahre)	Interne Verzinsung in % pro Jahr[1]							
	Anlagennutzungsdauer (Jahre)							
	3	4	5	6	7	10	12	15
2	24 %	35 %	41 %	45 %	47 %	49 %	49,5 %	50 %
3	0 %	13 %	20 %	25 %	27 %	31 %	32 %	33 %
4		0 %	8 %	13 %	17 %	22 %	23 %	24 %
5			0 %	6 %	10 %	16 %	17 %	18,5 %
6	unrentabel			0 %	4 %	10,5 %	12,5 %	14,5 %
8						4,5 %	7 %	9 %

[1] unterstellt wird eine kontinuierliche Energieeinsparung über die gesamte Anlagennutzungsdauer

abgeschnittene rentable Investitionsmöglichkeiten

3.1.5 Mehrdimensionale Verfahren der Wirtschaftlichkeitsrechnung

Mehrdimensionale Verfahren der Wirtschaftlichkeitsrechnung berücksichtigen im Gegensatz zu eindimensionalen Verfahren Entscheidungs- und Handlungsfolgen für mehrere Ziele[15]. Im Hinblick auf jedes (Teil-) Ziel werden sowohl positive (d. h. erwünschte) als auch negative (d. h. unerwünschte) Entscheidungs- und Handlungsfolgen ausdrücklich beachtet. Teilziele können z. B. neben der Gewinnmaximierung die Steigerung des Marktanteils oder der Exportkapazität sein. Alle Bewertungskriterien zusammengenommen sollen die Gesamtheit dieser Konsequenzen abbilden. Solche Verfahren kommen in der Praxis vor allem dort vor, wo Beiträge für ökonomische (monetäre) Ziele aufgrund extremer Unsicherheit kaum zu ermitteln sind,

---

[15] vgl. zum folgenden Abschnitt auch Strebel 1998.

projekten (vgl. etwa Strebel 1975). Sie sind dort unter den Begriffen Scoring- oder Rating-Modelle bzw. Nutzwertanalyse bekannt geworden.

Mehrdimensionale Verfahren werden unterschiedlich begründet. Einerseits wird ausdrücklich postuliert, dass bei Entscheidungen der Praxis mehrere Ziele bzw. Beurteilungskriterien beachtet werden und daher auch in entsprechende Entscheidungsmodelle eingehen müssen. Andererseits werden die verschiedenen Teilziele als Ersatzkriterien begriffen, deren Beiträge mit den eigentlich wesentlichen Zielbeiträgen – nämlich den monetären – positiv korreliert sind und auf die mangels ausreichender Prognosesicherheit über monetäre Zielbeiträge zurückgegriffen wird.

Mehrdimensionale Bewertungsmethoden mit n Zieldimensionen ergeben grundsätzlich für jede Zieldimension eine andere (partielle) Präferenzordnung der Alternativen. Aus diesen n Präferenzordnungen lässt sich in der Regel nicht unmittelbar die beste Alternative ableiten. Nur wenn eine Alternative mindestens bei einer Zieldimension die partielle Präferenzordnung anführt und bei den anderen Zieldimensionen nicht schlechter ist als die übrigen Alternativen, ist der "Gewinner" ohne weitere Zwischenschritte erkennbar. In allen anderen Fällen ist eine Gewichtung und Zusammenfassung (Amalgamierung) der Teilziele bzw. der n partiellen Präferenzordnungen unentbehrlich, um so eine insgesamt gültige Präferenzordnung der Alternativen (totale Präferenzordnung) zu entwickeln.

Kriterien, Gewichte und Amalgamierungsregeln dokumentieren dabei stets das spezifische Ziel- und Wertsystem eines bestimmten Entscheidungsträgers. Entscheidungsmodelle des Typs Nutzwertanalyse sind daher stets subjektiv. Allgemeinverbindlichkeit bzw. Akzeptanz bei anderen Entscheidungsträgern ist im Detail in der Regel nicht gegeben. Allerdings bilden solche Entscheidungsmodelle die logische Struktur der Bewertung und Entscheidung bei mehreren Kriterien ab und ermöglichen dem Beurteiler selbst, seinen Bewertungs- und Entscheidungsprozess zu durchleuchten und zu gestalten sowie diesen – auch im eigenen Interesse – zu dokumentieren. Darin liegt die eigentliche Bedeutung der Anwendung solcher Verfahren (vgl. Box 3.8).

Auch ohne Amalgamierung kann die systematische Dokumentation der Beiträge einer Maßnahme zu den verschiedenen Elementen eines Zielbündels Transparenz in die Entscheidungsfindung bringen. Ein mögliches Vorgehen dabei ist die tabellarische Nebeneinanderstellung der positiven und negativen Zielbeiträge in qualitativer Form im Sinne einer "Argumentenbilanz" (BMU/UBA 1996).

> **Box 3.8: Ein- versus mehrdimensionale Bewertungsverfahren**
>
> Eindimensionale ökonomische Verfahren der Wirtschaftlichkeitsrechnung berücksichtigen lediglich finanzielle Zielwirkungen. Nichtgeldliche bzw. nicht in Geldgrößen transformierbare Entscheidungs- und Handlungsfolgen kommen daher im Rechenergebnis nicht zum Ausdruck und können folglich die Präferenzordnung nicht beeinflussen. Für die Bewertung finanzieller Wirkungen ist wiederum ihre zeitliche Dimension wichtig (s. Box 3.1: Statische versus dynamische Bewertungsverfahren).
>
> Mehrdimensionale Verfahren erlauben es, weitere Bewertungskriterien für wirtschaftliche Handlungsalternativen in der Gesamtbetrachtung zu berücksichtigen. Wichtige weitere Beurteilungskriterien können z. B. wirtschaftliches Risiko, Flexibilität oder Umsatzsteigerung sein.

3.2 Schlüsselfälle der Bewertung betrieblicher REN-Maßnahmen

Im folgenden Abschnitt werden drei zentrale Maßnahmenbereiche der rationellen Energienutzung herausgegriffen. An ihrem konkreten Beispiel wird die Anwendung der in Kap. 3.1 erläuterten Bewertungsverfahren in der Praxis dargestellt und mögliche Fehlerquellen herausgearbeitet. Damit werden die Aspekte verdeutlicht, auf die bei der Bewertung von REN-Maßnahmen bzw. bei der Interpretation entsprechender Zahlen speziell geachtet werden muss. Das Kapitel konzentriert sich auf Maßnahmen im Bereich der (dezentralen) Wärmeerzeugung, der Stromeigenerzeugung mit Kraft-Wärme-Kopplung, anderer betrieblicher Nebenanlagen auch der Verminderung des Nutzenergiebedarfs.

3.2.1 Dezentrale Wärmeerzeugung

Die Frage der Zurechnung von Kosten interessiert betriebswirtschaftlich auch im Kontext mit innerbetrieblichen Leistungen, d. h. von Produktionsergebnissen des Unternehmens, die nicht zum Verkauf oder zur Vermietung an andere bestimmt sind, sondern als Betriebsmittel bzw. als stoffliches oder energetisches Zwischenerzeugnis wieder in die eigene Produktion gehen. Dazu zählt auch Wärme.

Die dezentrale Wärmeerzeugung wird hier als Gegenpart zu zentralen Heiz(kraft)werken gesehen und umfasst somit alle Anlagen für Wärme unterschiedlicher Qualitäten (Temperaturniveau, Druck), die beim Endverbraucher direkt erzeugt wird oder im Rahmen dezentraler Konzepte bereitgestellt wird. In Fragen der wirtschaftlichen Bewertung der dezentralen Wärmeerzeugung ist zwischen der Bewertung von Maßnahmen auf Ebene der Wärmeerzeugungsanlagen einerseits und der Bewertung der erzeugten Wärme andererseits prinzipiell zu unterscheiden, auch wenn beides stark zusammenhängt. Letzteres hat insbesondere Auswirkungen auf die wirtschaftliche Bewertung nachgelagerter wärmeverbrauchender Anlagen.

Für die Berechnung der Kosten von Wärmeversorgungs-Anlagen existierte bis 1996 die VDI-Richtlinie 2067, Blatt 1 (Berechnung der Kosten von Wärmeversorgungs-Anlagen, Betriebstechnische und Wirtschaftliche Grundlagen). Inzwischen wurde das Blatt 1 aufgrund der neu geplanten Struktur der VDI-Richtlinie 2067 durch die VDI-Richtlinie 6025 ersetzt, die einen weiteren Geltungsbereich besitzt ("Betriebswirtschaftliche Berechungen für Investitionsgüter und Anlagen", nicht nur Wärmeerzeuger). Die Inhalte der Richtlinie sowie die Beziehung zur neuen VDI 2067 werden im folgenden – soweit sie über die bereits dargestellten Verfahren hinausgehen – kurz dargestellt und kritisch gewürdigt. Im Anschluss daran wird die Bewertung eigenerzeugter Wärme diskutiert.

3.2.1.1   Bewertung gemäß der VDI-Richtlinie 6025

Die VDI-Richtlinie 6025 befasst sich mit "Betriebswirtschaftlichen Berechnungen für Investitionsgüter und Anlagen". Die Berechungsansätze und Beispiele wurden zwar auf den Anwendungsbereich der Wärmeversorgungsanlagen, also z. B. Sammelheizungen, Anlagen für Raumlufttechnik, Warmwasserversorgung, Wärmepumpen und Blockheizkraftwerke abgestimmt, die auch Gegenstand der Vorläuferrichtlinie VDI 2067, Blatt I waren. Sie sind aber auch auf andere technische Bereiche übertragbar. Die betroffenen Anlagen sind damit sowohl im gewerblichen und öffentlichen Sektor als auch im Sektor der privaten Haushalte von Bedeutung. Die Richtlinie soll dazu dienen, Wirtschaftlichkeitsberechnungen auf eine sichere und einheitliche Basis zu stellen.

Die Richtlinie behandelt alle dynamischen Verfahren der Wirtschaftlichkeitsberechnung, d. h. Kapitalwertmethode, Annuitätsmethode, Zinsfußmethode, Amortisationsmethode und Kombinationen der verschiedenen Methoden. Der dynamische Charakter schlägt sich in dreierlei Hinsicht nieder:

- Um die Zinswirkungen wirklichkeitsgetreu widerzuspiegeln, setzen die Berechnungen an den Zahlungsströmen an, d. h. sie berücksichtigen den Zeitpunkt der Zahlungen. Kosten, d. h. Zahlungen, die gemäß dem tatsächlichen Werteverzehr einzelnen Perioden zugerechnet werden, sind dafür nicht geeignet.
- Auf (jährliche) Durchschnittssätze für Zahlungen wird verzichtet. Statt dessen werden periodisch unterschiedlich anfallende Zahlungen explizit berücksichtigt. Dies schließt auch die explizite Berücksichtigung von Änderungsraten künftiger Zahlungen, z. B. aufgrund erwarteter Preissteigerungen, mit ein.
- Unsicherheiten und Risiken fließen in die Bewertung ein.

Statische Verfahren werden als Sonderfall der dynamischen Verfahren (Zahlungsströme entsprechen Werteverzehr und sind konstant, konstante Preise, keine Unsicherheit) betrachtet und sind indirekt ebenfalls abgedeckt. Die grundsätzliche Ausrichtung an dynamischen Bewertungsverfahren stellt einen Fortschritt gegenüber früheren Versionen der Richtlinie (VDI 2067 von 1983) dar.

Grundlage aller dynamischen Bewertungsmethoden ist die Aufstellung einer Zahlungsreihe. Dazu werden im Abschnitt 2 der Richtlinie vier Zahlungsarten aufgeschlüsselt:

- kapitalgebundene Zahlungen,
- verbrauchsgebundene Zahlungen,
- betriebsgebundene Zahlungen sowie
- sonstige Zahlungen.

Für die Berechnung der **kapitalgebundenen Zahlungen** werden zunächst alle Auszahlungen zum Kauf der gesamten technischen Ausrüstung der beurteilten Anlage (z. B. für Wärmeerzeuger, Feuerung, Rohrleitungen, elektrische Anlagen samt Anschlusskosten, Brennstofflagerung) ermittelt. Darüber hinaus werden die periodisch anfallenden Auszahlungen für Instandsetzung hier erfasst. Sie werden als prozentualer Anteil des Investitionsbetrags geschätzt.

Unter **verbrauchsgebundenen Zahlungen** werden Ausgaben für Energie und Betriebsstoffe (Wasser, Schmier-, Reinigungsmittel u. a.) erfasst. Kritisch ist hier anzumerken, dass die Bewertung des Energieverbrauchs und der Energiekosten etwas unscharf bleibt. Erstens werden keine Aussagen darüber gemacht, wie der Energieverbrauch der Anlage pro Periode abgeschätzt werden soll. Anleitungen für Energiebedarfsrechnungen sind zum Teil technikspezifisch in anderen VDI-Richtlinien, z. B. in der neuen VDI 2067 für gebäudetechnische Anlagen, enthalten. Ein Verweis darauf unterbleibt aber an dieser Stelle. Zweitens wird nur die bezogene Arbeit (kWh) nicht aber die Auszahlungen für die bezogene Leistung (DM/kW) bei den Energiekosten berücksichtigt. Damit wird vor allem bei strombetriebenen Anlagen, aber auch bei großen Gas- und Fernwärmeabnehmern ein wesentlicher Teil der energieverbrauchsbedingten Auszahlungen vernachlässigt. Drittens bleibt unklar, welche Preise für Nutzenergie angesetzt werden soll, die in Eigenerzeugung bereitgestellt wird. Bewertungsprobleme, die damit zusammenhängen, sind im nächsten Abschnitt (Kap. 3.2.1.2) ausführlicher erläutert.

Im Unterschied zu verbrauchsgebundenen Zahlungen hängt die Höhe der **betriebsgebundenen Zahlungen** *nicht* vom Ausstoß der Anlage, also z. B. von der erzeugten Wärmemenge ab. Sie entstehen allein aus der Bereitstellung der (Wärmeerzeugungs-) Anlage und sind damit (beschäftigungs-) fix. Darunter fallen im wesentlichen Auszahlungen für Bedienung, Wartung und Reinigung, Gebühren, und Zahlungen für Abgaskontrolle und Kostenabrechnung. Betriebsgebundene Zahlungen können als Einzelbeträge pro Periode (z. B. bei Schornsteinfegergebühren) oder als prozentualer Anteil der Investitionsbeträge ermittelt werden.

Die **sonstigen Zahlungen** enthalten Versicherungen, Steuern, allgemeine Abgaben, sofern sie durch die betrachtete Investition hervorgerufen werden, und anteilige Verwaltungsauszahlungen. Dabei werden genaue Verfahren zur Ermittlung der zutreffenden Steuerzahlungen (Gewinnsteuer, Umsatzsteuerunterschiedsbeträge, Substanzsteuer) angegeben. Für die Ermittlung der Verwaltungsauszahlungen wird auf pauschalierte Ansätze zurückgegriffen, die als Anteil der kapital-, verbrauchs- und betriebsgebundenen Auszahlungen erhoben werden. Positiv ist hier anzumerken, dass der in früheren Versionen noch unter sonstigen Zahlungen enthaltene Gewinnanteil, der aus betriebswirtschaftlicher Sicht keine Kosten bzw. Auszahlungen darstellt, aus der Betrachtung gestrichen wurde.

Für alle periodischen Zahlungen empfiehlt die Richtlinie insbesondere bei langen Betrachtungszeiträumen, Preis- und Mengenänderungen bei der Prognose künftiger Zahlungen zu berücksichtigen, statt mit konstanten Werten zu rechnen. Auch hier wurde aus betriebswirtschaftlicher Sicht eine Verbesserung gegenüber früheren Versionen erreicht.

Bei Wärmeerzeugungsanlagen in Eigennutzung ist weiterhin eine Besonderheit bei der Aufstellung der Zahlungsreihe zu beachten. Da hier die Wärme nicht am Markt verwertet wird, resultieren keine realen Einzahlungen aus der Investition. Stattdessen sind fiktive Einzahlungen anzusetzen, die den Auszahlungseinsparungen der Eigenerzeugung gegenüber Fernwärmebezug entsprechen. Werden zwei Anlagen zur Eigenerzeugung von Wärme verglichen, kann sich die Zahlungsreihe auch auf einen Vergleich der Auszahlungen beschränken. Explizit wird darauf hingewiesen, dass alle Änderungen bei entscheidungsrelevanten Auszahlungen – also auch eventuell abbaubare fixe Kosten – in die Betrachtung einfließen müssen. Nachdem die Zahlungsreihe erstellt ist, erläutert die VDI 6025 die verschiedenen dynamischen Verfahren zur Wirtschaftlichkeitsberechnung, wie sie auch in Kapitel 3.1.3 dargestellt wurden.

Den Unsicherheiten und Risiken von Investitionen wird gesondert Rechnung getragen. Erläutert werden Sensitivitätsrechnungen für "kritische Werte", bei denen der Kennwert für die Wirtschaftlichkeit von "vorteilhaft" auf "unvorteilhaft" kippt. Im Fall der Kapitalwertmethode können z. B. kritische Werte für die Anschaffungsauszahlung, den Betrachtungszeitraum (gleichbedeutend mit der Amortisationszeit), die Einzahlungsüberschüsse, den Zinsfaktor und den Preisänderungsfaktor berechnet werden, indem der Kapitalwert gleich null gesetzt wird. Die kritischen Werte geben dann Unter- bzw. Obergrenzen zentraler Parameter an, innerhalb derer die Investition wirtschaftlich ist. Werden Parameterentwicklungen außerhalb der in der Sensitivitätsanalyse berechneten Spannbreiten für möglich gehalten, ist die Investition als riskant einzustufen. Die Amortisationsdauer als Spezialfall eines solchen kritischen

Parameterwerts wird hier noch einmal explizit als Risikomaß für eine Investition interpretiert. Außerdem wird ihre Bedeutung für die Liquidität hervorgehoben, die durch einen schnellen Kapitalrückfluss, d. h. kurze Amortisationszeiten, gesteigert wird.

Die verschiedenen wirtschaftlichen Bewertungskriterien für Investitionen können durchaus zu unterschiedlichen Ergebnissen führen. So kann die Investition mit dem höchsten Kapitalwert bzgl. der Amortisationszeit ungünstiger liegen als eine zweite Investitionsoption, die dafür aber möglicherweise einen niedrigeren Kapitalwert aufweist. Um beide Kriterien abzuwägen, schlägt die VDI 6025 eine kombinierte Bewertungsmethode vor, bei der anhand von "Äquivalenzaussagen" beide Zielgrößen auf eine gemeinsame Nutzengröße umgerechnet werden. Bei den Äquivalenzaussagen gibt der Investor an, welche Minderung im Kapitalwert er im Gegenzug für eine Verkürzung der Amortisationszeit zu akzeptieren bereit ist.

Die VDI-Richtlinie 6025 gibt einen sehr umfassenden und detaillierten Überblick über dynamische betriebswirtschaftliche Bewertungsverfahren. Sie enthält aber auch einige unscharfe Angaben, die im Bezug auf die Bewertung von REN-Maßnahmen zu Fehlerquellen werden können:

(1) Die detaillierte Diskussion zentraler Parameter, wie Zinssatz und Äquivalenzaussagen, erweckt leicht den Anschein, als könnten hier objektiv eindeutige Werte ermittelt werden. An dieser Stelle soll deshalb noch einmal betont werden, dass Äquivalenzaussagen die subjektive Risikoneigung des Investors widerspiegeln und deshalb nicht verallgemeinert werden können. Auch beim Kalkulationszinssatz, der unter anderem von der erwarteten Mindestrendite für Eigenkapital abhängt, fließen individuell unterschiedliche Werte ein. Sensitivitätsanalysen bieten eine Möglichkeit, den Einfluss unterschiedlicher Parametersetzungen auf das Ergebnis offen zu legen.

(2) Die aufgeführten Zahlungsarten folgen im wesentlichen (mit wirtschaftlich vertretbaren Ungenauigkeiten) dem betriebswirtschaftlichen Identitätsprinzip (vgl. Kap. 3.1.2.1). Im Fall der Verwaltungsauszahlungen (unter sonstigen Zahlungen) wird dieses Prinzip jedoch durchbrochen. Da sie im allgemeinen von der Entscheidung über den Wärmeerzeuger auch nicht beeinflusst werden, sind sie nicht entscheidungsrelevant und sollten deshalb nicht in die Betrachtung einfließen. Sofern diese Zuschläge proportional zu den kapitalgebundenen Kosten oder den Investitionsausgaben erhoben werden, wird die Wirtschaftlichkeitsbetrachtung zu Lasten von Optionen mit höheren Anfangsinvestitionen verzerrt (vgl. Kap. 3.1.2.1). Davon wären viele REN-Maßnahmen betroffen.

(3) Fragen der richtigen Dimensionierung von Anlagen, insbesondere Wärmeversorgungsanlagen, werden nicht innerhalb der VDI 6025, sondern im Rahmen technikspezifischer Richtlinien, wie der grundlegenden überarbeiteten VDI 2067 "Wirtschaftlichkeit gebäudetechnischer Anlagen", behandelt. Ziel der

neuen VDI 2067 ist es, den Energiebedarf in Gebäuden hinsichtlich seiner wesentlichen Einflussfaktoren transparenter zu machen. Dazu wird zwischen Bedarfswerten in bezug auf das Gebäude an sich, seine individuelle Nutzung sowie die jeweiligen Anlagen und die Energieversorgung unterschieden. Bisher liegen Entwürfe zur Berechnung des Nutzenergiebedarfs für die Trinkwassererwärmung in Haushalten (Blatt 12) und des Energiebedarfs für die Funktionen Heizen und Klimatisieren (Blatt 10: Randbedingungen, Blatt 11: Rechenverfahren) vor. Energiebedarfsprognosen, auch für die prozesstechnischer Anlagen, sollten als Basis für angemessene Dimensionierung, systematisch (z. B. mittels Verweisen) mit der VDI 6025 gekoppelt werden.

(4) Rückwirkungen von nutzenergieseitigen REN-Maßnahmen zur Reduzierung des Jahreswärmebedarfs auf die notwendigen bzw. dann überflüssigen Investitionen auf der Seite der Wärmeerzeuger werden nur sehr oberflächlich behandelt. Weiterhin trägt die Behandlung von wärmeerzeugenden und wärmeverwendenden Anlagen in der gleichen Richtlinie zur Verwischung der zu beachtenden Besonderheiten beider Fälle bei der Bewertung bei.

3.2.1.2 Fragen der Bewertung vermiedenen Wärmebedarfs

Wird durch eine REN-Maßnahme der Wärme*bedarf* einer Anlage (oder eines Gebäudes) vermindert, so stellt sich die Frage, zu welchem Preis die eingesparte Wärmemenge zu bewerten ist. Ein gängiges Vorgehen ist, ausgehend von der eingesparten Wärmemenge, dem Energiegehalt der eingesetzten Brennstoffe und meist noch dem Wirkungsgrad der eingesetzten Wärmeerzeugeranlagen auf die eingesetzte Brennstoffmenge rückzurechnen und so die Brennstoffkosten zu berechnen. Nach den detaillierten Ausführungen zur VDI 6025 fällt nun sofort auf, dass ein Großteil der auf der Ebene der Erzeugungsanlagen eingesparten Kosten in dieser Betrachtungsweise völlig vernachlässigt werden. So wichtige Kostenarten, wie Kapitalkosten, Personalkosten, weitere Energieträgerkosten und u. U. Umweltaufwendungen bleiben unberücksichtigt. Dies geschieht oft "aus Versehen", oder es wird damit begründet, dass es sich um fixe Kosten handele, wobei "fix" fälschlicherweise gleichgesetzt wird mit "unveränderbar". Zwar handelt es sich tatsächlich um (beschäftigungs-) fixe Kosten, d. h. um Kosten, die in der Höhe unabhängig von der tatsächlich mit der Anlage erzeugten Wärmemenge sind. Entscheidend ist aber, dass die Kosten für die Wärmeerzeugungsanlage bei einer dauerhaften Senkung des Wärmebedarfs zumindest teilweise abbaubar sind, wenn zum Beispiel eine kleinere Kesselanlage bei der Reinvestition angeschafft werden kann oder wenn bei Anlagen mit mehreren Heizkesseln ein ganzer Kessel überflüssig wird.

Die vollständige Vernachlässigung der (beschäftigungs-) fixen Kosten der Wärmeerzeugungsanlagen ist also betriebswirtschaftlich gesehen falsch. Der entstehende Fehler kann beträchtlich sein. Fünfgeld (1998) vergleicht beispielsweise die innerbetriebliche Bewertung von Wärme nach herkömmlichem Verfahren und bei Berücksichtigung "energierelevanter Nebenkosten", d. h. der Kosten der Wärmeerzeugung auf Basis der Gesamt-Jahreskosten, und kommt auf Abweichungen von über 200 %[16]. Konsequenz der krassen Unterbewertung des vermeidbaren Wärmebedarfs ist, dass auch die Kosteneinsparungen, die durch wärmeverbrauchssenkende REN-Maßnahmen realisiert werden könnten, um einen Faktor bis zu 3 unterbewertet sein können.

Um die Kosten des Wärmebedarfs adäquat abzubilden, sind auch verschiedene Wärmequalitäten zu berücksichtigen (s. dazu auch Tabelle 3.2-1 und Box 3.9). Je höher das Temperatur- und das Druckniveau, desto höher sind die mit der Erzeugung verbundenen Kosten. So ist Dampf wesentlich teurer als Warmwasser. Dies ist nicht nur durch den höheren Einsatz von Brennstoffen bedingt, sondern auch durch die aufwendigeren drucksicheren Anlagen. Bei Dampfversorgung muss zusätzlich auch auf die höheren Vorhaltekosten durch Anfahr- und Leerlaufverluste geachtet werden. Diese Kosten sind beschäftigungsfix, und nur weitere Kosten zur Erzielung noch höherer Temperaturen und Dampfabgabe sind möglicherweise als beschäftigungsvariabel einzuordnen.

Tabelle 3.2-1: Verrechnungspreise in Abhängigkeit von der Dampfqualität

Dampfzustand		Dampfverrechnungspreise in DM/t [1] bei Vollaststundenzahl pro Jahr		
bar	°C	8.000	4.000	2.000
30 – 60	350 – 450	36,-	44,-	60,-
20 – 40	320 – 380	32,-	39,-	53,-
7 – 20	200 – 300	27,-	33,-	45,-
4 – 6	150 – 225	23,-	28,-	38,-
1,2 – 4	125 – 180	17,-	20,-	26,-

1) angegeben als Summe von Leistungspreis und Arbeitspreis mit verschiedenen Jahresvollaststundenzahlen und mit Brennstoffkosten von etwa 6,- DM/GJ; Preisbasis 1998

Soweit diese Wärmequalitäten nicht als Kuppelprodukte entstehen, kann man jeder Wärme- und Dampfart ihrem Energiebedarf entsprechende Energiebezugskosten und ihrem apparativen Aufwand entsprechende Wärmeerzeugungskosten zurechnen. Damit werden auch Energieverluste bei Erzeugung und Verteilung anteilig berücksichtigt. Ein solcher Ansatz steht in Einklang mit der Bewertung nach "Behavioural accounting" (verhaltensorientierte Kostenrechnung, vgl. Schweitzer/Küpper 1995). Hier stehen die Wirkungen von Informationen auf das menschliche Verhalten im Zentrum der Analyse. Danach empfiehlt es sich, verschiedene Wärme- und

---

[16] ca. 22 DM/MWh nach herkömmlichem Verfahren, gegenüber ca. 67 DM/MWh bei Berücksichtigung "energierelevanter Nebenkosten", worunter er (Fünfgeld 1998) v. a. die Kosten der Wärmeerzeugung fasst

Box 3.9: Dampf ≠ Dampf ≠ Wärme

Häufig werden in den Betrieben Dampfverbrauch mit verschiedenen Druckstufen und Heiß- oder Warmwasserverbrauch mit denselben betriebsinternen Kosten in Rechnung gestellt und auch in die Wirtschaftlichkeitsberechnungen einbezogen, obwohl die Bereitstellungskosten für Dampf und Heiß- bzw. Warmwasser ganz unterschiedlich sein können:

- Dampf mag verschiedene Drücke (bis zu 60 bar) und verschiedene Temperaturen (bis zu 400 °C) haben.
- Dampf mag bei hohem und niedrigem Druck aus einer Dampfturbine entnommen werden können, d. h. mit (oder ohne) entsprechenden Stromerzeugungsverlusten.
- Dampf lässt sich nicht so schnell – je nach Bedarf – erzeugen wie Warm- oder Heißwasser: Vielmehr muss er vorgehalten werden mit größerem apparativem Aufwand und Bereitstellungsverlusten. Dies kann eine Trennung der Kosten in Bereitstellungspreis und Arbeitspreis wirtschaftlich sinnvoll machen (vgl. Tabelle).
- Heißwassersysteme (mit z. B. 120 °C) haben einen höheren Investitionsaufwand (und meist höhere Wärmeverluste) als Warmwassersysteme (zwischen 60 und 90 °C).

Im ungünstigsten Fall verwenden Betriebe für Warmwasser bzw. Dampfverbrauch nur einen Durchschnittsverrechnungspreis, der sich nicht einmal merklich von den eingesetzten Brennstoffkosten unterscheidet. In diesen Fällen ist es unumgänglich, dass viele rentable Wärmeeinsparpotentiale "totgerechnet" werden. Denn die in Wirtschaftlichkeitsrechnungen zu beobachtenden betrieblichen Verrechnungspreise für eingesparte Dampfmengen liegen häufig bei 25,- bis 28,- DM je t Dampf. Diese betriebsinternen Dampfbereitstellungskosten mögen zuweilen zutreffen, sie könnten aber auch erheblich von diesen Durchschnittswerten abweichen – und damit die Rentabilitätsrechnung erheblich verändern (vgl. Tab.).

Ähnliche Unterschiede der Bereitstellungskosten sind auch bei der Druckluftbereitstellung mit verschiedenen Druckstufen und Restfeuchten oder bei der Kältebereitstellung auf verschiedenen Temperaturniveaus zu beachten. Hier wird häufig der Fehler gemacht, dass die Kapital- und Instandhaltungskosten für Herstellung und innerbetriebliche Verteilung (einschließlich ihrer Verluste) nicht hinreichend berücksichtigt werden und schlimmstenfalls nur allein mit den anfallenden Stromkosten gerechnet wird, die nicht einmal die variablen Bereitstellungskosten voll abdecken.

Energiearten so mit innerbetrieblichen Verrechnungspreisen zu versehen, dass potentielle betriebliche Nutzer in gewünschter Weise darauf ansprechen. Auch Energieträger unterschiedlichen Temperatur- oder Druckniveaus lassen sich mit unterschiedlichen Verrechnungspreisen ausstatten, um die Nachfrage zu steuern. Potentielle Nutzer haben für ihren Verantwortungsbereich bestimmte Kostenvorgaben, etwa aus der Plankostenrechnung. Sie sind daher daran interessiert, teure Energiebezugsquellen zu meiden und werden sich daher an den Verrechnungspreisen orientieren, so dass im Prinzip "teure" Energiearten (wie z. B. Hochdruckdampf) in geringerem Maße nachgefragt werden.

Soweit die erzeugten Wärmemengen innerbetrieblich in einer Koppelproduktion mit Strom gemeinsam erzeugt werden, verkompliziert sich die Kostenrechnung; auch hinsichtlich der Kostenzurechnung zur erzeugten Wärme und des erzeugten Stroms steht der Betrieb vor einer Entscheidung (vgl. Kap. 3.2.2.1).

3.2.2 Stromeigenerzeugung durch Kraft-Wärme-Kopplung

Man spricht von Kraft-Wärme-Kopplung (KWK), wenn die Kraftanlage (etwa eine Gegendruck-Dampfturbine) zur Erzeugung elektrischer Energie *und* – nach Einspeisen des Dampfes mit hoher Temperatur in ein Dampfnetz – zur Wärmeabgabe eingesetzt werden (Piller/Rudolph 1991, Funk 1990). Bei dezentralen motorisch-getriebenen Anlagen spricht man in der Regel von Blockheizkraftwerken (BHKW). In Fragen der wirtschaftlichen Bewertung von BHKW ist ebenso wie bei Wärmeerzeugungsanlagen zwischen der Bewertung von Investition und Betrieb auf Ebene der Anlagen einerseits und der Bewertung der erzeugten Elektrizität und Wärme andererseits zu unterscheiden. Dabei geht es zum einen um die Frage, ob Strom oder Wärme in bestimmten Mengen selbst erstellt oder aber fremdbezogen werden sollen. Zum anderen geht es hier um die "richtige", betriebsinterne Bewertung der erzeugten Kuppelprodukte Wärme und Strom.

3.2.2.1 Besonderheiten bei der Bewertung von BHKW

Prinzipiell gilt für die Ermittlung der Kosten einer BHKW-Anlage ebenfalls die Richtlinie VDI 2067 mitsamt der oben bereits angesprochenen Kritikpunkte. In einem gesonderten Teil der Richtlinie (Blatt 7) werden die Anlagenkomponenten mit den zur Ermittlung der kapitalgebundenen Kosten notwendigen Angaben (Nutzungsdauer, Instandhaltungsaufwand) aufgeführt. Zu einer KWK-Anlage gehört in der Regel neben dem eigentlichen KWK-Teil noch eine Kesselanlage zur Deckung der Jahreslastspitzen im Wärmebedarf. Außerdem sind hier die Wärmezentrale, die baulichen Anlagen und die Vorrichtungen zur Stromeinspeisung in das öffentliche Netz zu berücksichtigen.

Da bei Eigenproduktion von Strom und Wärme der Fremdbezug teilweise vermieden wird, muss die entsprechende Kostenreduktion beim Alternativenvergleich in Rechnung gestellt werden. Zur Feststellung, um wie viel der Fremdbezug von Strom reduziert wird, ist es notwendig, den Lastgang zu berücksichtigen, da die Leistung einer KWK-Anlage begrenzt ist und da die vermiedenen Strombezugskosten auch davon abhängen, ob der Strombezug in der Hochtarif- oder der Niedertarif-Zeit oder im Sommer bzw. Winter reduziert wird. Für die deshalb recht komplexe Abschätzung der Verringerung des Strombezugs gibt die VDI-Richtlinie genaue Anweisung (VDI-Richtlinie 2067, Blatt 7). Auch der Lastgang im Wärmeverbrauch ist relevant. Denn davon hängt ab, welcher Anteil des Wärmebedarfs über die KWK-Anlage abgedeckt werden kann und wie viel über zusätzliche Kessel abgedeckt werden muss.

3.2.2.2 Bewertung der Kuppelprodukte Wärme und Strom

Die Kraft-Wärme-Kopplung ist ein typischer Fall von Kuppelproduktion. Man spricht von Kuppelproduktion, wenn aus einem Produktionsvorgang technisch zwangsläufig mindestens zwei verschiedene Outputarten in bestimmten Mengenverhältnissen (als Produktpäckchen) hervorgehen. Da diese Produktarten aufgrund der Produktionsentscheidung gemeinsam entstehen, sind auch die Kosten diese Produktion nur dem Produktpäckchen als ganzes zurechenbar.[17] Theoretisch eindeutig begründbare Methoden der Aufteilung solcher Kosten auf mehrere Leistungsarten bzw. Funktionen gibt es nicht.

Dennoch ist eine Aufteilung dieser Kosten auf einzelne Kuppelproduktarten in der Praxis üblich – und kommen sogar in einschlägigen Lehrtexten vor (vgl. etwa Hugel 1996). Dies führt aber in der Regel zu einer problematischen Fehlbewertung der in KWK-Anlagen produzierten Elektrizität und Wärme. Um dies zu erläutern, werden zunächst einige gängige Vorgehensweisen dieser getrennten Bewertung geschildert und ihre verzerrende Wirkung in der Wirtschaftlichkeitsbetrachtung von REN-Maßnahmen auf Ebene der nachgelagerten strom- und wärmeverbrauchenden Anlagen aufgezeigt.

Eine verbreitete Vorgehensweise bei der Bewertung des Stroms aus KWK-Anlagen ist es, auf Basis des Jahresnutzungsgrades der öffentlichen Stromversorgung von der erzeugten Strommenge auf den vermiedenen Strombezug und den darin enthaltenen Brennstoffverbrauch rückzurechnen. Nur der verbleibende Rest an Brennstoffen bzw. Brennstoffkosten, die die KWK-Anlage verursacht, wird der Wärmeerzeugung zugeschlagen. Da die gekoppelte Produktion von Strom und Wärme deutlich effizienter ist als die separate Erzeugung und deshalb die eingesetzte Gesamtmenge an Brennstoffen entsprechend geringer ausfällt, wird bei diesem Vorgehen die Wärme deutlich niedriger bewertet, als wenn ihr der Brennstoffverbrauch eines konventionellen Wärmeerzeugers zugerechnet würde.

Diese Kostenzuordnung schlägt auch auf die errechneten Kosteneinsparungen bei Minderungsmaßnahmen des Wärmeverbrauchs durch. REN-Maßnahmen, die hier

---

17 Dies gilt entsprechend bei der Zuordnung von Zahlungen für Investitionsobjekte, die mehreren Funktionen dienen sollen, wenn die Entscheidung für ihre Installation oder ihren Weiterbetrieb auf alle Funktionen gerichtet war (vgl. Riebel 1983).

ansetzen, z. B. Maßnahmen zur Wärmerückgewinnung, werden so oft als unrentabel ausgewiesen ("totgerechnet"), obwohl eine betriebswirtschaftliche Rechtfertigung für die geschilderte Kostenaufteilung zwischen Strom und Wärme nicht gegeben ist. Genauso logisch wäre ein umgekehrtes Vorgehen. Das heißt, der erzeugten Wärme könnte auch der Brennstoffbedarf bei entsprechender Erzeugung in konventionellen Kesselanlagen gegenübergestellt und die verbleibenden restlichen Brennstoffkosten der Stromerzeugung zugeschlagen werden. Dies würde zu einer Bewertung des eigenerzeugten Stroms führen, die deutlich unter den Preisen bei Fremdbezug läge. Die Wahl zwischen diesen beiden Kostenzurechnungen oder irgendwelcher Zwischenwerte bleibt aber nie frei von Willkür, auch wenn selbst in manchen Veröffentlichungen suggeriert wird, dass nur eine bestimmte Art der Zurechnung "richtig" sei.

Der **betriebswirtschaftlich fundierte Ausweg** aus dem Problem besteht in der "Systembewertung". Zurechnungsprobleme können vermieden werden, indem die betrachteten Objekte erweitert werden. Im Fall der KWK-Anlagen müsste dementsprechend die gesamten Wärme- und Stromversorgungsanlagen zuzüglich Fremdbezug von Strom und der erwogenen Investition verbesserter Wärmenutzung betrachtet werden, um dann festzustellen, wie sich dieses Gesamtsystem ändert, wenn z. B. Wärmeverbrauch reduziert wird. Dabei ist auch der Lastgang relevant: wird der Wärmebedarf zu Spitzenlastzeiten reduziert, werden damit höchstwahrscheinlich die benötigten Kapazitäten konventioneller Wärmeerzeuger geringer. Reduziert sich die Grundlastwärme, können einzelne BHKW-Module mit entsprechender Reduktion der Stromeigenerzeugung hinfällig werden. "Systemkosten" (bzw. Systemkosteneinsparungen) sind dann die (Änderungen der) Gesamtkosten, d. h. Kosten(änderungen) aller Kostenarten des betrachteten "Systems" (KWK-Anlage, Investition zur Reduktion des Wärmeverbrauchs, verbleibender Brennstoff- und Strombezug) innerhalb eines bestimmten Planungszeitraums. Mit diesem Systemansatz müssen auch die Alternativen zum Kostenvergleich definiert werden.

3.2.3 REN-Investitionen in Nebenanlagen

In sogenannten "Nebenanlagen" zur Wärme-, Kälte- und Drucklufterzeugung, zur Erzeugung technischer Gase und zum Transport flüssiger und gasförmiger Medien existieren häufig Kessel, Brenner, Kompressoren, Elektromotoren und Pumpen, die nicht laufend beobachtet und gewartet werden. Auch wenn es sich um Anlagen handelt, die nicht direkt in der Produktionsstraße angesiedelt sind (deshalb "Nebenanlagen"), können hier Störungen zu Unterbrechungen der Produktion und möglicherweise erheblichen wirtschaftlichen Schäden führen. In solchen Fällen, aber auch wenn die Ersatzinvestition geplant erfolgt, achtet man in der Praxis oft wenig auf die Wirtschaftlichkeit der Ersatzanlage, wodurch im Bereich der betrieblichen Energiewirtschaft erhebliche Rationalisierungsreserven unbeachtet und ungenutzt bleiben. In vielen Betrieben hat sich z. B. zwischenzeitlich der Bedarf an Nutzenergie durch Auslagerung von Produktionsschritten oder erhebliche Energieeffizienzfortschritte reduziert. Bei der Ersatzinvestition der Nebenanlage müsste dann die Dimensionierung angepasst werden, was oft völlig außer Acht bleibt. Zwei entsprechende Beispiele aus der Praxis sind in Box 3.10 illustriert.

Box 3.10: Die "vergessenen" Nebenanlagen

Beispiel 1

Ein Betrieb der Konsumgüterindustrie benötigt Druckluft auf zwei Druckstufen und Vakuum. Zur Bedarfsdeckung verfügt man über etwa 40 Turbo- und Schraubenverdichter mit einer Gesamtleistungsaufnahme von über 10 MW. Die verwendeten Kompressoren und Elektromotoren sind zum Teil fünfzig Jahre, die Regelung ist über zwanzig Jahre alt. Die an den Kompressoren entstehende Wärme bleibt ungenutzt. Statt dessen erfolgt die Warmwasserbereitung konventionell und verursacht somit Kosten, die leicht durch Abwärmenutzung zu vermeiden wären. Ein Großteil des Druckluftnetzes wird nicht mehr benötigt, wird aber trotzdem – mit vermeidbaren Kosten – weiterbetrieben. Dennoch sind bisher ausgefallene Kompressoren mit gleicher Leistung re-investiert worden. Es gibt keine Messungen über Leistungsverluste, die Kosten pro m^3 Druckluft bzw. Vakuum sind unbekannt.

Für den Fall einer Neuauslegung dieser Anlagen wurde eine Reduktion des Stromverbrauchs von 30 % ermittelt. Jedoch hat der technische Betriebsleiter das Angebot eines Contractors zur Erneuerung der Druckluftversorgung und Betriebsübernahme nicht akzeptiert.

Beispiel 2

Ein energieintensiver Betrieb der Konsumgüterindustrie betreibt ein Kesselhaus mit drei gasgefeuerten Dampfkesseln. Diese erzeugen gemäß eines Jahrzehnte alten betrieblichen Energieversorgungskonzeptes Sattdampf von 13 bar, der ohne Nutzung der Energiedifferenz auf 2,5 bar entspannt wird weil es die früheren Sattdampfnutzungen bei 13 bar inzwischen nicht mehr gibt. Der entspannte Dampf dient anschließend zur Beheizung eines Schweröllagers und zur Heißwassererzeugung. Mit dem Heißwassersystem wird lediglich die Gebäudebeheizung und das Sanitärwasser bedient, dessen Bedarf in den letzten zehn Jahren um 75 % gesunken ist. Gleichwohl hat man bisher bei Brennerausfall die gleiche Leistung re-investiert.

Das Kondensat aus der Beheizung des Tanklagers geht nicht an das Kesselhaus zurück. Überflüssige Energie- und Wasserkosten sind die Folge. Der Brennstoffverbrauch des Kesselhauses (einer "Nebenanlage") beträgt immerhin eine Mio. DM. Jedoch hat die Betriebsleitung bisher nur den Produktionsprozess betrachtet, wo der Energieverbrauch etwa neun Mio. DM beträgt. Erste Analysen kommen zu einer möglichen Brennstoffeinsparung des Kesselhauses von mindestens 35 %.

Ein solches Verhalten ist durch Wirtschaftlichkeitsüberlegungen nicht zu erklären. Am ehesten sind die Ursachen dafür in der mangelnden Kapazität des entsprechenden Fachpersonals zu suchen, sich mit der Angelegenheit überhaupt zu befassen.

Eine weitere Erklärung dafür kann in "split incentives" zwischen verschiedenen Abteilungen eines Unternehmens liegen, die durch Vorgaben für Investitionsbudgets hervorgerufen werden. Oft ist nämlich für die Reinvestition die Abteilung Instandhaltung zuständig, hingegen wird der durch die Anlage verursachte Brennstoffverbrauch anderen Abteilungen (d. h. Kostenstellen) zugeordnet – nämlich dort, wo die Nutzenergie zum Einsatz kommt. Bei der Abteilung Instandhaltung fallen dann lediglich die Reinvestitionsausgaben an, ohne dass sie von der Reduktion der Folgekosten profitiert. Das bekannte "Investor-Nutzer-Dilemma", das hierin als Hemmnis zu erkennen ist, spielt also auch innerhalb von Unternehmen eine Rolle.

3.2.4 Reduzierung des Nutzenergiebedarfs

Im Zusammenhang mit Fragen der Bewertung von (eigenerzeugter) Elektrizität und Wärme wurde schon mehrfach von Implikationen für REN-Maßnahmen auf nachgelagerter Ebene gesprochen. Diese nachgelagerte Ebene betrifft die Verwendung der Nutzenergie. Der folgende Abschnitt geht noch mal gezielt auf die Bewertung von REN-Maßnahmen ein, die hier ansetzen und den Bedarf an Nutzenergie reduzieren. Dazu gehören z. B. Maßnahmen zur Wärmedämmung oder Prozesssteuerung. Die Verwendung von Nutzenergie wird besonders deshalb hier noch mal extra hervorgehoben, weil in ihrer Bewertung besonders hartnäckige Fehlerquellen stecken.

Ausgangsgrößen für die Planung des Energiebedarfs in einem Unternehmen sind die von den verschiedenen betrieblichen Energieverbrauchern nach ihren technischen Verbrauchsfunktionen beanspruchten Nutzenergiearten und -mengen. Daraus folgt der Bedarf an jeder Energieart, der durch Eigenleistung oder Fremdbezug gedeckt werden muss. Auf dieser Basis erfolgt dann die Planung der betrieblichen Anlagen zur Energieversorgung und -verteilung, die auch Gegenstand der betrieblichen Anlagenwirtschaft sind.

Die Potentiale der Anlagen für Bezug, Umwandlung und Verteilung von elektrischer Energie müssen nach dem jeweiligen Spitzenbedarf an Nutzenergie ausgelegt werden, da andernfalls Übernahmeeinrichtungen, Transformatoren, Verteilerstellen, Netze und Verbraucher überlastet und eventuell sogar beschädigt werden. Die Orientierung am Spitzenbedarf sichert so gleichermaßen die Energieversorgung des Betriebes und die Erhaltung der elektrischen Anlagen.

In diesem Zusammenhang ist stets daran zu denken, dass Investitionen im Produktionsbereich möglicherweise Folgeinvestitionen in der betrieblichen Energieversorgung bedingen. Vernachlässigt man solche Konsequenzen, so kann dies zu dauernden Überlastungen und schließlich Beschädigungen der Energieversorgungsanlagen mit Produktionsausfällen und Nachholen der zunächst vermiedenen Investitionen unter Zeitdruck und daher zu höheren Kosten führen (vgl. Layer/Strebel 1984).

Umgekehrt kann der Nutzenergiebedarf durch Modernisierungsinvestitionen im Produktionsbereich, die die Energieeffizienz erhöhen, oder durch gezielte REN-Maßnahmen sinken. Entsprechend muss auch weniger Nutzenergie erzeugt werden. Dies reduziert nicht nur den dafür bisher eingesetzten Brennstoffbedarf, sondern kann auch Anlagen auf Ebene der Umwandlung überflüssig machen bzw. ein "Down-Sizing" der Erzeugungsanlagen erlauben. Zu prüfen ist bei Maßnahmen auf der Verwendungsseite deshalb immer, welche Kosten dadurch auf der vorgelagerten Umwandlungsebene abbaubar sind. Dieser Schritt wird auch in manchen Fachveröffentlichungen zur ökonomischen Beurteilung von REN-Maßnahmen nicht systematisch berücksichtigt (s. z. B. Datenflussdiagramm in Rentz 1995). Insbesondere ist dabei auf abbaubare fixe Kosten zu achten. Konkret fallen darunter Einsparmöglichkeiten durch gänzliche Vermeidung von Reinvestitionen oder zumindest durch Reduktion der Reinvestitionsausgaben, indem kleinere Anlagen beschafft werden können (down-sizing).

Die Interdependenz zwischen REN-Maßnahmen auf der Umwandlungs- und Verwendungsebene, die aus dieser Darstellung deutlich wird, ist auch der Grund dafür, warum REN-Maßnahmen im Idealfall im Rahmen einer Gesamtanalyse konzipiert werden sollten. Ein Positivbeispiel zu einer umfassenden energetischen Sanierung ist in Box 3.11 wiedergegeben.

Box 3.11: Positivbeispiel einer umfassenden energetischen Sanierung
(Ostertag et al. 1998)

Das hier beschriebene Hotel hat knapp 70 Beschäftigte und betreibt neben dem Herbergsbetrieb mit 124 Zimmern auch Gastronomie und eine Wäscherei. Den Gästen stehen außerdem eine Sauna und ein Schwimmbecken zur Verfügung. Das Gebäude stammt aus den 70er Jahren. Die ursprüngliche Haustechnik war völlig überdimensioniert und zudem nicht flexibel einsetzbar. Da das Hotel zu DDR-Zeiten über das ganze Jahr zu 100 % belegt war, war Flexibilität auch nicht nötig. Dies hat sich allerdings geändert. Aus Gründen der Kosteneinsparung, aber auch aus Qualitätsüberlegungen bzgl. besserem Service, z. B. durch Kühlung in den Seminarräumen, wurde im Jahr 1994/1995 das Haustechnikkonzept grundlegend verändert. Besonders herausragend an diesem Beispiel ist, dass Energiefragen tatsächlich im Gesamtzusammenhang analysiert und die Energiewirtschaft des Hotels als Ganzes optimiert wurde. Es wurde ein gasbetriebenes BHKW mit angeschlossener Absorptionskälteanlage installiert, ebenso ein gasbefeuerter Spitzenlastkessel, Heizwasserpufferspeicher, Warmwasserspeicher, Kaltwasserspeicher und eine Spitzenlastabschaltung. Gleichzeitig wurden Waschmaschinen und Geschirrspüler von Strom auf Betrieb mit Warmwasser umgestellt. Über eine zentrale Steuerung sind Wärme- und Kälteerzeugung sowie Lüftung und Warmwassererzeugung miteinander verbunden. Durch die Umstellung der Haustechnik auf eine komplexe Gesamtlösung zur Wärme-, Kälte- und Stromversorgung des Hotelbetriebs konnte eine signifikante Energieeinsparung erzielt werden. Im Jahr 1996 erhielt das Hotel für diese Lösung den Preis der deutschen Gaswirtschaft.

3.3 Private und öffentliche Haushalte als einzelwirtschaftliche Entscheider

Neben Unternehmen gibt es weitere Akteure, die Energieverbrauchsentscheidungen aus einzelwirtschaftlicher Sicht, d. h. im Hinblick auf ihren eigenen Nutzen daraus treffen. Darunter fallen private Haushalte, öffentliche Institutionen und Organisationen ohne Erwerbscharakter. In diesem Kapitel werden einige wichtige Besonderheiten der Bewertung von REN-Maßnahmen durch diese Entscheidergruppen herausgegriffen und problematisiert.

3.3.1 Die Perspektive der privaten Haushalte

Im Unterschied zu Unternehmensentscheidungen sind die Kaufentscheidungen von Haushalten häufig als Konsumentscheidungen zu betrachten, bei denen der Kaufpreis, kaum aber damit verbundene Folgezahlungen in die Betrachtung eingehen. Bei langlebigen Konsumgütern, wie z. B. Kühlschränken, HiFi-Geräten oder gar Immobilien wäre aber ein Kalkül im Sinne der unternehmerischen Investitionsentscheidung für Investitionsalternativen durchaus sachgerecht.

Zunächst aber seien einzelne Elemente des typischen Entscheidungsverhaltens privater Haushalte beschrieben:

- Energie wird als relativ billiges Gut eingeschätzt. Selbst wenn die Stromrechnung als nicht gerade gering eingestuft wird, besteht vielfach die Einstellung, dass man an diesen Kosten nichts ändern könne. An elektrischen Haushaltsgeräten angegebene Energieverbrauchskennziffern beispielsweise, die Ersparnisse gegenüber Vergleichsgeräten erkennen lassen, treten daher bei der Kaufentscheidung gegenüber den Anschaffungspreisen zurück. Wird **Strom als billig** empfunden, so müssen schon beachtliche Verbrauchsdifferenzen vorliegen, damit die geringen Stromverbrauchskosten eines Gerätes A in überschaubarer Zeit Anschaffungspreisnachteile dieses Gerätes gegenüber einem verbrauchsgünstigeren Gerät B aufwiegen. Ist diese Ausgleichszeit im Urteil des Verbrauchers zu lange oder wird sie gar nicht als Kriterium herangezogen, so dominiert bei der Verkaufsentscheidung der Gesichtspunkt des **geringeren Anschaffungspreises**.

- Das typische **Budgetierungsverhalten** der privaten Haushalte steht dem Kauf energiesparender Gerätetypen oft entgegen. Beim Kauf größerer, also relativ teurer Geräte, entwickelt der Haushalt vorab Vorstellungen über den Betrag, den er dafür im Rahmen seines Haushaltsbudgets maximal ausgeben kann und will. Dieser Betrag liegt zumindest der Größenordnung nach fest. Wirtschaftlichere, aber teurere Geräte haben so oft das Nachsehen. Für den Energieverbrauch bedeutet dies, dass der Käufer mit der Kaufentscheidung für ein bestimmtes Gerät seine Verbrauchsmengen weitgehend und bis zum Ende der Nutzungsdauer dieses Gerätes irreversibel bestimmt.

Der Einfluss von Energieverbrauchshinweisen auf die Käuferentscheidung ist auch deshalb beschränkt, weil sich der Käufer nicht nur an dem Anschaffungspreis orientiert, sondern an zahlreichen weiteren Einflüssen. Im Vorfeld einer Kaufentscheidung nimmt der Käufer vielfältige Informationen über das zum Kauf anstehende Produkt auf (z. B. Erfahrungen bei Nachbarn und Freunden, Werbung mit Statussymbolen und Identifikationsmöglichkeiten). Die dabei bewusst oder unbewusst genommenen Informationen lassen sich als Reize interpretieren, denen die Käufer ausgesetzt sind. Damit aber sind Informationen über Energieverbräuche – wenn überhaupt – nur *ein* entscheidungsrelevanter Gesichtspunkt unter mehreren. Wie dieser auf das Resultat der Entscheidung durchschlägt, hängt in erheblichem Maße von den Reizen ab, die von anderen Produktinformationen ausgehen, aber auch von der grundsätzlichen Einstellung des Käufers gegenüber dem Energieverbrauch.

Zu diesen ökonomischen und individual- und sozialpsychologischen Aspekten kommen noch Besonderheiten in der Informationslage der privaten Haushalte. Verbrauchsmengen bzw. Mengenersparnisse an Energie können oft nicht unmittelbar während der Kaufsituation in Geldersparnisse umgerechnet werden. Die Beträge in der Stromrechnung lassen sich nicht einzelnen Verbrauchsarten oder Geräten verursachergerecht zuordnen. Zudem kommt diese nur einmal jährlich und ist bereits weitgehend während des Jahres durch monatliche Abbuchungen beglichen. Deshalb lässt sie das Verbraucherverhalten zumeist unberührt.

Neben den privaten Haushalten als Entscheidungsträger beeinflussen aber auch andere Akteure den Energieverbrauch im Sektor der privaten Haushalte. So werden z. B. im Gebäudebereich weitreichende Entscheidungen durch gewerbliche Entscheidungsträger, z. B. Wohnbaugesellschaften, getroffen. Dies ist insbesondere bei der Formulierung von politischen Instrumenten zur Förderung von REN zu beachten. Die Bestimmung des technischen Geltungsbereichs (z. B. Raumwärme) ist nicht ausreichend, sondern auch die jeweils relevante Zielgruppe (z. B. Eigenheimbesitzer oder Wohnbaugesellschaften) muss genau differenziert werden, wenn die Instrumente greifen sollen.

3.3.2 Die Perspektive des öffentlichen Sektors

Generell sind die von der Betriebswirtschaftslehre entwickelten Bewertungsmaßstäbe für Investitionsentscheidungen der Unternehmen auch zur Beurteilung der Wirtschaftlichkeit von REN-Maßnahmen aus Sicht der Akteure im öffentlichen Sektor relevant, wenn es sich um Investitionen handelt. Die kritische Darstellung des Ist-Zustands, wie energieverbrauchsrelevante Entscheidungen in der Praxis fallen, unterscheidet sich jedoch von der Situation bei privaten Haushalten und Unternehmen. Eine erschöpfende Darstellung dieser Entscheidungspraxis würde den

Rahmen dieses Projektes sprengen. Deshalb werden hier nur drei zentrale Punkte herausgegriffen, die oft als "finanzielle Hemmnisse" diskutiert werden:

- Bedarfsdeckungsprinzip im Verwaltungshaushalt,
- das duale Haushaltssystem
- und Finanzmittelknappheit.

Nach dem Bedarfsdeckungsprinzip werden im Verwaltungshaushalt die in einem Haushaltsjahr nicht benötigten Mittel im nächsten Jahr gestrichen. Energiekosteneinsparungen haben also Folgewirkungen auf künftig verfügbare Budgets. Dies berücksichtigt eine herkömmliche Wirtschaftlichkeitsberechnung nicht. Das Beispiel zeigt, dass zusätzliche Maßnahmen zur Realisierung wirtschaftlicher Einsparpotentiale nötig sind. Im kommunalen Bereich haben sich hier bereits verschiedene Anreizmodelle entwickelt, wie die jeweiligen Ämter bzw. Nutzergruppen an den eingesparten Mitteln beteiligt werden können (Fischer/Kallen 1997).

Das duale Haushaltssystem trennt Verwaltungs- und Vermögenshaushalt. Dadurch werden Energiekosten(-einsparungen) und Mittel für Energiesparmaßnahmen in verschiedenen Haushalten budgetiert. Dies erschwert die systematische Erschließung wirtschaftlicher Energieeinsparpotentiale, da die Wirtschaftlichkeit häufig nicht erkannt wird (Fischer/Kallen 1997). Bei getrenntem Verwaltungs- und Vermögenshaushalt geht es grundsätzlich um die Problematik des Investor-Nutzer-Dilemmas: dem Investor fließen die Erträge seiner Investition nicht zu, da die Erträge sich im Verwaltungshaushalt niederschlagen, der von seinem Vermögenshaushalt getrennt ist.

Insbesondere auf der Ebene der Kommunen kommt das Problem der allgemeinen Finanzmittelknappheit hinzu, d. h. es herrscht Kapitalmangel. Deshalb können oft gar keine Investitionen getätigt werden, oder der Anschaffungspreis wird zum dominierenden Auswahlkriterium.

In beiden letztgenannten Fällen kann jedoch Contracting einen Ausweg bieten und die für die Realisierung wirtschaftlicher REN-Maßnahmen erforderlichen Rahmenbedingungen schaffen. Denn wenn der Contractor die Finanzierung der Investition übernimmt, bleibt der Investitionshaushalt des Contracting-Nehmers gänzlich unberührt. Schon allein diese Leasing-Komponente des Contracting macht das Angebot unter solchen Umständen attraktiv.

Insbesondere für Kommunen ist das Contracting bedeutsam (Helle 1994). Sie sind bisher sogar vorrangig am Contracting beteiligt. Nach der bisherigen Verbreitung des Contracting führen öffentliche Hand und Wohnungswirtschaft als wichtigste Kunden das Feld vor Industrie und Gewerbe klar an. So gibt es in Berlin seit 1996 eine "Energiesparpartnerschaft für öffentliche Gebäude" (Leutgöb u. a. 1997). Dabei wird die gesamte Energiebewirtschaftung von rund 45 öffentlichen Liegenschaften

(Schulen, Kindertagesstätten, Büroräume, Seniorenheime, Einrichtungen des Senates, Fuhrpark) für eine Laufzeit von knapp 13 Jahren auf externe Partner übertragen, was dem Land Berlin über die gesamte Vertragsdauer eine Haushaltsentlastung von ca. 45 Mio. DM bringen soll. Mit diesem Projekt schafft Berlin ein Modell zum Klimaschutz, das zeigt, dass CO_2-Reduktion mit Kostenreduktionen bei der Energiebereitstellung belohnt wird und auch aus privatwirtschaftlichem Engagement und Interesse heraus entstehen kann.

3.4 Einflüsse ausgewählter Rahmenbedingungen

In diesem Abschnitt werden Faktoren diskutiert, die akteursübergreifend REN-Entscheidungen beeinflussen. Dazu gehören die Energiepreisentwicklung, die Effekte der Liberalisierung des Energiemarktes, Dienstleistungsangebote wie Contracting, aber auch ausgewählte steuerrechtliche Rahmenbedingungen.

3.4.1 Die Bedeutung von Energiepreiserwartungen

Die Annahmen über die Höhe und den zeitlichen Verlauf des Zuflusses von Erlösen bzw. Kosteneinsparungen infolge von REN-Maßnahmen sind für den Investor mangels sicherer Informationen über die zukünftige Entwicklung der Energiepreise schwierig zu treffen: *Über*schätzt er zukünftige Energiepreissteigerungen und damit auch die möglichen Energiekosteneinsparungen, so mag dies im Einzelfall zu wenig rentablen REN-Maßnahmen führen. *Unter*schätzt er zukünftige Energiepreissteigerungen, mag er notwendige REN-Maßnahmen unterlassen und mit hohen künftigen Energierechnungen konfrontiert sein. Dieses Einschätzungsdilemma führte in den meisten Fällen bei den Investoren zur Annahme, dass die Energiepreise im Nutzungszeitraum der Investition konstant bleiben.

Dieser Ausweg aus der Einschätzungsunsicherheit zur zukünftigen Entwicklung von Energiepreisen ist für kurze bis mittelfristige Nutzungszeiten von 4 bis 8 Jahren durchaus vernünftig. Bedenklich wird diese Annahme der Preiskonstanz bei langfristigen Investitionen wie z. B. beim Neubau oder bei der Modernisierung der Gebäudehülle. So summiert sich eine jährliche 2%ige Preissteigerung binnen 15 Jahren. Gerade bei Energiewandlern mit ihren hohen Energiekostenanteilen an den Gesamtkosten wirkt sich eine unterschätzte Energiepreissteigerung nachteilig auf die tatsächlich realisierte Rentabilität aus.

Die Liberalisierung im Gas- und Strombereich führt allerdings derzeit dazu, dass sich vor allem industrielle Abnehmer de facto sinkenden Preisen gegenüber sehen oder eine Preissenkung erwarten. Und auch auf Seiten der Weltölmärkte befinden wir uns in einer Situation niedriger Erdölpreise, die denen des Jahres 1974 nominell gleichen (BP 1997). In dieser Zeit erscheinen den Investoren reale Preissteigerungen von durchschnittlich 1,5 %/a für leichtes Heizöl und von 2 %/a für Erdgas in den kommenden 10 Jahren (vgl. Prognos 1995) keine realistische Annahme, wenngleich manche ressourcenpolitischen Überlegungen dies durchaus als realistische und nüchterne Preisprojektion nahe legen. Ein vorausschauender Unternehmer muss außerdem die Möglichkeit in Betracht ziehen, dass aufgrund klimapolitischer Erwägungen eine CO_2-/Energiesteuer eingeführt wird und entsprechende Preissteigerungen zu erwarten sind. REN kann somit quasi die Funktion einer Versicherung gegen CO_2-/Energiesteuern einnehmen.

Neben der energiepreissteigernden Wirkung einer CO_2-/Energiesteuer kann von ihr ein zusätzlicher **Signaleffekt** ausgehen. Durch Ansetzen einer Steuer, hier für den Energieverbrauch und die Emission von CO_2, werden die Emittenten nämlich unmittelbar darauf gestoßen, dass sie mit ihrer Emission ein knappes Gut, nämlich die Atmosphäre, als Aufnahmemedium für Rückstände nutzen und dafür einen Preis zahlen müssen. Dass sich allein schon dieser Signaleffekt auswirken kann, zeigt das Beispiel der Einführung der Abwasserabgabe. Obwohl die tatsächliche Höhe viel geringer ausfiel als erwartet, hat sich die Industrie intensiv um die Reduktion ihrer Abwässer und deren Belastung bemüht. Die Abgabe demonstrierte das Aufnahmemedium "natürliche Umwelt" als knappes Gut. Zudem haben Abgabenbescheide auf den Umstand und den Umfang der Wasserbelastung hingewiesen, was zumindest bei manchen Betroffenen das Thema überhaupt erst ins Bewusstsein und auf die Tagesordnung rückte.

Die Einschätzungen darüber, wie groß überhaupt der Einfluss des Energiepreises auf die Energienachfrage ist, gehen allerdings auseinander. Denn im Zuge der Liberalisierung lässt sich in den USA bereits eine zunehmende Komplexität der Tarifstrukturen erkennen. Dies macht es für den Energieabnehmer schwer, seine Energierechnung nachzuvollziehen. Darin könnte auch ein Grund liegen, warum empirische Schätzungen der Preiselastizität der Energienachfrage – d. h. der relativen Änderung der nachgefragten Energiemenge bei einer bestimmten relativen Änderung des Energiepreises – oft einen recht schwachen Einfluss des Energiepreises ausweisen. Um Energiepreise als Steuerungsinstrument der Energienachfrage zu nutzen, könnten deshalb zusätzliche Maßnahmen zur Steigerung der Transparenz der Energierechnungen erforderlich sein (Harris 1998).

3.4.2 Liberalisierung, Demand-Side-Management und Contracting

Neben Preiswirkungen werden von der Liberalisierung der Energiemärkte weitere Veränderungen angestoßen, die für die Umsetzung von REN-Maßnahmen von Bedeutung sind. Genauere Angaben zur Umsetzung der EU-Richtlinie im Strommarkt finden sich in Annex 2. Im folgenden Abschnitt werden insbesondere die Konsequenzen für die Geschäftspolitik der Energieversorger und die Rolle, die Demand-Side-Management[18]-Strategien darin spielen, diskutiert.

Während vor allem in den USA solche DSM-Maßnahmen im Rahmen der Regulierungsvorschriften von Gesetzes wegen gefordert waren, stehen sie in Deutschland eher im Zusammenhang mit Bemühungen zur Kundenbindung. Im Zuge der Liberalisierung gewinnt die Kundenbindung an Bedeutung. Deshalb wird insbesondere im Zusammenhang mit der anlaufenden Liberalisierung der Energiemärkte über das Contracting als neues Geschäftsfeld für Energieversorger intensiv nachgedacht, zumal man das Marktvolumen in Deutschland auf bis zu 1.500 Mio. DM pro Jahr schätzt (Köwener/Jochem/Tönsing 1997). Es ist jedoch unklar, in welchem Maße die EVU die Kundenbindung im Rahmen von Energiedienstleistungen, z. B. Contracting, verfolgen, oder ob der Wettbewerb doch eher über den Preis pro Kilowattstunde entschieden wird. Offen ist auch, wie sich diese Veränderungen bei den EVU auf die Geschäftsfelder und die Entwicklung eigenständiger Energiedienstleister und Contractoren auswirkt.

Der Markt für Contracting-Leistungen kann Hemmnisse für die Umsetzung rentabler REN-Potentiale effektiv beseitigen und die Umsetzung fördern. Der Markt ist in den vergangenen Jahren stark gewachsen, und sein Wachstumspotential wird von den Marktbeteiligten als sehr dynamisch eingeschätzt. Die Verbreitung von Contracting wird inzwischen durch verschiedene Praxishilfen unterstützt, so z. B. durch den Contracting-Leitfaden des Hessischen Ministeriums für Umwelt, Energie, Jugend, Familie und Gesundheit (1998).

Nach Einschätzungen von Marktexperten müssen jedoch gewisse, zum Teil recht restriktive Bedingungen an die Contracting-fähigen Projekte gestellt werden. Butson (1998) empfiehlt folgende Schlüsselkriterien zur Bestimmung "lebensfähiger" Projekte:
- Energierechnungen der Kunden von mindestens 100.000 Ecu pro Jahr,
- ein Energiekosteneinsparpotential von mindestens 30 %,
- Verfügbarkeit etablierter, standardisierter Techniken zur Erschließung dieses Potentials
- und Amortisationszeiten von max. 3 bis 5 Jahren.

Auch ist zu bedenken, dass kleinere Investitionen bzw. Einsparpotentiale für beide Partner im Rahmen des Contracting wegen der relativ aufwendigen Vertragsgestaltung und -abwicklung wenig attraktiv sind. Contracting ist deshalb keine Garantie dafür, dass auch die vielen kleinen aber in der Summe doch bedeutsamen Energiesparpotentiale genutzt werden.

---

[18] DSM

Zur Weiterentwicklung des Energiedienstleistungsmarktes kann möglicherweise die Methode der Wertanalyse einen Beitrag leisten. Denn sie verlangt die Orientierung an den vom Verwender gewünschten Funktionen und ihre Realisation zu geringsten Kosten oder zum günstigsten Nutzen-Kosten-Verhältnis, allerdings nicht nur für Energie, sondern für jede eingesetzte Güterart und jedes angewandte Verfahren.

3.4.3 Einflüsse ordnungsrechtlicher Rahmenbedingungen

Ordnungsrechtliche Rahmenbedingungen können die Preisbildung an Märkten und damit die Möglichkeit, dort Umsätze zu erzielen, erheblich beeinflussen. Dies soll hier am Beispiel der Diskussion um "stranded investments" im Energiesektor kurz umrissen werden. Eine detaillierte Diskussion der Auswirkungen der Liberalisierung auf bestehende EVU und ihre Wirtschaftlichkeit würde den Rahmen hier allerdings sprengen.

Allgemein betrachtet sind "stranded investments" Investitionen, deren Zahlungsreihe nicht wie vorhergesehen eintritt, sondern deren Ertragskraft deutlich geringer ausfällt als prognostiziert. Ein Grund dafür kann sein, dass sich im Zuge der Liberalisierung eines vorher stark regulierten und monopolistischen Marktes wie des Energiemarktes, der Wettbewerbsdruck erhöht und die erzielbaren Preise fallen.

Von den EVU wird in letzter Zeit häufig ein Anspruch auf Entschädigung erhoben, den sie daraus ableiten, dass die Politik durch die Liberalisierung einige ihrer Investitionen zu "stranded investments" gemacht hat, indem die Absatzchancen verringert wurden. Solche Ansprüche sind aber aus mehreren Gründen in der Rechtfertigung sehr problematisch (zum folgenden vgl. Schmitt 1998). Sie sind mit schwierigen Definitions-, Abgrenzungs- und Bewertungsfragen behaftet. Das wird daran deutlich, dass für die Identifizierung und Bewertung von "stranded investments" unter anderem ein Urteil über folgende Punkte gefällt werden müsste:

- Waren vergangene Investitionsentscheidungen zum Zeitpunkt der Entscheidung betriebswirtschaftlich rational?
- Ab wann mussten die EVU mit einer Liberalisierung rechnen?
- Welche Kosten sind auch unter künftigen Wettbewerbsbedingungen durchaus noch auf die Energieverbraucher zu überwälzen?
- Welche Möglichkeiten bestehen, in "stranded investments" gebundenes Kapital wieder zu liquidisieren?

Schon dieser kurze Aufriss von Fragen verdeutlicht, dass Ansprüche auf Entschädigung für "stranded investments" äußerst schwierig zu rechtfertigen sind. Die Diskussion unterstreicht aber die Bedeutung, die der Berechenbarkeit von Politik beigemessen werden sollte und die z. B. durch längerfristige Ankündigungen von ordnungsrechtlichen Eingriffen erreicht werden kann. Dies gilt insbesondere, wenn Märkte für Anlagen betroffen sind, die eine lange Nutzungsdauer haben.

3.4.4 Einflüsse steuerrechtlicher Rahmenbedingungen

Das Ergebnis von Wirtschaftlichkeitsbetrachtungen von REN-Maßnahmen wird auch durch steuerliche Rahmenbedingungen geprägt (vgl. hierzu ausführlicher Strebel 1998). Steuerpolitische Instrumente können dabei gezielt zur Förderung von REN eingesetzt werden. Ein in der Praxis häufig gewählter Weg dafür ist die Gewährung *erhöhter* **Absetzungen für Abnutzung (AfA) und Sonderabschreibungen** im Rahmen des Einkommensteuerrechts.

Nach Einkommensteuerrecht dürfen die Anschaffungs- oder Herstellungskosten von Gegenständen des Sachanlagevermögens (Maschine etc.) nicht in voller Höhe im Jahr der Anschaffung als Kosten (oder steuerrechtlich gesprochen: Betriebsausgaben) geltend gemacht werden. Dies wäre deshalb nicht gerechtfertigt, weil die Anlage auch in späteren Perioden noch zum Einsatz kommt, und deshalb die Anschaffungs- oder Herstellungskosten keine Kosten im eigentlichen Sinne, d. h. keinen entsprechenden "Werteverzehr" darstellen. Vielmehr darf nur der tatsächliche Werteverzehr der Anlage als (steuerrechtlich abziehbare) Betriebsausgabe berücksichtigt werden. Die AfA kann linear oder degressiv ermittelt werden. Bei linearer Abschreibung werden die Anschaffungs- oder Herstellungskosten auf die im Einkommensteuerrecht vorgesehene betriebsgewöhnliche Nutzungsdauer (§7 Abs. 1 S. 2 EStG) verteilt. Hat ein solches Objekt etwa eine betriebsgewöhnliche Nutzungsdauer von fünf Jahren und wird linear abgeschrieben, so wird jährlich ein Fünftel der Anschaffungs- oder Herstellungskosten als tatsächliche Kosten in Form der AfA geltend gemacht.

Die Gewährung höherer AfA-Sätze bewirkt eine Reduzierung des ausgewiesenen Gewinns und damit der Einkommensteuerschuld im betrachteten Jahr. Variiert man bei relativ langlebigen Anlagegegenständen die Dauer der betriebsgewöhnlichen Nutzungsdauer, so verändert sich die AfA allerdings nicht wesentlich. Bei einer betriebsgewöhnlichen Nutzungsdauer von 20 Jahren und linearer AfA von 5 % (wie lt. AfA-Tabelle für Großanlagen der Energie- und Wasserversorgung) hat man gegenüber einer Nutzungsdauer von 15 Jahren und linearer Afa von 7 % (wie lt. AfA-Tabelle für Dampferzeugungs- und Verteilungsanlagen und kleinere Anlagen der Stromerzeugung) keinen entscheidenden Unterschied. Demzufolge müssten betriebsgewöhnliche Nutzungsdauern von REN-Investitionen steuerrechtlich schon maßgeblich verkürzt werden, um ihnen einen deutlich fühlbaren steuerlichen Vorteil zu verschaffen.

Zu beachten ist, dass bei höheren AfA-Sätzen eine Anlage schneller abgeschrieben ist und die gewinn- und steuerschuldmindernde Wirkung dann entfällt. In der

Summe betrachtet liegt die Begünstigung deshalb nicht in einer Reduzierung der Steuerschuld insgesamt, sondern in ihrer zeitlichen Verlagerung auf spätere Geschäftsjahre, was sich über Zinseffekte positiv auf das Ergebnis der Wirtschaftlichkeitsbetrachtung auswirkt. Solche steuerlichen Regelungen wirken aber vielleicht weniger unter dem Aspekt einer verbesserten Wirtschaftlichkeit als unter Aspekten der Investitionsaufmerksamkeit und Sensibilisierung für diesen Technologiebereich im Betriebsalltag.

Für Standorte in den neuen Bundesländern erlaubt §4 Fördergebietsgesetz (BGBl. I, S. 1654) auch im Zusammenhang mit Energieversorgung und -nutzung Sonderabschreibungen bis 50 % der Anschaffungs- oder Herstellungskosten. Speziell bei Anlagen zur Energiegewinnung und -bewirtschaftung kann der Steuerpflichtige nach §82 a EStDV (BGBl. III/FNA 611-1-1) im Jahr der Herstellung und in den folgenden neun Jahren anstelle der regulären AfA[19] jeweils bis zu 10 % absetzen, was für einen Teil der Nutzungsdauer Mehrabschreibungen bis zu 7,5 %-Punkte der Anschaffungs- oder Herstellungskosten bedeuten kann[20]. Durch erhöhte Absetzungen gem. §82a EStDV werden u. a. Fernwärmeversorgung aus Anlagen der Kraft-Wärme-Kopplung und zur Verwertung von Abwärme, Windkraftanlagen und der Einbau von Warmwasseranlagen begünstigt.

Neben diesen gezielt zur Förderung von REN etablierten steuerlichen Regelungen, gibt es aber auch eine Reihe von Steuergesetzen, die verdeckt gegen REN wirken. dazu gehört zum einen die Verzerrungen der Bewertung durch Abweichung der Abschreibungsdauer von der Nutzungsdauer. Denn die betriebsgewöhnliche Nutzungsdauer des Steuerrechts entspricht nicht unbedingt dem tatsächlichen gesamten Nutzungszeitraum. Typische Beispiele für Abweichungen aus dem Energiebereich sind:
- Heizkessel: Abschreibung über 10 Jahre; Nutzungsdauer 15 bis 20 Jahre;
- BHKW: Abschreibung über 15 Jahre; Nutzungsdauer ebenfalls ca. 15 Jahre
- Großkraftwerke: Abschreibung über 20 Jahre; Nutzungsdauer meist zwischen 30 und 40 Jahre.

Die zeitliche Zuordnung der Abschreibungen auf die ersten Jahre der betriebsgewöhnlichen Nutzungsdauer reduziert die anzurechnenden Kapitalkosten in den übrigen Nutzungsjahren. Die Präferenzordnung der Alternativen wird von diesen Periodendifferenzen bei einer statischen Rechnung nicht berührt. Die Frage, ob sich die resultierenden Zinseffekte, wie sie im Rahmen einer dynamischen Rechnung abgebildet werden, auf die Präferenzordnung der Alternativen auswirkt, bedarf weitergehender Analysen.

---

[19] nach §7 Abs. 4 oder 5 oder §7b EStG zu bemessen
[20] Allerdings gilt §82 a EStDV nur noch für spätestens bis 31.12.1991 fertiggestellte Anlagen.

Dennoch ist die Ausrichtung der Praxis am einkommenssteuerlichen Abschreibungsmodus nicht unproblematisch. Bei dieser Orientierung nimmt man nämlich nach Ende der (steuerlichen) betriebsgewöhnlichen Nutzungsdauer überhaupt keine Abschreibung mehr vor, obwohl die wirtschaftliche Lebensdauer des Anlagegegenstandes noch anhält. Dies kann Ersatzinvestitionen zu weiteren Energieeffizienzverbesserungen möglicherweise rechnerisch benachteiligen, da die Altanlagen überhaupt nicht mehr mit Abschreibungen belastet sind. Dieser Effekt ließe sich mildern, wenn man für die Bemessung betriebswirtschaftlicher Abschreibungen gegenüber den einkommensteuerrechtlichen Abschreibungszeiträumen mit (längeren) betriebswirtschaftlichen Nutzungsdauern arbeitet, die näher an den tatsächlichen Nutzungsdauern liegen und die tatsächlichen jährlichen Kapitalkosten damit genauer widerspiegeln. Die Beurteilung einer Ersatzinvestition anhand eines Vergleichs mit einer (abgeschriebenen) Altanlage ist aber noch aus einem zweiten Grund angreifbar. Denn dieser Vergleich vernachlässigt, dass die neue Anlage aus der Ersatzinvestition eine längere Nutzungsdauer hat als die Restnutzungsdauer der Altanlage. Sachgerecht ist deshalb nur der Vergleich einer sofortigen mit einer späteren Ersatzinvestition.

Zu den verdeckt gegen REN wirkenden Steuergesetzen gehören auch eine Reihe von ökologisch kontraproduktiven Steuererleichterungen im Bereich Energie. Darunter fallen z. B. Steuerermäßigungen und -befreiungen im Rahmen des Mineralölsteuergesetzes (u. a. Befreiung des Eigenverbrauchs der Hersteller, §4 Abs. 1 Nr. 1 MinöStG); der Umsatzsteuer (u. a. Befreiung der grenzüberschreitenden Personenbeförderung im Luftverkehr, §26 Abs. 3 UStG) und der Einkommensteuer (u. a. Abzugsfähigkeit der Fahrtkosten der Arbeitnehmer: Kilometerpauschale). Für eine ausführliche Darstellung dieser Problematik wird auf Meyer (1996) verwiesen. Den Einstieg in die ökologische Steuer- und Abgabenreform hat die neue Regierung im Koalitionsvertrag festgeschrieben. Speziell im Bereich Energie hat man sich auf eine Erhöhung der Mineralölsteuer für Kraftstoffe um 6 Pfennig pro Liter, eine Anhebung der Steuer auf Heizöl um 4 Pfennig pro Liter, bei Gas um 0,32 Pfennig pro kWh und für Strom um 2 Pfennig pro kWh geeinigt (SPD, Bündnis 90 / Die GRÜNEN, 1998).

3.5 Fazit zur einzelwirtschaftlichen Bewertung von Energiesparmaßnahmen

Besonders auf betrieblicher und kommunaler Ebene werden Wirtschaftlichkeitsargumente oft vorschnell verwendet, um ohne genauere Problemanalyse vorgeschlagene Energieeffizienzmaßnahmen abzulehnen. Die Argumente stützen sich dabei zum Teil auf betriebswirtschaftlich nur schwach fundierte Bewertungsmethoden. Die verzerrende Wirkung solcher gängiger Bewertungspraktiken ist im Anhang nochmals an einem Zahlenbeispiel dargestellt (s. Annex A.1). Um gegen solche faktischen oder beabsichtigten Blockaden anzugehen, müssen eventuelle Schwachstellen in der Wirtschaftlichkeitsbetrachtung aufgedeckt bzw. von vorn herein vermieden werden. Für eine Prüfung der Angaben zur Wirtschaftlichkeit auf ihre Stichhaltigkeit sind insbesondere folgende Punkte von Bedeutung:

- Energieeffizienzmaßnahmen können nur im Vergleich mit einer Alternative (z. B. dem Status-quo) bewertet werden. In den Vergleich dürfen nicht nur Unterschiede in den (einmaligen) Investitionsausgaben eingehen, sondern alle Unterschiede zwischen den jährlichen Gesamtkosten der verglichenen Maßnahmen.

- In die Bewertung einer Energieeffizienzmaßnahme müssen genau diejenigen Kosten und Kosteneinsparungen eingehen, die sie verursacht (Teilkostenkonzept: alle Änderungen in Einzelkosten). Das heißt zum einen, dass die Gemeinkosten nicht einfließen sollten. Und zum anderen müssen auch Änderungen an fixen Kosten sowie auf der Erlösseite (z. B. höherer Umsatz durch höhere Prozessqualität und geringeren Ausschuss), soweit sie durch die Energieeffizienzmaßnahme bedingt sind, berücksichtigt werden.

- Die Kosten für Informationsbeschaffung, Planung, Genehmigungsverfahren, Ausschreibung, Verhandlungen, Aufsicht von Investition und Inbetriebnahme sind in den Kosten für eine Energieeffizienzmaßnahme als Transaktionskosten angemessen zu berücksichtigen, aber nicht durch standardisierte Prozentualaufschläge auf das Investitionsvolumen.

- Die Wirtschaftlichkeit einer Investition lässt sich mittels der Annuitäten- oder Kapitalwertmethode oder der Methode der internen Verzinsung berechnen, nicht aber allein durch die Bestimmung der Amortisationszeit, die lediglich ein Risikomaß ist. Risiken von Energieeffizienzmaßnahmen, insbesondere im Bereich der Querschnittstechniken, sind wegen ihrer Unabhängigkeit von der Produktion im allgemeinen als niedriger einzuschätzen als das Risiko von Investitionen im Kernbereich. Deshalb sollten an sie nicht die gleichen Amortisationsforderungen gestellt werden.

- Kosten und Erträge, die zu unterschiedlichen Zeitpunkten anfallen, sollten erst dann miteinander saldiert werden, wenn sie auf einen einheitlichen Bezugszeitpunkt auf- bzw. abgezinst wurden. Um dem Spielraum bei der Wahl des Abzinsungsfaktors Rechnung zu tragen, sollten Zinssensitivitätsrechnungen angestellt werden.

- Statische Betrachtungen können Ersatzinvestitionen zu weiteren Energieeffizienzverbesserungen rechnerisch benachteiligen, wenn sie mit bereits abgeschriebenen Anlagen verglichen werden, für die rein rechnerisch keine Kapitalkosten mehr anfallen. Diese Verzerrung kann vermindert werden, indem die tatsächlichen jährlichen Kapitalkosten anhand der zum Zeitpunkt der Entscheidung über die Ersatzinvestition erwarteten Nutzungsdauern der Altanlage berechnet werden. Die bessere Lösung des Bewertungsproblems liegt jedoch in der dynamischen Bewertung, die ohne eine Aufteilung der Investitionsauszahlung auf Pe-

rioden und ohne die Verwendung von AfA-Sätzen zur Berechnung der Kapitalkosten auskommt.
- Bei der innerbetrieblichen Leistungsverrechnung von Nutzenergie, z. B. Wärme oder Druckluft, sollten nicht nur Strom- und Brennstoffkosten weiterverrechnet werden, sondern auch die Kosten der (Wärme- oder Druckluft-) Erzeugungsanlagen. Nur so kann die Nutzenergie nach unterschiedlichen Qualitäten (z. B. unterschiedliche Druck- und Temperaturniveaus) bewertet und eine generelle Unterschätzung der Kosteneinsparpotentiale im Bereich Nutzenergie vermieden werden.
- Die Erzeugungskosten für Kuppelprodukte wie Strom und Wärme (oder Kälte) sind den Kuppelprodukten nicht einzeln zurechenbar. Wenn dies in der Praxis z. B. nach Maßgabe der anlegbaren Kosten für den substituierten Strombezug doch geschieht, führt dies zu einer erheblichen Unterbewertung der produzierten Wärme und damit auch der eingesparten Kosten für Wärme. Wenn möglich sollten deshalb Systemalternativen bewertet werden, bei denen die Kostenzuordnung zu den Koppelprodukten nicht erforderlich ist.

Die von der Betriebswirtschaft entwickelten Bewertungsmaßstäbe für Investitionen sind auch für Entscheidungen im Bereich der privaten Haushalte relevant, sofern es sich um die Anschaffung langlebiger Konsumgüter handelt. Hier ist aber das ökonomische Kalkül oft durch außerökonomische Entscheidungskriterien dominiert, was die Realisierung wirtschaftlicher Potentiale hemmt.

Ein grundsätzlicher Unterschied besteht gegenüber der Bewertung von Kosten klassischer, nachsorgender Umweltschutzmaßnahmen mit end-of-pipe Technologien. Diese sind insgesamt tatsächlich in der Regel mit höheren Gesamtkosten verbunden, da z. B. Kosten für zusätzliche Reinigungsstufen entstehen, ohne dass an anderer Stelle Ressourcen und damit Kosten eingespart werden. Ähnlichkeiten in der Bewertung zeichnen sich dagegen zwischen REN und produktionsintegriertem Umweltschutz ab (BMU, UBA 1996). Denn in beiden Fällen werden Ressourcen bzw. Betriebsmittel eingespart und sind möglichen Unterschieden im Anschaffungspreis der Anlagen gegenüberzustellen.

Misst man die gegenwärtige Bewertungspraxis mit den Maßstäben der Betriebswirtschaftslehre, so ist davon auszugehen, dass mehr rentable Energieeinsparpotentiale vorhanden sind, als gemeinhin von einzelwirtschaftlichen Akteuren, und gerade auch von Unternehmen, behauptet wird. Damit die Potentiale sich tatsächlich rechnen, müssen allerdings bestimmte Rahmenbedingungen, z. B. die zeitliche Abstimmung der Ersatzbeschaffung einer Anlage mit dem regulären Reinvestitionszyklus, gegeben sein.

Es ist durchaus möglich, dass sich hinter dem Argument der vermeintlichen Unwirtschaftlichkeit andere (wirtschaftliche) Gründe verbergen, die aus der Perspektive des einzelnen Entscheiders gegen REN sprechen, so z. B. das Ziel des Abteilungsleiters, das vorgegebene Investitionsbudget einzuhalten. Ein zentrales Instrument der Unternehmenssteuerung gerät hier in Konflikt mit REN. Auch im Bereich des öffentlichen Sektors lassen sich einige "wirtschaftliche Hemmnisse" nennen, die durchaus nicht bedeuten, dass die Maßnahme unwirtschaftlich ist. Dazu zählen z. B. das Bedarfsdeckungsprinzip im Verwaltungshaushalt, das duale Haushaltssystem und die Finanzmittelknappheit in Kommunen. Gegen einige dieser Hemmnisse entwickeln sich bereits recht effektive Instrumente, wie das Contracting. Es gilt aber, solche Hemmnisse, die bisher im Sammelbecken "unwirtschaftliche Maßnahmen" verschwinden, detaillierter zu analysieren und abzubauen.

Literatur zu Kapitel 3

BMU, UBA (Hrsg.) (1996): Handbuch zur Umweltkostenrechnung. München

BP (1997): BP Statistical Review of World Energy

Butson J. (1998): The Potential for Energy Service Companies in the European Union. In: NOVEM (Hrsg.): Proceedings. International Conference "Improving Electricity Efficiency in Commercial Buildings", September 1998, Amsterdam

Fischer, A.; C. Kallen (Hrsg.) (1997): Klimaschutz in Kommunen. Leitfaden zur Erarbeitung und Umsetzung kommunaler Klimaschutzkonzepte. Berlin: Deutsches Institut für Urbanistik

Fünfgeld, C. (1998): Quantifizierung energierelevanter Kosten als Anreiz zur rationellen Energieverwendung. VDI-Berichte

Gälweiler, A. (1981): Abrechnung der Energiekosten. In: E. Kosiol; K. Chmielewicz; M. Schweitzer (Hrsg.): Handwörterbuch des Rechnungswesens. 2. Auflage, Sp. 463-471, Stuttgart

Hennicke et al. (1998a): Interdisciplinary Analysis of Successful Implementation of Energy Efficiency in the industrial, commercial and service sector. Final Report, Volume I. Wuppertal, Vienna, Karlsruhe, Kiel, Kopenhagen

Harris, J. P. (1998): Re-Inventing Government Programmes for Energy Efficient Commercial Buildings. In: NOVEM (Hrsg.): Proceedings. International Conference "Improving Electricity Efficiency in Commercial Buildings", September 1998, Amsterdam

Helle, C. (1994): Contracting-Modelle als innovative Finanzierungs- und Organisationsform für effiziente Energieinvestitionen. Umweltwirtschaftsforum 2 (1994) 7, S. 43-48

Hessisches Ministerium für Umwelt, Energie, Jugend, Familie und Gesundheit (Hrsg.) (1998): Contracting-Leitfaden für öffentliche Liegenschaften in Hessen. Wiesbaden

Jochem, E. et al. (1997): Interdisziplinäre Analyse der Umsetzungschancen einer Energiespar- und Klimaschutzpolitik. Hemmende und fördernde Bedingungen der rationellen Energienutzung für private Haushalte und ihr Akteursumfeld aus ökonomischer und sozialpsychologischer Perspektive. Endbericht mit Ergänzungsband. Karlsruhe: ISI

Kern, W. (1981): Anforderungen an die industriebetriebliche Energiewirtschaft. Die Betriebswirtschaft 41 (1981), S. 3-22

Köwener, D.; E. Jochem; E. Tönsing (1997): Neue Contracting-Märkte als Energiedienstleister. In: VDI (Hrsg.): EVU auf dem Wege zum Dienstleistungsunternehmen – Instrumente und Beispiele. Düsseldorf

Layer, M.; H. Strebel (1984): Energie als produktionswirtschaftlicher Tatbestand. Zeitschrift für Betriebswirtschaft 54 (1984), S. 638-663

Leutgöb, K.; G. Benke; R. Herzinger; H. Lechner; B. Papousek (1997): Drittfinanzierung in Österreich. Modelle zur praktischen Umsetzung. Wien

Lücke, W. (1955): Investitionsrechnung auf der Basis von Angaben oder Kosten? Zeitschrift für handelswissenschaftliche Forschung 7 (1955), S. 310-324

Meyer, B. (1996): Ökologisch kontraproduktive Steuererleichterungen. Vorlage zur Vorbereitung einer gemeinsamen Konferenz der Umwelt- und Finanzminister des Bundes und der Länder. Gutachten im Auftrag des Ministeriums für Umwelt, Natur und Forsten des Landes Schleswig-Holstein, Hamburg

Ökobank (1998): Der Ökobank Anlagebrief Nr. 2 / 07.98. Frankfurt

Ostertag, K; U. Böde; E. Gruber; Radgen, P. (1998): Erfolgreiche Beispiel für die Überwindung von Hemmnissen der rationellen Energieanwendung in Industrie und Kleinverbrauch. Endbericht an das Bundesministerium für Bildung, Wissenschaft, Forschung und Technologie. Karlsruhe: ISI

Piller, W.; M. Rudolph (1991): Kraft-Wärme-Kopplung. 2. Aufl., Frankfurt/M.

Prognos (Hrsg.) (1995): Energieverbrauch: Kostenwahrheit ohne Staat. Stuttgart

Rentz, O. et al. (1995): Ökonomische Beurteilung von Maßnahmen zur Minderung der CO_2-Emissionen. Im Auftrag der Bundesministerin für Umwelt, Naturschutz und Reaktorsicherheit und des Umweltbundesamtes. Institut für Industriebetriebslehre und Industrielle Produktion, Universität Karlsruhe (TH)

Riebel, P. (1993): Einzelkosten- und Deckungsbeitragsrechnung. 7. Auflage, Wiesbaden

Riebel, P. (1983): Thesen zur Einzelkosten- und Deckungsbeitragsrechnung. In: Chmielewicz, K. (Hrsg.): Entwicklungslinien der Kosten- und Leistungsrechnung. Stuttgart

Schmitt, D. (1998): "Stranded Costs" und Liberalisierung. Energiewirtschaftliche Tagesfragen 48 (1998) 3, S. 143-148

Schweitzer, M.; H.-U. Küpper (1995): Systeme der Kostenrechnung. 6. Auflage, München

SPD, Bündnis 90 / Die GRÜNEN (1998): Aufbruch und Erneuerung – Deutschlands Weg ins 21. Jahrhundert. Koalitionsvereinbarung zwischen der Sozialdemokratischen Partei Deutschlands und Bündnis 90 / Die GRÜNEN. Bonn, 20. Oktober 1998

Strebel, H. (1975): Forschungsplanung mit Scoring-Modellen. Baden-Baden

Strebel, H. (1998): Erläuterung wirtschaftlicher Begriffe, Entscheidungsparameter und -verfahren im Zusammenhang mit der Beurteilung von CO_2-Minderungsmaßnahmen bzw. ihrer Kosten. Abschlußbericht an das ISI. Unveröffentlichtes Manuskript.

Swoboda, P. (1994): Least-Cost Planning in Österreich. In: STEWEAG (Hrsg.): Aktuelle Probleme der Kostenrechnung und Strompreisbildung. Manuskript

UBA (1997): Verordnung zur Regelung der Energie- und Wärmenutzung und zur Änderung der Neunten und der Siebzehnten Verordnung zur Durchführung des Bundes-Immissionsschutzgesetzes. Entwurf vom 11.03.97

VDI (Hrsg.) (1983): VDI 2067. Berechnung der Kosten von Wärmeversorgungsanlagen. Betriebstechnische und wirtschaftliche Grundlagen. VDI-Richtlinien, Düsseldorf

VDI (Hrsg.) (1996): VDI 6025. Betriebswirtschaftliche Berechnungen für Investitionsgüter und Anlagen. VDI-Richtlinien, Düsseldorf

VDI (Hrsg.) (1998): VDI 2067. Wirtschaftlichkeit gebäudetechnischer Anlagen. VDI-Richtlinien, Düsseldorf

4 Kostenaspekte der Treibhausgasminderung in Energiesystemanalysen

Das folgende Kapitel wendet sich der Diskussion von Energiesystemanalysen zu. Diese werden meist mit Energiesystemmodellen durchgeführt, die das Energiesystem von der Energiegewinnung bzw. dem Import von Energieträgern, über Umwandlung und Transport bis zum Endenergieverbrauch der Haushalte und Unternehmen sowie des Verkehrsbereichs in einem computergestützten Rechenverfahren detailliert abbilden. Diese Art von Analyse unterscheidet sich in verschiedener Hinsicht grundlegend von der im vorherigen Kapitel dargestellten betriebswirtschaftlichen Betrachtungsweise:

- Im Mittelpunkt der Analyse steht das gesamte Energiesystem, nicht die Bewertung einzelner Investitionen. Durch diese Betrachtungsweise können Wechselwirkungen zwischen verschiedenen Teilen des Energieangebots und der Nachfrage berücksichtigt und die Gesamtkosten des Energiesystems minimiert werden.
- Die Bewertung von Handlungsoptionen erfolgt aus volkswirtschaftlicher Sicht. Dies bedeutet insbesondere, dass eine Bewertung der Kosten zu Knappheitspreisen erfolgen sollte. Da diese von den Marktpreisen abweichen können, sind entsprechende Korrekturen vorzunehmen.
- Zur Analyse werden häufig formale, computergestützte Modelle herangezogen. Um deren Ergebnisse korrekt interpretieren zu können, ist ein Verständnis ihrer Struktur und ihres Dateninput notwendig.

Aufgrund vielfältiger energietechnischer Interdependenzen zwischen verschiedenen Teilen des Energiesystems sind zur Beurteilung der technischen und wirtschaftlichen Möglichkeiten zur Reduktion energiebedingter Emissionen von Treibhausgasen aus gesamtwirtschaftlicher Perspektive tief disaggregierte Analysen des gesamten Energiesystems erforderlich. Mit solchen Energiesystemanalysen können vor allem technische Optionen vergleichend untersucht werden. Während der Energiebereich hierbei möglichst vollständig abgebildet wird, werden andere volkswirtschaftliche Rückwirkungen, die in Kapitel 5 behandelt werden, mehr oder weniger vernachlässigt.

In diesem Kapitel steht die Frage im Vordergrund, inwiefern mit Hilfe von modellgestützten gesamtenergiewirtschaftlichen Analysen techno-ökonomische Szenarien eines verstärkten Klimaschutzes – d. h. Szenarien, die sowohl technische als auch wirtschaftliche Zusammenhänge abbilden – vor allem mit Blick auf Kostenaussagen beurteilt werden können. Dabei sollen grundlegende Unterschiede zur betriebswirtschaftlichen Kostenrechnung aufgezeigt werden. Nach einer allgemeinen Erläuterung von Szenarien und Modellanalysen sowie grundlegender Kosten- und Potentialbegriffe werden methodische Aspekte und Datengrundlagen von Optimierungsmodellen am Beispiel des IKARUS-Modells untersucht. Eine wichtige Frage ist hierbei, inwiefern die Modellanalysen die Kosten des Klimaschutzes systematisch unter- oder überschätzen. Zu beachten sind auch die möglichen Unsicherheiten der Daten, die in Modellen verwendet werden, und die Gründe dafür, dass solche Szenarienanalysen zu unterschiedlichen Ergebnissen führen können. Wichtige Schlussfolgerungen werden als "Wegweiser" für eine richtige Interpretation von Energiesystemanalysen zusammengefasst.

4.1 Szenarien- und Modellanalysen

4.1.1 Modellgestützte Systemanalysen

Analysen von Energiesystemen können grundsätzlich mit unterschiedlichen, mehr oder weniger formalen Hilfsmitteln von qualitativen Verfahren über isolierte Expertenschätzung bis zu integrierten formalen Modellen durchgeführt werden. Die Eignung von unterschiedlichen methodischen Ansätzen hängt von der jeweiligen Fragestellung sowie der Verfügbarkeit von Daten über das Energiesystem ab. In vielen Fällen ist auch eine Kombination von unterschiedlichen Ansätzen sinnvoll.

In diesem Kapitel werden computergestützte Modelle des Energiesystems diskutiert. Ziel von Modellen ist es, ein vereinfachtes Abbild der Realität zu schaffen, das ein "ähnliches Verhalten" aufweist, wie das Originalsystem. Durch Experimente mit dem Modell werden dann Rückschlüsse auf das Verhalten des Ursprungssystems gezogen. Oder umgekehrt: Man konstruiert aus Komponenten, die bekannt sind, ein neues System, um dessen Verhalten zu testen und das Design zu optimieren.

Die Verwendung von programmierten Rechenmodellen für die Analyse von Energiesystemen hat allgemein die folgenden Vorteile:

- Umfangreiche, rechnergestützte Modelle haben eine sehr hohe Informationsverarbeitungskapazität, so dass auch große Datenmengen leicht verarbeitet werden können. Die Rechenergebnisse sind leicht reproduzierbar und nachvollziehbar. Die Datenbasis kann laufend aktualisiert werden, um jeweils neue Entwicklungen zu berücksichtigen.

- Modellgestützte Systemanalysen verbessern generell das Verständnis für die quantitativen Zusammenhänge im Energiesektor; sie schaffen eine einheitliche Begriffsbasis und können somit wesentlich zur Präzisierung energiepolitischer Argumente beitragen.

- Die simultane Bearbeitung der vernetzten energiewirtschaftlichen Prozesse ermöglicht grundsätzlich eine in sich konsistente Behandlung des gesamten Energiesystems unter Berücksichtigung der energiewirtschaftlichen Interdependenzen innerhalb und zwischen einzelnen Sektoren der Energiebereitstellung und -verwendung. Annahmen über techno-ökonomische Optionen und Randbedingungen werden auf diese Weise im gesamten System widerspruchsfrei berücksichtigt. Doppelzählungen, die bei der Summierung isolierter Rechnungen auftreten können, werden von vornherein ausgeschlossen.

- Optimierungsmodelle des gesamten Energiesystems wählen unter den modellierten Technologieoptionen diejenigen aus, die für eine Zielerreichung am günstigsten sind. Hierbei können insbesondere auch konkurrierende angebots- und nachfrageseitige Reduktionsmaßnahmen unter Kostenaspekten gegeneinander abgewogen werden.

- Für verschiedene Szenarien können leicht Sensitivitätsanalysen durchgeführt werden, indem systematisch einzelne Eingabeparameter verändert werden. Auf diese Weise kann die Robustheit von Modellergebnissen überprüft und der Einfluss vor allem von unsicheren Modellvorgaben (z. B. Entwicklung der Nachfrage nach Energiedienstleistungen) auf die optimale Struktur des gesamten Energiesystems untersucht werden.

Allerdings müssen auch verschiedene Schwachpunkte der Anwendung solcher Rechenmodelle gesehen werden:

- Nur solche Komponenten und Wechselwirkungen können abgebildet werden, die hinreichend formalisiert werden können. Dadurch bleibt manches unberücksichtigt, anderes wird sehr unvollkommen abgebildet.

- Die Daten, die in das Modell einfließen, weisen teilweise hohe Ungenauigkeit auf.

- In die Modellbildung fließt eine Reihe von Annahmen ein, die einen hohen Grad an Subjektivität aufweisen. Die Konsequenz dieser Annahmen für das Modellergebnis ist selbst für Fachleute häufig nur bei sorgfältiger Analyse erkennbar.

- Als Output erhält man sehr detaillierte quantitative Ergebnisse. Dadurch entsteht der Eindruck einer Genauigkeit, die häufig nicht vorliegt.

Je detaillierter man das Originalsystem abbildet, desto genauer kann man dessen Verhalten abbilden. Anderseits bringt eine steigende Komplexität auch verschiedene Probleme mit sich:

- Es entstehen rechentechnische Probleme, die zwar mit der Entwicklung neuer Algorithmen und erhöhter Rechnerkapazität in den vergangenen Jahrzehnten immer besser lösbar, aber bei weitem noch nicht alle gelöst sind.

- Es wird teuer und langwierig, Modelle zu bauen, mit Daten zu füllen und auf dem laufenden zu halten.

- Die Bedeutung einzelner Komponenten für das Systemverhalten wird weniger deutlich.

Man versucht daher meist, Modelle zu bauen, die möglichst nur die für eine bestimmte Fragestellung relevanten Systemkomponenten und die wichtigen Wechselwirkungen zwischen ihnen abbilden. Dies impliziert, dass ein bestimmtes Modell nur bedingt für andere Fragestellungen geeignet ist bzw. entsprechend modifiziert werden muss.

Unter methodischen Aspekten sind bei Energiesystemanalysen die Ansätze der Simulation und der Optimierung zu unterscheiden. Im Rahmen von Simulationsmodellen wird versucht, das wahrscheinliche Verhalten der modellierten Akteure unter verschiedenen Rahmenbedingungen hinreichend realitätsnah abzubilden. Damit können die Auswirkungen von vorgegebenen Maßnahmenkombinationen ermittelt werden. Werden als Rahmenbedingungen die erwarteten Entwicklungen der exogenen Variablen eingesetzt, so kann das Ergebnis als Prognose verstanden werden.

Dagegen wird mit Optimierungsmodellen versucht, eine für eine vorgegebene Zielsetzung beste Kombination von Maßnahmen zu finden. Das Ziel besteht in der Regel in der Minimierung der gesamten Kosten des Energiesystems – von der Energiegewinnung bis zur Verwendung von Energie – und der Einhaltung von vorgegebenen Höchstgrenzen für die Summe der Emissionen aller Sektoren. Im Vordergrund steht somit die Frage, welche (technischen) Optionen im Sinne einer Kosten-Wirksamkeits-Analyse "kosteneffizient" sind. Das eigentliche Ziel solcher Analysen besteht nicht in der Ermittlung der absoluten Kosten des Energiesystems und erst recht nicht in der gesamtwirtschaftlichen Beurteilung von klimaschutzpolitischen Reduktionszielen. Die Kostenrechnungen dienen vielmehr dem ökonomischen Ranking von technischen Maßnahmen unter vorgegebenen Randbedingungen.

Modelle sind in der Regel nicht gleichermaßen für die Durchführung von Optimierungsanalysen und Simulationsrechnungen geeignet. In der Realität wird auf den Märkten kein Optimum erreicht, z. B. weil die Marktteilnehmer nur über unvollständige Informationen verfügen, kein vollkommener Wettbewerb herrscht oder institutionelle Hemmnisse dies verhindern. Das zu erwartende Verhalten wird daher normalerweise vom optimalen Ergebnis abweichen. Die Ergebnisse von Optimierungs- und Simulationsmodellen werden deshalb systematisch voneinander abweichen. In den folgenden Ausführungen werden ausschließlich Optimierungsmodelle betrachtet, da diese speziell für die Analyse der Kosten der Energieversorgung unter Berücksichtigung politischer Restriktionen wie des Klimaschutzes konstruiert wurden.[21]

---

[21] Zur Anwendung von energiewirtschaftlichen Simulationsmodellen vgl. RWI/Ifo (1996) und Anderson (1996).

4.1.2 Grundstruktur von Energiesystemanalysen und deren Schlüsselgrößen

Abbildung 4.1-1 zeigt die Grundstruktur von Optimierungsmodellen des Energiesystems. Ausgangspunkt der Analyse ist die Nachfrage der privaten Haushalte nach Energiedienstleistungen sowie sonstigen Gütern und Dienstleistungen. Energiedienstleistungen (wie Raumwärme, Beleuchtung oder Mobilität) werden von den Haushalten unter Einsatz von Endenergie selbst erstellt. Sonstige Dienstleistungen und Güter werden von den Unternehmen produziert. Die Endenergienachfrage von Haushalten und Unternehmen muss durch das Energieversorgungssystem gedeckt werden. Aufgabe des Optimierungssystems ist es, die optimalen Strukturen des Energiesystems (Energiemix) sowie die damit verbundenen Kosten und Emissionen zu berechnen.

Abbildung 4.1-1: Schema von Energiesystemanalysen

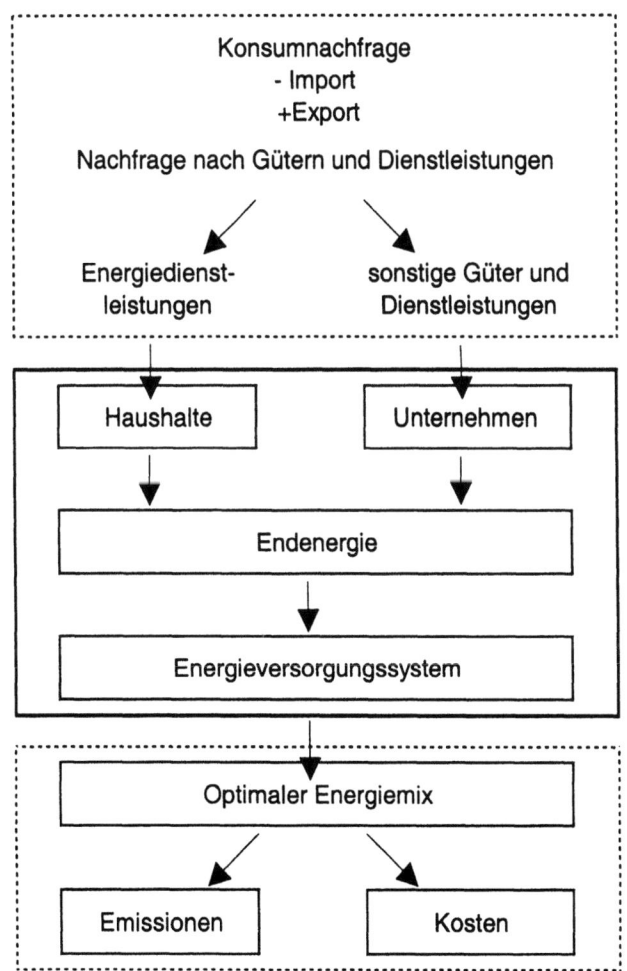

Zur Beurteilung von Strategien zur Reduktion von Treibhausgasen müssen jeweils zwei Szenarien quantitativ beschrieben und verglichen werden: ein Reduktionsszenario, das die zu untersuchenden klimapolitischen Emissionsbeschränkungen umfasst, sowie ein Referenzszenario ohne diese Restriktionen. Die Differenz der Kosten des Energiesystems zwischen diesen Szenarien werden in der Modellrechnung als Kosten des Klimaschutzes oder Kosteneinsparung[22] interpretiert. Durch einen Vergleich der Strukturen des Energiesystems in den beiden Szenarien können Hinweise darauf gewonnen werden, wie die klimapolitischen Ziele mit den geringsten Kosten im Energiesystem umgesetzt werden könnten. Die Modellrechnungen geben jedoch keine Information darüber, mit welchen politischen Instrumenten und Maßnahmen ein solches System in einer Marktwirtschaft erreicht werden kann, in der eine Vielzahl von Marktteilnehmern ihre eigenen Ziele verfolgen.[23]

In solche Modelle fließen eine Reihe von Annahmen und Daten ein, die die Ergebnisse wesentlich beeinflussen. Die wichtigsten betreffen die Abbildung der Nachfrage nach Energiedienstleistungen und der Technologien sowie die Frage der Diskontierung. Sie sollen im folgenden dargestellt und ihre Auswirkungen auf die Kostenberechnungen diskutiert werden:

(1) Die Nachfrage nach Gütern und Dienstleistungen (darunter auch Energiedienstleistungen) werden dem Modell exogen vorgegeben. Sie wird außerhalb des Energiesystemmodells auf der Basis einer Vielzahl von Faktoren wie z. B. der Bevölkerungszahl, dem Wirtschaftswachstum, der internationalen Arbeitsteilung, der Sektorstruktur der Wirtschaft und den Konsummustern geschätzt. Dieses Vorgehen hat Konsequenzen für das Modellergebnis:

- Je höher im Referenzszenario die Nachfrage und damit der Energieverbrauch sowie die Emissionen angenommen werden, desto höher ist der Reduktionsbedarf bei Vorgabe von absoluten Emissionsobergrenzen. Durch Vorgabe einer "zu hohen" Nachfrage würden die Kosten des Klimaschutzes überschätzt.

- Rückwirkungen von Energiepreisveränderungen im Zuge des Klimaschutzes auf die Nachfrage nach Energiedienstleistungen und energieintensiven Gütern werden im Energiemodell selbst nicht berücksichtigt. Auch dadurch können die möglichen Kosten des Klimaschutzes überschätzt werden. Es ist allerdings möglich, die Konsistenz der Modellergebnisse und dieser Annahmen außerhalb des Modells zu prüfen und in einem iterativen Verfahren herzustellen oder durch Koppelung des Energiesystemmodells mit einem gesamtwirtschaftlichen Modell zu gewährleisten.

---

[22] Gelegentlich werden Kosteneinsparungen auch als Nutzen des Klimaschutzes bezeichnet. Da als Nutzen des Klimaschutzes jedoch vorrangig die Verminderung des Risikos von Klimaschäden anzusehen ist, wird hier der Begriff Kosteneinsparung vorgezogen, um Missverständnisse zu vermeiden.

[23] zur Untersuchung solcher "Politikszenarien" vgl. Ziesing u. a. (1997) und Diekmann u. a. (1998)

(2) Das Modell hat die Aufgabe, unter verschiedenen Energieträgern und Technologien diejenigen auszuwählen, die die Bedingungen des Modells (Nachfrage nach Energiedienstleistungen, Emissionsbegrenzung) zu den geringsten Kosten erfüllen. Die Beschreibung der Technologien umfasst die mit ihnen verbundenen Energieflüsse, Kosten, Emissionen sowie technische Parameter wie die Lebensdauer. Bei der Beurteilung von Modellen und ihren Ergebnissen sind bezüglich der abgebildeten Techniken die folgenden Punkte zu beachten:

- Wichtig ist es, die Vollständigkeit der technischen Alternativen sowie die Flexibilität bei der Technologiewahl zu gewährleisten. Ist dies nicht gegeben, so fallen die Kosten des Klimaschutzes systematisch höher aus.

- Besonders bei langen Zeithorizonten der Analyse, wie sie für Energiesystemanalysen typisch sind (10 – 20 Jahre), spielt die Berücksichtigung des technischen Fortschritts und die Kostenentwicklung, z. B. aufgrund von Lerneffekten oder von Skalenerträgen, eine wichtige Rolle. Diese müssen berücksichtigt werden, damit insbesondere innovative Energieeffizienztechniken angemessen im Technologie-Mix vertreten sind. Insoweit neue Technologien, deren Entwicklung heute noch nicht absehbar sind, nicht aufgenommen werden, kann dies für sich genommen zur Vernachlässigung von Kostensenkungspotentialen führen.

- Da es nicht möglich ist, alle Techniken im Detail abzubilden, werden Einzeltechnologien zu Durchschnittstechnologien zusammengefasst. Zu große Vereinfachungen bei der Zusammenfassung verursachen unrealistische Modellergebnisse. In vielen Fällen enthalten die im Modell abgebildeten Durchschnittstechnologien, insbesondere im Bereich der Industrie und der Straßenfahrzeuge, strukturelle Effekte, die nicht als technologische Effizienzeffekte interpretiert werden dürfen. Deshalb sollten strukturelle Effekte (z. B. Trend zu höheren Leistungsklassen bei PKW, zu höheren Qualitäten bei Papier, Hohlglas oder Kunststoffen und zu höherer Wertschöpfung je Gewichtseinheit von Investitionsgütern) nach Möglichkeit getrennt ausgewiesen werden, um die Kosten allein den Effizienzeffekten zuordnen zu können.

- Optimierungsmodelle ermöglichen, weitere Bedingungen ("bounds") zur Steuerung der Technologiewahl vorzugeben. Dies erweist sich zum einen als notwendig, um Potentialgrenzen für die Nutzung bestimmter Technologien vorzugeben, die in deren Beschreibung selbst nicht zum Ausdruck kommen. Ein Beispiel dafür sind Begrenzungen für den Einsatz von Windkraft durch die Zahl dafür geeigneter Standorte. Aber auch politische Vorgaben, die Höchstgrenzen (z. B. Kernenergie) oder Mindestgrenzen (z. B. regenerative Energien oder Steinkohleverstromung) für bestimmte Technologien vorschreiben, können auf diese Art im Modell berücksichtigt werden. Weitere "bounds" können institutionelle und rechtliche Hemmnisse sowie Beschränkungen des Marktpotentials zum Ausdruck bringen. Je enger Begrenzungen gesetzt werden, desto höher werden die Kosten der

Energieversorgung in dem jeweiligen Szenario ausgewiesen. Werden die "bounds" bei einem Vergleich von Referenz- und Reduktionsszenario verändert, so variieren entsprechend die ausgewiesenen Kosten des Klimaschutzes.

(3) Die Bewertung der mit verschiedenen Technologien verbundenen Kosten wird anhand von exogen vorgegebenen Preisen vorgenommen. Kosten, die zu unterschiedlichen Zeitpunkten anfallen, werden auf die Lebensdauer einer Investition verteilt und mit Hilfe einer Diskontrate in Annuitäten umgerechnet. Bei dieser Kostenberechnung sind folgende Einflüsse zu berücksichtigen:
- Je höher die Preise für Primärenergieimporte gesetzt werden, desto mehr Energieeinsparung wird bereits im Referenzszenario vorgenommen. Entsprechend fallen der Reduktionsbedarf und die damit verbundenen Kosten niedriger aus.
- Als Diskontrate wird in der Regel der durchschnittliche langfristige Marktzinssatz gewählt. Dieser liegt deutlich unterhalb der von Unternehmen zugrundegelegten Renditeerwartung bzw. des internen Zinssatzes. Dies ist dadurch zu rechtfertigen, dass Investitionsprojekte Risiken aufweisen, die zu höheren Ex-ante-Renditeforderungen führen. Der langfristige Marktzinssatz hingegen spiegelt die durchschnittliche Rendite von Investitionen wider. Durch den niedrigeren Diskontsatz werden langfristige Investitionsvorhaben in Energiesystemanalysen im Vergleich zu einzelwirtschaftlichen Rechnungen tendenziell eher begünstigt.

Vor diesem Hintergrund ist zu betonen, dass die Ergebnisse von Energiesystemanalysen nur dann richtig interpretiert werden können, wenn die Modellstruktur, die Datenbasis und die Annahmen des jeweiligen Referenzszenarios hinlänglich bekannt sind. Da das Referenzszenario außerhalb des Modells erstellt wird und eine ungewisse Zukunft beschreibt, können diese Annahmen grundsätzlich nicht als "richtig" oder "falsch" bezeichnet werden, höchstens als mehr oder weniger plausibel. Auch ist davor zu warnen, Zahlenangaben aus modellgestützten Analysen unmittelbar als Beschreibung der realen Entwicklung zu interpretieren, zumal Modelle stets nur vereinfachte Abbilder der Realität darstellen und sich nicht alle wesentlichen Einflussgrößen verlässlich quantifizieren lassen.

4.2 Kosten- und Potentialkonzepte

4.2.1 Der Kostenbegriff aus volkswirtschaftlicher Sicht

Von großer Bedeutung für die Interpretation von Modellergebnissen ist das Verständnis der zugrundeliegenden Definition von Kosten. Im Kern des ökonomischen Denkens steht die Frage, wie knappe Ressourcen genutzt werden sollten, um die Bedürfnisse der Menschen bestmöglich zu befriedigen. Für die Entscheidung über die Verwendung von Ressourcen wird heute der Markt als effizientester Mechanismus angesehen. Über die Preise soll dieser die individuellen Produktions- und Konsumpläne zu einem gesellschaftlich wünschenswerten Ergebnis zusammenführen. Jeder, der ein Gut nutzen möchte und gezwungen ist, dieses auf einem Markt zu erwerben, steht im Wettbewerb mit anderen potentiellen Nutzern und muss daher einen Preis bezahlen, der mindestens so hoch ist wie die Zahlungsbereitschaft des ernsthaftesten Konkurrenten. Der Nutzenverlust dieses Konkurrenten wird als die Kosten der Nutzung des Gutes angesehen. Die Ökonomen nennen dies das Opportunitätskostenprinzip, da der Gesellschaft nur in dem Maß Kosten entstehen, wie eine Ressource einer anderweitigen Nutzung entzogen wird.

Unter bestimmten Voraussetzungen spiegeln die Marktpreise diese Kosten wider. Daher werden in der Regel die Marktpreise als Ausgangspunkt der Bewertung der eingesetzten Ressourcen und produzierten Güter herangezogen. In der Realität sind diese Bedingungen allerdings regelmäßig verletzt. Daraus ergibt sich theoretisch die Notwendigkeit zu Korrekturen der Marktpreise, die jedoch nur dann vorgenommen werden, wenn die Verzerrungen für die Modellergebnisse als erheblich angesehen werden. Wichtig ist ein Verständnis der folgenden Fälle:

- Marktpreise weichen aufgrund von Steuern und Subventionen teilweise deutlich von den Produktionskosten ab. Da Steuern und Subventionen nur einen Transfer von Finanzmitteln zwischen Haushalten und Unternehmen sowie dem Staat darstellen, nicht aber einen realen Ressourcenverzehr, werden sie nicht als volkswirtschaftliche Kosten betrachtet. In Optimierungsmodellen werden daher die Marktpreise um die darin enthaltenen Steuern und Subventionen korrigiert.

- Erhebliche Abweichungen der Marktpreise von den volkswirtschaftlichen Kosten können auch durch externe Effekte, insbesondere Umweltbelastungen, auftreten, deren Kosten nicht über den Marktmechanismus dem Verursacher angelastet werden. Allerdings werden hierfür im Modell keine Korrekturen vorgenommen. Dies ist aus der Methodik der Modelle zu verstehen. Diese berechnen die Gesamtkosten der Energieversorgung unter gegebenen Nebenbedingungen. Als eine solche Nebenbedingung wird die Begrenzung von Emissionen eingeführt. Die Kosten der Einhaltung dieser Bedingung werden als Differenz der Kosten zwischen einem Referenz- und einem Reduktionsszenario ausgewiesen. Insofern handelt es sich um eine reine Kosten-Wirksamkeits-Analyse, bei der die Kosten der verbleibenden Umweltbelastungen nicht erfasst werden.

- Abweichungen treten auch bei unvollkommenem Wettbewerb auf den Märkten auf. Dies kann auf den ersten Blick für Energiemärkte relevant erscheinen, die in Deutschland aufgrund von Regulierung nur bedingt dem Wettbewerb ausgesetzt sind. In Optimierungsmodellen spielt diese Verzerrung jedoch keine Rolle, da nur die Preise importierter Energieträger direkt in die Berechnung einfließen. Die Kosten inländischer Primärenergieträger sowie der Sekundärenergien werden mit den minimalen Produktionskosten zugrunde gelegt.

Als wesentliche Modifikation der Marktpreise ist also die Korrektur um Steuern und Subventionen festzuhalten. Weitere Verzerrungen der Preise werden vernachlässigt, da ihre Auswirkungen als sekundär angesehen werden und die Ermittlung der korrekten Kosten als aufwendig erachtet werden. Die Auswirkungen auf die Schätzungen der Kosten des Klimaschutzes dürften jedoch gering sein, da entsprechende Abweichungen sowohl im Referenz- als auch in den Reduktionsszenarien auftreten.

Häufig werden Vermeidungskosten auch in DM je Tonne CO_2 angegeben. Hierbei ist es wichtig, **marginale** und **durchschnittliche** Vermeidungskosten zu unterscheiden. Marginale Kosten sind diejenigen Kosten, die für die Vermeidung einer zusätzlichen Emissionseinheit erforderlich sind. Im Modelloptimum geben sie die Grenzkosten der teuersten Minderungsoption an, die gerade noch einbezogen wird, um das CO_2-Reduktionsziel zu erreichen. Diese marginalen Kosten können ein Vielfaches der durchschnittlichen Vermeidungskosten betragen, die als Verhältnis von Kostendifferenz und Emissionsdifferenz zwischen Reduktions- und Referenzszenario berechnet werden.

Angaben zu den Kosten des Klimaschutzes können in unterschiedlicher Form ausgewiesen werden: als *absolute Kosten* (z. B. in Mrd. DM), als *Durchschnitts*kosten (z. B. in DM pro t CO_2) sowie als *marginale* bzw. *Grenz*kosten (ebenfalls in DM pro t CO_2). Absolute Vermeidungskosten werden in der Regel (als Annuität) in Mrd. DM pro Jahr angegeben. Zum Teil finden sich in der Literatur allerdings auch Angaben, die als über mehrere Jahrzehnte kumulierte Barwerte zu interpretieren sind. Diese übersteigen die jährlichen Kosten um ein Vielfaches. Das Konzept der Grenzkosten gibt an, welche Kosten eine Verminderung der Emissionen um eine zusätzliche Einheit verursachen würde. Dieser Wert ist vor allem dann von Interesse, wenn über eine Ausweitung des Klimaschutzes entschieden werden soll. Da Kostenminimierung bedingt, dass zunächst die kostengünstigsten Minderungsmöglichkeiten in Anspruch genommen werden, sind die Grenzkosten der teuersten eingesetzten Maßnahme der Emissionsminderung entscheidend. Das bedeutet, dass für ein bestimmtes Reduktionsszenario die Grenzkosten grundsätzlich höher liegen als die Durchschnittskosten und diese um ein Vielfaches übertreffen können. Verwirrung ergibt sich daraus, dass in der Literatur häufig Angaben zu "Minderungskosten pro t CO_2" gemacht werden, ohne zu spezifizieren, ob es sich dabei um Durchschnitts- oder Grenzkosten handelt.

4.2.2 Möglichkeiten der Minderung von Treibhausgasen in Energiesystemanalysen

Die Aussagefähigkeit von Energiesystemmodellen hängt davon ab, welche Möglichkeiten zur Minderung von Treibhausgasen abgebildet werden können. Es können drei Wege unterschieden werden, die Emission von Treibhausgasen zu mindern: Energieeinsparung durch Verbesserung der Energieeffizienz, Energieträgersubstitution und Verminderung des Konsums von Energiedienstleistungen:

(1) Verbesserung der Energieeffizienz

- Über den Optimierungsalgorithmus werden in Energiesystemmodellen die wirtschaftlich effizienten Technologien ausgewählt. Hierbei ist es wichtig, das Konzept der wirtschaftlichen Effizienz von dem der technischen Effizienz zu unterscheiden. Die technische Effizienz bezieht sich auf den Wirkungsgrad des Umwandlungsprozesses. Die ökonomische Effizienz hingegen erfasst, welche Technologie einen gegebenen Beitrag zur Zielfunktion mit den geringsten Kosten leistet. In einem Modell ohne zusätzliche Restriktionen wären dies die Technologien mit den geringsten Gesamtkosten, d. h. Investitions-, Betriebs- und Brennstoffkosten. Werden zusätzliche Restriktionen, z. B. Emissionsgrenzen, eingeführt, so werden diese mit einem "Schattenpreis" in der Kostenrechnung berücksichtigt. Dies begünstigt diejenigen Technologien, die einen Beitrag zum Klimaschutz leisten. In der Lösung erscheinen jedoch die in dieser Gesamtbewertung günstigsten Techniken, nicht unbedingt die technisch effizientesten.

- Da diese Optimierung simultan für das gesamte Energiesystem vorgenommen wird, werden Maßnahmen auf der Energieangebots- und -nachfrageseite gleichrangig in Betracht gezogen. Den Forderungen nach einer integrierten Ressourcenplanung ("least cost management") wird damit vom Ansatz her Rechnung getragen.

- Durch die Verwendung von Begrenzungen ("bounds") können Mindest- oder Höchstmengen für den Einsatz bestimmter Techniken oder Energieträger festgelegt werden. Optimierungsmodelle ermitteln dann den kostengünstigsten Weg, diese zusätzlichen Restriktionen zu erfüllen. Die Gesamtkosten steigen dabei an.

- Bei längeren Analysezeiträumen ist der technische Fortschritt ein maßgeblicher Faktor für die Effizienzsteigerung. Dieser kann in Energiesystemmodellen jedoch nicht endogen abgebildet werden, sondern muss außerhalb des Modells ermittelt werden.

(2) Energieträgersubstitution
Der Ersatz von im Referenzszenario verwendeten Energieträgern durch weniger emissionsintensive Energieträger kann in Energiesystemmodellen systematisch abgebildet werden. Fossile Energieträger, Kernkraft oder regenerative

Energien werden in die Modellösung aufgenommen, sofern sie als Technologien modelliert sind und zu einer kosteneffizienten Deckung des Nutzenergiebedarfs und Einhaltung der Emissionsgrenzen beitragen. Neben der Energieeinsparung durch Effizienzsteigerung stellt die Energieträgersubstitution einen wichtigen Weg zum Klimaschutz dar.

(3) Verminderung des Konsums von Energiedienstleistungen

Eine Verminderung der genutzten Energiedienstleistungen kann einerseits durch eine Umschichtung der Nachfrage von energieintensiven zu weniger energieintensiven Gütern und Dienstleistungen erfolgen ("ökologischer Strukturwandel"), andererseits durch eine Absenkung des Produktionsniveaus insgesamt ("Suffizienz"). Wenn sowohl das Nachfrageniveau als auch die Nachfragestruktur in Energiesystemmodelle als exogene Variable eingebracht werden, wird eine Verminderung der Nachfrage nach Energiedienstleistungen, wie sie bei Verteuerung der Energie zu erwarten ist, nicht modellendogen abgebildet. So entstehen vermutlich deutliche Überschätzungen der Kosten des Klimaschutzes.

Festzuhalten bleibt, dass Energiesystemmodelle Stärken bei der simultanen Optimierung von Minderungsmaßnahmen durch Energieträgersubstitution und Effizienzsteigerung sowohl auf der Angebots- als auch der Nachfrageseite aufweisen. Veränderungen der Nutzenergienachfrage sowie technischer Fortschritt können in den Modellen dagegen nicht ohne weiteres adäquat behandelt werden.

4.2.3 Minderungspotentiale und Hemmnisse

Im nächsten Schritt soll diskutiert werden, ob Energiesystemmodelle die mögliche Ausschöpfung von Minderungspotentialen realitätsnah abbilden. Häufig ist zu beobachten, dass Minderungspotentiale, die in Modellrechnungen als wirtschaftlich bezeichnet werden, in der Realität nicht umgesetzt werden (efficiency gap, efficiency paradox). Eine schematische Betrachtung der Minderungspotentiale in Abbildung 4.2-1 ermöglicht eine erste Annäherung an dieses Phänomen.

- Das *theoretische Potential* beschreibt die Möglichkeiten einer umweltverträglichen Energieversorgung aus naturwissenschaftlicher Sicht unter Berücksichtigung der Ausstattung mit Rohstoffen sowie geographischen Restriktionen.

- Das *technische Potential* wird zusätzlich vor allem durch den zum Analysezeitpunkt erwarteten Stand der Technik beschränkt.

- Das *wirtschaftliche Potential* ergibt sich durch das oben beschriebene Wirtschaftlichkeitskalkül, in das die Preise der Energieträger und der verfügbaren Technologien eingeht. Dieses Potential wird unterschiedlich hoch ausfallen, je nachdem ob die (vermiedenen) Schadenskosten der Umweltbelastung berücksichtigt werden oder nicht.

Abbildung 4.2-1: Konzepte von Minderungspotentialen

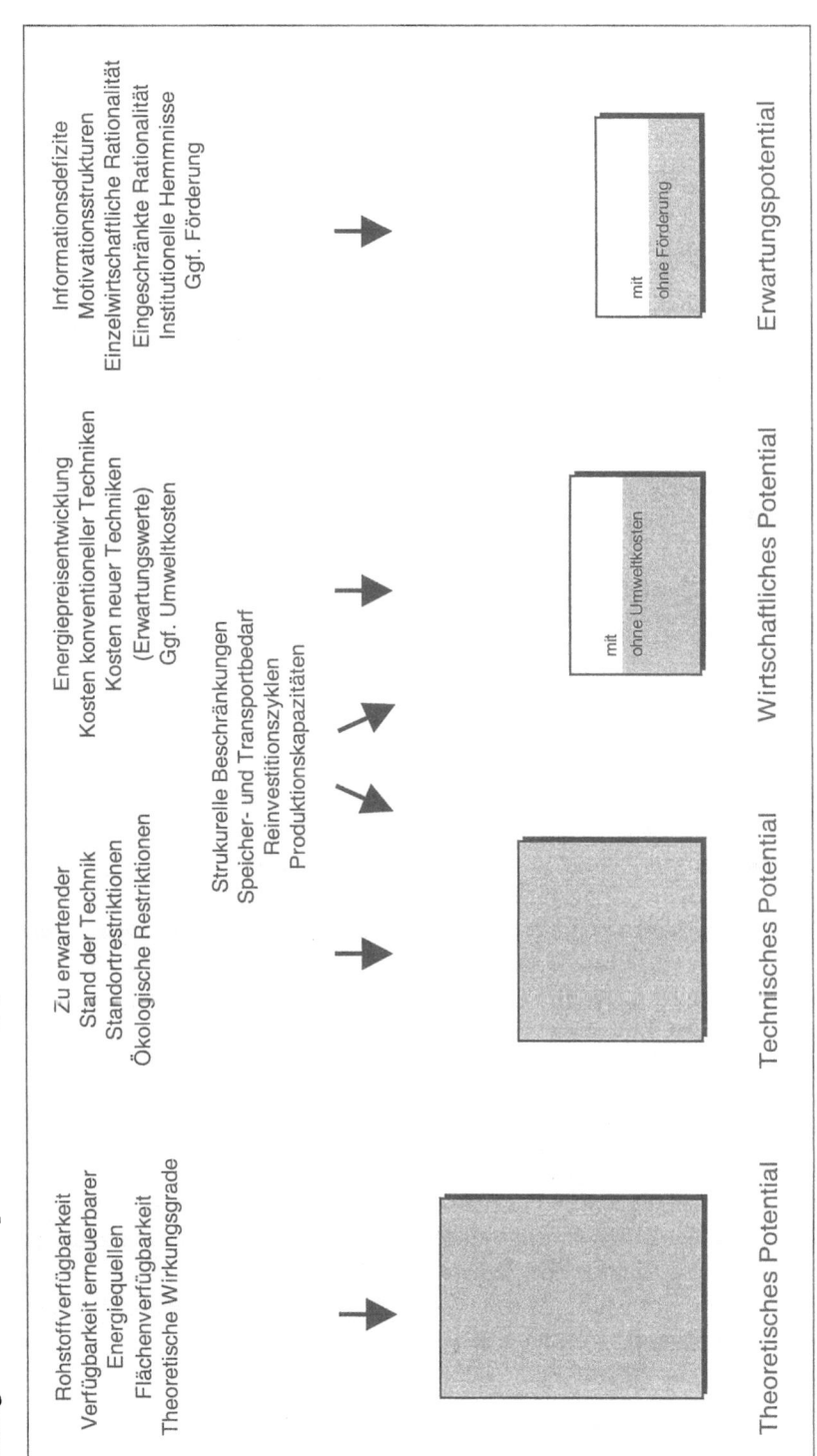

- In der Realität ist jedoch nicht mit einer Umsetzung des wirtschaftlichen Potentials in vollem Umfang zu rechnen. Das *Erwartungspotential* berücksichtigt, dass dem einzelwirtschaftlichen Kalkül der Energieverbraucher Marktpreise anstelle der volkswirtschaftlichen Opportunitätskosten zugrundegelegt werden und darüber hinaus eine Reihe von Hemmnissen und Marktunvollkommenheiten dazu führt, dass auch einzelwirtschaftlich rentable Minderungsmaßnahmen unterbleiben. Durch Fördermaßnahmen kann die Ausschöpfung des wirtschaftlichen Potentials und damit das Erwartungspotential erhöht werden.

Optimierungsmodelle stellen von ihrer Logik her auf das wirtschaftliche Potential ab. Als Modellösung werden grundsätzlich kosteneffiziente Szenarien beschrieben. Ineffizienzen der realen Ausgangssituation bzw. der unter Status-Quo-Bedingungen zu erwartenden Entwicklung werden in systemanalytischen Modellen entweder gar nicht oder lediglich in Form von vorgegebenen Beschränkungen ("bounds") berücksichtigt. Maßnahmen zum Abbau von Hemmnissen und zur Verbesserung der Kosteneffizienz werden nicht systematisch einbezogen.

4.2.4 Kann Klimaschutz in Energiesystemmodellen mit Kosteneinsparungen verbunden sein?

Kann es in Energiesystemmodellen Klimaschutz geben, "der sich rechnet", der also mit Kosteneinsparungen verbunden ist? Eine Antwort der ökonomischen Theorie auf diese Frage lautet häufig: "There is no free lunch". Dahinter steht die Annahme, dass in der Ausgangssituation die Nutzenergienachfrage durch das Energiesystem zu minimalen Kosten befriedigt wird, d. h. dass die Ausgangssituation bereits effizient ist. Gemäß dieser Logik funktionieren grundsätzlich auch Energiesystemmodelle. Wird einem kostenminimierenden Referenzszenario eine zusätzliche (bindende) Restriktion hinzugefügt, so muss dies notwendigerweise zu Kostenerhöhungen führen. Dies kommt in Abbildung 4.2-2 durch den steigenden Verlauf der durchgezogenen Linie der theoretischen Minimalkosten zum Ausdruck.

Anders stellt sich die Situation dar, wenn in der Ausgangssituation Hemmnisse bestehen, die verhindern, dass das Energiesystem mit minimalen Kosten arbeitet. Im Vergleich zu einer effizienten Ausgangssituation (Basisfall) sind sowohl die Emissionen als auch die Kosten in einem realistischeren Referenzszenario höher. Außerdem dürfte die Differenz der Vermeidungskosten bei unveränderten Hemmnissen gegenüber dem theoretischen Verlauf ohne Hemmnisse mit steigender Reduktionsmenge noch zunehmen, da die Vermeidungskosten überproportional ansteigen, wenn kostengünstige Potentiale nicht wahrgenommen werden. Dies wird durch die gepunktete Linie dargestellt.

Abbildung 4.2-2: Kostenverlauf bei der Reduktion von Emissionen, ohne/mit Berücksichtigung von Hemmnissen

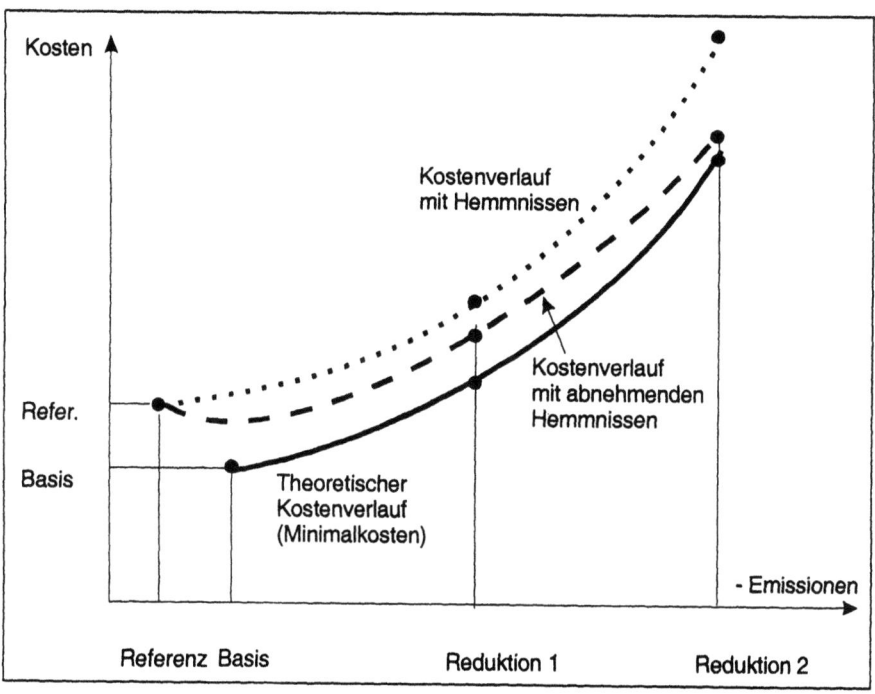

Wenn es im Zuge einer Reduktionsstrategie allerdings gelingt, bestehende Ineffizienzen abzubauen, nähert sich der modifizierte Kostenverlauf mehr und mehr dem theoretischen Verlauf an. Je nachdem, wie groß die Ineffizienzen in der Ausgangssituation sind und wie schnell sich die modifizierte Kurve dem theoretischen Minimalkostenverlauf annähert, sind dabei durchaus Abschnitte mit fallenden Gesamtkosten denkbar. Dies entspricht dem sogenannten "no-regrets"-Potential. In weiteren Abschnitten kann die Kurve unterhalb des Kostenverlaufs mit Hemmnissen und flacher als dieser verlaufen. Dies bedeutet, dass sowohl die durchschnittlichen Zusatzkosten als auch die Grenzkosten der Emissionsminderung geringer wären als die Kosten, die die Modelle (beim lediglichen Vergleich von Optimalzuständen) ausweisen. Bei höheren Reduktionsmengen ist nach gegenwärtigen Erkenntnissen aber mit steileren Segmenten zu rechnen. Dies bedeutet, dass im Klimaschutz neben No-regret- und Low-cost-Maßnahmen mit steigendem Zielniveau auch Maßnahmen mit höheren Kosten ergriffen werden müssen.

Es ist durchaus möglich, ähnliche Kostenverläufe in Optimierungsmodellen zu erhalten, wenn Hemmnisse über Begrenzungen ("bounds") und deren schrittweiser Abbau durch eine Lockerung der Begrenzungen im Modell abgebildet werden. Dieses Vorgehen ist jedoch methodisch insofern problematisch, als der Umgang mit Hemmnissen nicht modellendogen dargestellt werden kann. Ihr Abbau müsste daher relativ willkürlich in das Modell eingeführt werden, solange es nicht gelingt, Hemmnisse und deren Überwindung im Rahmen eines Energiesystemmodells oder eines anderen Modells zu erklären und zu quantifizieren. Dabei wäre auch zu berücksichtigen, welche Kosten die Überwindung von Hemmnissen selbst verursacht.[24]

4.3 Kostenbewertung am Beispiel des IKARUS-Modells

Ziel dieses Abschnittes ist es, die Aussagefähigkeit von Kostenangaben aus einem energietechnischen Optimierungsmodell kritisch darzustellen und Hinweise auf eine angemessene Interpretation von Ergebnissen zu geben. Die Diskussion orientiert sich hierbei beispielhaft an dem gesamtenergiewirtschaftlichen Modell, das im IKARUS-Projekt des BMBF entwickelt worden ist.

4.3.1 Überblick: IKARUS-Datenbank und -Modelle

Das IKARUS-Projekt (Instrumente für Klimagas-Reduktionsstrategien) wurde Anfang der 90er Jahre vom Bundesministerium für Bildung, Wissenschaft, Forschung und Technologie (BMBF) initiiert, um die Informationsgrundlagen für die Bewertung möglicher nationaler Strategien zum Klimaschutz zu verbessern. Das Projekt verfolgt zwei Ziele, nämlich

- die Bereitstellung einer Datenbank mit technischen, wirtschaftlichen und klimarelevanten Daten über das Energiesystem in Deutschland und

- die Erarbeitung von hierauf aufbauenden Computermodellen für die Analyse von Strategien zur Verminderung energiebedingter Treibhausgasemissionen.

Das in diesem Projekt entwickelte Analyseinstrumentarium besteht aus einer Reihe von Einzelkomponenten, die aufeinander abgestimmt sind und gemeinsam oder isoliert sowohl von den Projektpartnern als auch von Dritten genutzt werden können. Das zentrale Element stellt die Datenbank dar. Sie dient einerseits als allgemeines Informationssystem über energietechnische Daten, die für die Bundesrepublik Deutschland von Bedeutung sind; andererseits stellt sie die wesentlichen Daten bereit, die für unterschiedliche techno-ökonomische Modellanwendungen relevant sind.

Die Datenbank besteht aus den folgenden Bereichen:

- Daten über repräsentative Techniken in den Bereichen Primärenergie, Umwandlung, Haushalte, Kleinverbraucher (Gewerbe, Handel, Dienstleistungen), Indust-

---

[24] vgl. dazu Kap. 3.4

rie, Verkehr und Querschnittstechniken, die als Kern insbesondere Angaben zu Leistung, Wirkungsgrad, Verfügbarkeit, Lebensdauer, Investitionsausgaben, Betriebskosten und spezifischen Emissionen umfassen,

- Rahmendaten über die Entwicklung von Bevölkerung, Gesamtwirtschaft, Wirtschaftsstruktur und Importpreisen sowie weiteren energiewirtschaftlich relevanten Bestands- und Strukturdaten,
- Modelldaten, die im wesentlichen eine Untermenge der Technikdaten darstellen oder aus diesen für die besonderen Zwecke der Modellanwendungen berechnet werden.

Im IKARUS-Projekt ist eine Reihe von Modellen entwickelt worden, die zur Behandlung von unterschiedlichen Fragestellungen geeignet sind:

- Das gesamtenergiewirtschaftliche Optimierungsmodell (LP-Modell) bildet das gesamte Energiesystem in der Bundesrepublik Deutschland in Form vernetzter (technischer) Prozesse ab. Die Optimierungsaufgabe besteht darin, das Energiesystem so zu strukturieren, dass die Nachfrage nach Energiedienstleistungen zu minimalen Systemkosten befriedigt wird, wobei klimaschutzpolitische Ziele in Form von Höchstgrenzen für die Emissionen berücksichtigt werden können.
- Ein sektoral disaggregiertes, gesamtwirtschaftliches Modell (MIS, makroökonomisches Informationssystem) dient vor allem dem Zweck, die Widerspruchsfreiheit der Optimierungsergebnisse mit volkswirtschaftlichen Zusammenhängen zu untersuchen. Es wird auch dazu verwendet, exogene Größen des LP-Modells wie den Vektor der Nachfrage nach Energiedienstleistungen zu generieren. LP- und MIS-Modell sind nicht fest miteinander gekoppelt; es sind aber geeignete Schnittstellen für die Datenübergabe zwischen diesen Modellen definiert (soft link).
- Parallel zum LP-Modell ist ein Technik-Kettenmodell entwickelt worden, das das Energiesystem in ähnlicher Form wie das LP-Modell abbildet. Das Ziel besteht hierbei aber nicht in der Optimierung des Gesamtsystems, sondern im Vergleich von auszuwählenden technischen Prozessketten (Technikpfaden) für eine vorgegebene Versorgungsaufgabe auf der Basis von Energie-, Emissions- und Kostenbilanzierungen.
- Weitere, spezielle Modelle erlauben differenziertere Simulationsrechnungen in den Endnachfragebereichen Raumwärme, Industrie und Verkehr.

Die Datenbasis für die Bundesrepublik Deutschland bezieht sich gegenwärtig auf das Basisjahr 1995 und auf die Analysejahre 2005 und 2020. Mit dem Instrumentarium sind mehrere Analysen der künftigen Energieversorgung in Deutschland durchgeführt worden. Darüber hinaus wird die Datenbasis auch als Quelle für andere Modelle genutzt.

4.3.2 Methodische Grundlagen des IKARUS-Optimierungsmodells

Bei der systemanalytischen Analyse und Bewertung von klimaschutzpolitischen Strategien steht das gesamtenergiewirtschaftliche Optimierungsmodell im Mittelpunkt. Das Modell bildet die Energieflüsse, Emissionen und Kosten des gesamten Energiesystems in Deutschland konsistent ab und optimiert die Aktivitäten nach der Methode der linearen Programmierung. Ein wichtiges Optimierungskriterium ist die Minimierung der Gesamtsystemkosten, wobei eine maximale Höhe von Emissionen als Randbedingung vorgegeben werden kann (vgl. Markewitz u. a. 1998, Diekmann u. a. 1998).

Das gesamtenergiewirtschaftliche IKARUS-Optimierungsmodell lässt sich durch die folgenden Eigenschaften kennzeichnen:

- Es ist ein lineares Modell, d. h., das Modell besteht ausschließlich aus linearen Gleichungen und Ungleichungen. Nicht-lineare Zusammenhänge wie steigende Grenzkosten müssen deshalb approximativ dargestellt werden.

- Das Modell ist in dem Sinn statisch, dass die einzelnen Analysejahre isoliert voneinander untersucht werden. Die bestehenden Kapazitäten werden – anders als in einer dynamischen Analyse – somit nicht endogen fortgeschrieben, sondern jeweils exogen (als "Resids") vorgegeben.

- Das Modell enthält keine regionale Auflösung. Deutschland wird quasi als eine Region betrachtet. In einer früheren Version wurden getrennte Rechnungen für die alten und die neuen Bundesländer durchgeführt.

- Das Modell ist vom Ansatz her technikorientiert. Die Auswirkungen von Verhaltensänderungen und institutionellen Regelungen können in diesem Rahmen nicht unmittelbar untersucht werden. Daher können die Auswirkungen von politischen Maßnahmen zum Klimaschutz mit einem solchen Modell nur eingeschränkt analysiert werden.

- Im Modell sind keine gesamtwirtschaftlichen Zusammenhänge abgebildet und es gibt auch keine feste Kopplung mit einem volkswirtschaftlichen Modell. Die Aussagefähigkeit der Modellanalysen konzentriert sich somit auf technologische Zusammenhänge.

Die Teilbereiche des Energiesystems sind im Modell jeweils unterschiedlich differenziert abgebildet. So werden z. B. im Haushaltsbereich vier Gebäudetypen (alte und neue Ein- und Mehrfamilienhäuser) unterschieden. Relativ differenziert werden die Teilbereiche der Strom- und Wärmeerzeugung behandelt, wobei unter anderem nach sechs Zeitzonen (drei Jahres- und zwei Tageszeiten) unterschieden wird, so dass zumindest grob auch zeitliche Charakteristika der Stromnachfrage berücksichtigt werden und die Auslastungen der Erzeugungsanlagen endogen zu ermitteln sind.

Eine Besonderheit des IKARUS-Modells besteht darin, dass (anders als in ähnlichen Modellen wie MARKAL oder EFOM) nicht konkrete Techniken miteinander verknüpft sind, sondern sogenannte Platzhalter, die mit unterschiedlichen Techniken belegt werden können. Durch diese zusätzlichen Auswahlmöglichkeiten wird für den Modellanwender ein hohes Maß an Flexibilität erreicht, das stärker durch die Datenverfügbarkeit als durch die Modellkonstruktion beschränkt wird.

Wesentliche Daten, die dem Modell vorgegeben werden, betreffen
- die Nachfrage nach Energiedienstleistungen bzw. energieverbrauchsbestimmende Faktoren (z. B. zu beheizende Wohnfläche, Stahlerzeugung, Verkehrsleistungen) in Abhängigkeit von der Entwicklung der Bevölkerung, der Gesamtwirtschaft und der Wirtschaftsstruktur,
- die Preise für Energieimporte,
- technische Effizienz, spezifische Emissionen und spezifische Kosten aller abgebildeten Techniken,
- soweit erforderlich Anwendungspotentiale der in Frage kommenden Techniken und
- weitere energiewirtschaftliche Vorgaben (z. B. zur inländischen Kohlengewinnung).

Die gesamte Datenbasis ist von einer großen Zahl von Projektpartnern erstellt und entsprechend den Modellanforderungen aufbereitet worden. Hierdurch sollte das in verschiedenen Instituten verfügbare Wissen nutzbar gemacht werden. Außerdem sollte durch die Beteiligung zahlreicher Fachleute die Akzeptanz für eine gemeinsame Informationsgrundlage gefördert werden. Dennoch ist nicht zu verkennen, dass gerade die für künftige Analysejahre zugrunde gelegten Parameter mit zum Teil großen Unsicherheiten behaftet sind (vgl. Abschnitt 4.5).

Abgesehen von verbleibenden Unsicherheiten der Daten, die in das Modell eingehen, sind die folgenden Einschränkungen der Aussagefähigkeit von Modellergebnissen zu beachten:
- Auch große Modelle wie das IKARUS-LP-Modell sind vereinfachende Abbildungen der Realität und von daher immer vor dem Hintergrund der Fragestellungen zu beurteilen, für die sie entwickelt worden sind. Außerdem können nur solche Zusammenhänge erfasst werden, die sich mathematisch beschreiben lassen und für die ausreichende Daten zur Verfügung stehen. Die richtige Interpretation der Modellergebnisse erfordert deshalb die Kenntnis der Modell- und Datenstrukturen.
- Mit Hilfe der Optimierung kann ein Energiesystem in kostenminimierender Weise entworfen werden. Die auswählbaren Technologien oder Einsparmöglichkeiten müssen aber vorher explizit spezifiziert werden. Optimierungsrechnungen

stehen insoweit immer unter dem Vorbehalt, dass die besten Optionen überhaupt adäquat im Modell erfasst werden.

- Da im technologieorientierten IKARUS-Optimierungsmodell keine Verhaltensänderungen und institutionellen Bedingungen abgebildet werden, können solche Modellrechnungen höchstens in einem sehr eingeschränkten Sinne als Simulationsexperimente verstanden werden. Im IKARUS-Modell wird das Verhalten von Akteuren zum Teil indirekt in Form von oberen und unteren Begrenzungen ("bounds") beschrieben. Insbesondere ist die Nachfrage nach Energiedienstleistungen modellexogen, d. h., sie ist nicht mit einer Änderung von Energiepreisen oder -kosten gekoppelt. Dies bedeutet aber, dass die Gesamtflexibilität des Energieverbrauchs in solchen Modellen systematisch unterschätzt wird.

- Es ist zu betonen, dass Optimierungsmodelle auch im Fall von Referenzszenarien keine Prognosen liefern. Ursache hierfür können unvollkommene Märkte, andere Motivationen als Kostenminimierung, vom Modell abweichende fiskalische Entscheidungsparameter oder Hemmnisse, wie das Investor-Mieter-Dilemma im Gebäudebereich, sein. In kostenminimierenden Referenzszenarien sind Energieverbrauch und Emissionen in aller Regel niedriger als in entsprechenden Status-Quo-Prognosen.

- In Reduktionsszenarien wird die Erreichung von umweltpolitischen Zielen durch die Vorgabe von Emissionsgrenzen erzwungen. Hiermit werden allerdings noch keine Hinweise darauf gegeben, wie solche Szenarien verwirklicht werden können. Auf jeden Fall müssen zu deren Umsetzung politische Maßnahmen ergriffen werden, die im Modell selbst aber nicht abgebildet werden. Bei der Optimierungsaufgabe wird somit die Frage der Instrumentenwahl und deren Auswirkungen – auch im Hinblick auf die Kosten – ausgeblendet.

4.3.3 Kostendefinitionen und -zurechnungen

Wesentliche Elemente von Modellen wie dem IKARUS-Optimierungsmodell sind Beschreibungen von repräsentativen Techniken der Energiegewinnung, -umwandlung, -verteilung und -verwendung. Diese Techniken werden charakterisiert durch den Einsatz und Ausstoß von Energie (bzw. Energiedienstleistungen), durch die (direkten) Emissionen und durch die jeweiligen Kosten. Die Bilanzierung der Systemkosten erfolgt parallel zur Bilanzierung der Energieverbräuche und der Emissionen. Die Kosten einer jeden Technik umfassen einmalige Ausgaben, die finanzmathematisch mit Hilfe eines vorgegebenen Zinssatzes auf die Lebensdauer umgerechnet werden, und laufende (feste und variable) Betriebskosten (ohne Energiekosten). Die Energiekosten werden implizit durch die Bilanzierung der Energieströme erfasst.

Im Einzelnen werden die folgenden Ausgabenkategorien berücksichtigt:

- Zu den einmaligen Ausgaben, die einer Technik angerechnet werden, zählen insbesondere Investitionsausgaben (einschließlich sonstiger Baukosten) und Zinsen während der Bauzeit. Hinzu kommen Ausgaben für die Stillegung und die Beseitigung der Anlagen.
- Neben dem Kapitaldienst für einmalige Ausgaben werden laufende fixe Betriebskosten eingerechnet, die unabhängig von der Auslastung der Anlagen anfallen. Hierzu zählen je nach Technik z. B. Kosten für Versicherung, Wartung, feste Personalkosten usw.
- Variable Betriebskosten umfassen alle Kosten, die von der Erzeugungsmenge abhängen, wie variable Personalkosten und Kosten für Betriebsstoffe. Hinzu kommen Kosten für Energiebezüge, die getrennt bilanziert werden. Für Energieimporte werden Grenzübergangswerte zugrundegelegt.

Bei den Kostenangaben, die in das Modell eingehen, sind generell die folgenden Punkte zu beachten:

- Es erfolgt grundsätzlich eine Beschränkung auf solche Kosten, die für die Modellrechnungen relevant sind. Dies bedeutet, dass in einigen Fällen nicht die Gesamtkosten einer Technik berücksichtigt werden, sondern lediglich Differenzkosten, die dann aber nur im Vergleich von mehreren Szenarien sinnvoll interpretierbar sind. So sind z. B. nicht die Gesamtkosten eines Wohnhauses von Bedeutung, sondern etwa die Mehrkosten für Energieeinsparmaßnahmen wie zusätzliche Wärmedämmung.
- Investitionsausgaben werden generell nur für neu zu errichtende Anlagen berücksichtigt. Der Wert bereits bestehender Anlagen (Resids), deren Kapazitäten exogen vorgegeben werden, werden als versunkene Kosten nicht einbezogen. Der Erzeugung in solchen Anlagen werden lediglich die (sonstigen festen und variablen) Betriebskosten zugerechnet.
- Da die Bewertung aus gesamtwirtschaftlicher Sicht erfolgen soll, werden keine direkten und indirekten Steuern oder Subventionen berücksichtigt, da diese nur Transfers innerhalb einer Volkswirtschaft darstellen und keinen realen Ressourcenverzehr. Hieraus folgt, dass Kosten- und entsprechende Wirtschaftlichkeitsrechnungen von den Rechnungen, die für einzelwirtschaftliche Entscheidungen durchgeführt werden, abweichen.
- Die Kostenrechnungen enthalten grundsätzlich allgemeine Verwaltungskosten und Verzinsungen des eingesetzten Kapitals, aber keine kalkulatorischen Zuschläge für Gewinne. Die Angaben sind auch von daher nicht als Marktpreise zu verstehen.
- Die Kostenangaben werden durchgängig auf den Geldwert eines einheitlichen Basisjahres (zur Zeit 1995) bezogen. Dementsprechend werden für Analysejahre in der Zukunft nicht nominale, sondern nur reale (inflationsbereinigte) Preisänderungen berücksichtigt.

Investitionsausgaben werden mit Hilfe der Annuitätenmethode in Jahreskosten umgerechnet, die als finanzmathematische Durchschnittskosten für den Kapitaldienst (Zinsen und Abschreibungen) zu interpretieren sind. Hierbei sind im Vergleich zu Verfahren, die bei einzelwirtschaftlichen Rechnungen häufig angewendet werden, zwei Punkte zu beachten: Erstens wird als Betrachtungshorizont die gesamte Lebensdauer der Investition zugrunde gelegt, d. h., die Abschreibungsdauer entspricht der technischen Lebensdauer der jeweiligen Anlage, während Investoren bei konkreten Entscheidungen häufig – orientiert an steuerlichen Abschreibungsmöglichkeiten oder Forderungen nach gewissen Amortisationszeiträumen – eine kurzfristigere Betrachtung wählen. Zweitens wird für die Diskontierung von Zahlungen, die zu unterschiedlichen Zeitpunkten anfallen, ein realer (inflationsbereinigter) Zinssatz verwendet, dessen Höhe von 5 % sich an der langfristigen Rendite von Wertpapieren ausrichtet und damit in der Regel niedriger ist als die Zinssätze, die gewöhnlich bei betriebswirtschaftlichen Entscheidungen zur Verzinsung von Eigen- und Fremdkapital angesetzt werden.

Die genannten Prinzipien der Kostenermittlung für Modellrechnungen gelten für alle berücksichtigten Techniken. Es wird hierfür ein einheitlicher Algorithmus für alle Elemente des Modells verwendet. Inwiefern hiermit eine realistische Quantifizierung von Systemkosten erreicht wird, hängt darüber hinaus davon ab, wie differenziert die energietechnischen Zusammenhänge in der Modellstruktur abgebildet werden. Hierzu nur einige Beispiele:

- Das zeitliche Profil der Strom- und Wärmenachfrage wird im IKARUS-Modell grob durch die Unterscheidung von drei Jahres- und zwei Tageszeiten berücksichtigt. Dies hat Einfluss auf die Struktur der Erzeugungsanlagen und deren Auslastung.

- Im Bereich der Stromverteilung erfolgt eine Differenzierung nach drei Spannungsebenen, die miteinander verbunden sind. Stromerzeuger und -verbraucher sind jeweils in geeigneter Weise diesen Ebenen zugeordnet, so dass Transport- und Verteilungskosten zumindest näherungsweise zutreffend angerechnet werden.

- Das Modell besitzt grundsätzlich keine räumliche Auflösung; das bedeutet, dass insbesondere im Bereich der Verteilung von Strom, Gas und Wärme auf vereinfachende Hilfsgrößen für die Kostenzurechnung zugegriffen werden muss.

- Der fluktuierenden Erzeugung insbesondere von Photovoltaik- und Windkraftanlagen wird insofern Rechnung getragen, als unterschiedliche Betriebszustände für die genannten sechs Zeitzonen formuliert werden. Dadurch werden wichtige Auswirkungen auf den übrigen Kraftwerkspark berücksichtigt.

- Für die Bewertung von Umwandlungsprozessen mit mehreren Inputs oder Outputs wie Raffinerien, Kokereien und Anlagen zur Kraft-Wärme-Kopplung (KWK) werden im LP-Modell – anders als im Kettenmodell – keine Gutschriftverfahren angewendet. So erfolgt die Bewertung von KWK-Anlagen nicht anhand von Strom- und Wärmekosten (die hierbei im übrigen gar nicht ermittelt werden), sondern lediglich anhand der gesamten Systemkosten. Inwiefern KWK-Anlagen unter den jeweiligen Annahmen (einschließlich solchen zu den Einsatzpotentialen) konkurrenzfähig sind, zeigt sich dann daran, ob und in welchem Maße sie im Technikmix der Modell-Lösung enthalten sind.

- Integrierte Techniken ("Energieeffizienztechniken"), z. B. in der Industrie, sind methodisch schwieriger zu bewerten als etwa Kraftwerke, deren Systemgrenzen klar als Erzeugungsanlagen beschrieben werden können. In solchen Fällen werden zusätzlich zu Standardtechnologien sog. Spartechniken berücksichtigt, für die Differenzkosten gegenüber dem Standard angegeben werden (Jochem, Bradke 1996).

- Die Kosten für die Ausschöpfung von Energieeffizienzpotentialen lassen sich insbesondere auf der aggregierten Ebene von Industriebranchen oftmals nicht detailliert ermitteln oder zuordnen. Um in solchen Fällen die Datenlücken zu schließen, werden zum Teil Differenzkosten auf der Basis anlegbarer Kosten geschätzt (Jochem, Bradke 1996).

Bei der Interpretation der im Modell berechneten Kosten zur Reduktion von Emissionen ist insgesamt zu beachten, dass den Rechnungen eine Beschränkung auf Kosten zugrunde liegt, die unmittelbar mit der Errichtung und dem Betrieb von Anlagen zur Energiebereitstellung und -verwendung verbunden sind. Nicht erfasst sind dagegen z. B. gewisse Transaktionskosten, die etwa bei der Realisierung von Einsparprogrammen anfallen (z. B. Überwachungskosten für die Einhaltung von Standards); ob dadurch die tatsächlichen Kosten einer Klimaschutzpolitik unterschätzt werden, wird in Kapitel 6.3 noch näher untersucht. Andererseits werden im Modell keine institutionellen Hemmnisse abgebildet, deren Überwindung in der Realität häufig ohne oder lediglich mit geringen Zusatzkosten möglich wäre.

Eine systematische Überschätzung der mit Klimaschutz verbunden Kosten rührt auch daher, dass Verhaltensänderungen – insbesondere beim Konsum von Energiedienstleistungen und energieintensiven Produkten – im Modell nicht explizit abgebildet werden. Im Rahmen einer wirksamen Strategie zum Klimaschutz würden sich dagegen die Anpassungen nicht allein auf technische Maßnahmen beschränken, sondern z. B. auch die gesamte Höhe der Verkehrsleistungen oder das Fahrverhalten betreffen. Würde man solche nicht-technischen Maßnahmen im Sinne einer flexibleren Strategie in die Modellrechnungen einbeziehen, dann wären die zusätzlichen Systemkosten für Klimaschutz zweifellos weitaus geringer. Dies dürfte auch dann gelten, wenn man in Rechnung stellt, dass etwa eine energiesparendere Fahrweise bei manchen Autofahrern mit gewissen Nutzeneinbußen verbunden sein können.

Bei der Zurechnung von Kosten zum Klimaschutz ist außerdem genauer danach zu fragen, in welcher Höhe die zusätzlichen Kosten wirklich allein der Vermeidung von Treibhausgasemissionen anzulasten sind und welcher zusätzliche Nutzen hierdurch insgesamt erzielt wird. In Modellrechnungen wird häufig nur die Verminderung von CO_2 betrachtet, ohne zu beachten, dass mit der Verminderung des Energieverbrauchs in der Regel zugleich auch die Emissionen weiterer Treibhausgase und andere Umweltbelastungen vermindert werden. Bei einer Gesamtbewertung müsste auch die Verminderung solcher externen Kosten gewürdigt werden. Synergieeffekte (im Sinne vernachlässigter Zusatznutzen) können sich auch dadurch ergeben, dass zugleich mit Strukturänderungen z. B. die Sicherheit im Verkehr zunimmt. Aus diesen Gründen ist es problematisch, die im Modell ermittelten Kosten vollständig dem Klimaschutz zuzurechnen.

4.3.4 Interpretation durchschnittlicher und marginaler Vermeidungskosten

Kostenaspekte spielen in Optimierungsmodellen wie dem IKARUS-LP-Modell eine besondere Rolle, zumal das Ziel bei der Optimierung in der Minimierung der gesamten Systemkosten besteht. Deshalb sind die Daten über spezifische Kosten, die als Parameter dem Modell vorgegeben werden, für die Modellrechnungen entscheidend. Als Hauptergebnis liefern die Modellrechnungen Aussagen über (kosteneffiziente) technische Strukturen des Energiesystems. Daneben sind – mit gewissen Einschränkungen – aber auch Aussagen darüber möglich, wie sich verstärkter Klimaschutz auf die Kosten des Energiesystems auswirkt. Bei der Interpretation von Kostenangaben sind dabei Systemkosten, Zusatzkosten, durchschnittliche Kosten und marginale Kosten (Grenzkosten) zu unterscheiden.

Die gesamten Systemkosten werden als Summe der Kosten aller Techniken und Importe im Modell berechnet. Im statischen Modell stellen die Kosten – anders als in dynamischen Modellen – von vornherein (reale) Annuitäten dar, die als finanzmathematische Durchschnittswerte über die jeweilige Lebensdauer ermittelt werden. Die Höhe der gesamten Systemkosten (gemessen in DM pro Jahr) sind für sich allein genommen allerdings nicht aussagefähig, da sie zum Teil Kosten enthalten, die nicht allein dem Energiesystem zuzurechnen sind, oder auf Differenzkosten beruhen. Aussagen wie "Das Energiesystem in Deutschland kostet insgesamt pro Jahr x Mrd. DM" sind deshalb auf der Basis solcher Modellergebnisse nicht sinnvoll.

Zur sinnvollen Interpretation von Systemkosten müssen unterschiedliche Szenarien verglichen werden. Für die Untersuchung von Maßnahmen zur Emissionsverminderung geht es hierbei jeweils um den Vergleich eines Reduktionsszenarios mit einem Referenzszenario für denselben Analysezeitraum bzw. -zeitpunkt. Die Zusatzkosten der Emissionsvermeidung können dann als Differenz der gesamten Systemkosten in diesen beiden Szenarien (in DM pro Jahr) berechnet werden. Solche Zusatzkosten eignen sich insbesondere auch für den Vergleich von unterschiedlichen Reduktionsszenarien. Durch Variation der Höchstgrenze der Emissionen kann ein Kurvenverlauf abgeleitet werden, der die Entwicklung der gesamten Zusatzkosten in Abhängigkeit vom Reduktionsziel für ein Analysejahr darstellt.

Mit Bezug auf die Einsparung von Emissionen im Reduktionsszenario gegenüber dem Referenzszenario können durchschnittliche Vermeidungskosten (in DM) ausgewiesen werden. Sie werden nach der folgenden Formel berechnet:

$$k = (Kosten_{Reduktion} - Kosten_{Referenz}) / (Emission_{Referenz} - Emission_{Reduktion}).$$

Hierbei werden jährliche Zusatzkosten (als Annuitäten) ins Verhältnis gesetzt zu den pro Jahr eingesparten Emissionen. Unter Berücksichtigung der genannten Einschränkungen zur Quantifizierung der im Modell berücksichtigten Systemkosten sind diese Kosten ein anschaulicher Indikator für die durchschnittlichen Zusatzkosten der Reduktionsstrategie.

Die marginalen Vermeidungskosten geben dagegen (ebenfalls in DM je t CO_2) die Mehrkosten an, die sich in einem Reduktionsszenario ergeben, wenn eine zusätzliche Emissionseinheit vermieden werden soll; dies ist auch interpretierbar als Vergleich von zwei Reduktionsszenarien, die sich allein durch die Höhe der Emissionsvorgaben (um eine Tonne) unterscheiden:

$$K' = (Kosten_{Reduktion\ (x+1)} - Kosten_{Reduktion\ (x)}).$$

Bei Modellrechnungen werden die marginalen Kosten als Schattenpreise der Emissionsrestriktion ausgewiesen, die sich im Rahmen der Modellannahmen als Steuern interpretieren lassen, mit der jede emittierte Einheit belastet wird. In der Modell-Lösung (im Optimum) werden diese marginalen Kosten praktisch durch die teuerste Minderungsoption determiniert, die gerade noch einbezogen wird, um das Minderungsziel zu erreichen. Die marginalen Kosten sind daher in der Regel wesentlich höher als die durchschnittlichen Vermeidungskosten.

Diese Hinweise machen deutlich, dass Angaben zu den Kosten des Klimaschutzes in DM pro Jahr oder DM je t CO_2 jeweils nur mit Vorsicht unter Berücksichtigung der angewandten Berechnungsmethoden interpretiert werden können. Besonders wichtig ist, dass nicht Angaben verglichen werden, die sich auf unterschiedliche Kostenbegriffe beziehen wie durchschnittliche und marginale Kosten. Eine Gefahr für solche Fehler ergibt sich z. B. allein schon daraus, dass bei dynamischen Modellen häufiger marginale und bei statischen Modellen häufiger durchschnittliche Kosten angegeben werden.

In Tabelle 4.3-1 sind die Kostenergebnisse einiger Rechnungen mit dem IKARUS-Modell dargestellt.

Tabelle 4.3-1: Kosten der Vermeidung energiebedingter CO_2-Emissionen in Deutschland: Durchschnittskosten bei einer Reduktion um 25 % von 1990 bis 2005 (IKARUS-Modell-Ergebnisse)

Untersuchung	Besondere Annahmen	Niedrige Nachfrage	Hohe Nachfrage
		DM/t CO_2	
Nur ABL[1)]	Reduktion um 25 % in ABL	90	
Politikszenarien[2)]		70	
Regenerativ[2)]	erhöhter Anteil (5 %) regenerativer Energie	200	
Standard		65	115
Nuklear-Abbau	Abbau der Kernenergie um 10 GW		155
Nuklear-Zubau	Zubau der Kernenergie um 5 GW		90
Verkehr	Stabilisierung der Emissionen im Verkehr	100	225
Andere THG	Reduzierung der CO_2-Äquivalente	55	100

[1)] alte Bundesländer   [2)] ohne zusätzliche Minderung in den neuen Bundesländern

Quelle: STE 1998

Im Standardfall liegen die durchschnittlichen Kosten einer Reduktion der CO_2-Emissionen in Deutschland um 25 % im Jahr 2005 gegenüber 1990 bei 65 DM je t CO_2. Hierbei ist zu berücksichtigen, dass die Emissionen in den neuen Ländern ohnehin weitaus geringer sein werden als im Ausgangsjahr. Eine 25 %ige Reduktion allein in den alten Bundesländern würde nach den Modellrechnungen zu höheren Kosten (von 90 DM je t CO_2) führen. Im Vergleich zum Standardfall ergeben sich höhere Kosten, wenn ein höherer Anteil erneuerbarer Energien, eine geringe Nutzung von Kernenergie, eine zusätzliche Emissionsrestriktion speziell für den Verkehrsbereich oder eine insgesamt höhere Nachfrage nach Energiedienstleistungen vorgegeben werden. Geringere Kosten erhält man, wenn das Reduktionsziel unter Berücksichtigung anderer Treibhausgase auf CO_2-Äquivalente bezogen wird.

Die marginalen Vermeidungskosten sind jeweils deutlich höher als die durchschnittlichen Kosten. Bei einer Reduktion der CO_2-Emissionen um 15 bis 20 % in den alten Bundesländern (2005 gegenüber 1990) liegen die Kosten der letzten vermiedenen Tonne CO_2 nach Rechnungen mit dem IKARUS-Modell zwischen 100 und 310 DM (Ziesing u. a. 1997).[25]

---

[25] Gemäß den Rechnungen mit dem IKARUS-Modell sinken die CO_2-Emissionen im Referenzszenario in den alten Ländern um 6,3 %, in den neuen Ländern um 43 % und somit in Deutschland insgesamt um 16,8 %. Im Reduktionsszenario müssen die Emissionen in den alten Bundesländern um 17,8 % sinken, damit (bei unveränderten Emissionen in den neuen Bundesländern) in Deutschland insgesamt eine Verminderung um 25 % erreicht wird (Ziesing u. a. 1997, S. 329).

4.3.5 Vergleich mit ähnlichen Optimierungsmodellen

Für Energiesystemanalysen sind neben dem IKARUS-Modell weitere größere energietechnische Optimierungsmodelle entwickelt worden, die einen ähnlichen Ansatz verfolgen. International weit verbreitete Modellfamilien sind

- MARKAL (Market Allocation), ein Modell, das ursprünglich gemeinsam von Brookhaven National Laboratory (BNL) und Forschungszentrum Jülich (KFA) im Auftrag der Internationalen Energieagentur (OECD/IEA) entwickelt wurde und gegenwärtig vor allem im Rahmen von OECD/IEA-ETSAP (Energy Technology Systems Analysis Programme) weiterentwickelt wird, und

- EFOM (Energy Flow Optimization Model), das im Auftrag der Europäischen Kommission entwickelt wurde und gegenwärtig in unterschiedlichen Versionen in mehreren europäischen Ländern verwendet wird.

Diese miteinander verwandten Ansätze unterscheiden sich in der modelltechnischen Abbildung des Energiesystems (bei MARKAL ausgehend von Techniken, bei EFOM ausgehend von Energieflüssen); sie folgen aber ansonsten einer einheitlichen Modellphilosophie, so dass gleiche Modellvorgaben grundsätzlich zu gleichen Aussagen führen würden. Die verwendeten Modellversionen beziehen sich auf unterschiedliche zeitliche und regionale Abgrenzungen und bilden das jeweilige Energiesystem mit unterschiedlichem Differenzierungsgrad ab. Im Rahmen von ETSAP wird zur Zeit an einer Integration dieser beiden Modelltypen gearbeitet (TIMES, The Integrated MARKAL/EFOM System).

Das MARKAL-Modell wird in Deutschland vom Forschungszentrum Jülich eingesetzt. Für die Untersuchung von neuartigen Energiesystemen wurde in den achtziger Jahren – ebenfalls in Jülich – das spezielle Modell MARNES (Market Allocation Including Novel Energy Systems) entwickelt, das allerdings weniger differenziert ist als das IKARUS-Modell (vgl. Walbeck u. a. 1988). Das MARKAL-Modell wird gegenwärtig auch mit Daten des IKARUS-Projektes betrieben. Kraft und Kleemann (1998) haben eine solche Version, die MARKAL-IKADAT (MARKAL Model Using IKARUS Data Base) genannt wird, insbesondere für die energiesystemanalytische Bewertung von Brennstoffzellen verwendet.

Modellrechnungen auf der Basis von EFOM bzw. EFOM-ENV sind u. a. vom Institut für Industriebetriebslehre und Industrielle Produktion an der Universität Karlsruhe (IIP) und vom Institut für Energiewirtschaft und Rationelle Energieanwendung an der Universität Stuttgart (IER) durchgeführt worden. Auch hierbei sind zum Teil Daten des IKARUS-Projektes verwendet worden (vgl. Schaumann 1994). Zur Zeit wird vom IER das regionalisierte Modell E^3Net eingesetzt (vgl. Fahl u. a. 1995, Fahl u. a. 1996). Das gemischt ganzzahlige Modell PERSEUS (Program Package for Emission Reduction Strategies in Energy Use and Supply) vom IIP ist ebenfalls eine methodische Weiterentwicklung des EFOM-ENV-Modells.

Die genannten Modelle unterscheiden sich vom IKARUS-Modell insbesondere dadurch, dass es sich um dynamische Modelle handelt, die das Energiesystem zugleich für eine Abfolge mehrerer Perioden optimieren. Auf diese Weise kann die zeitliche Dimension des Optimierungsproblems – insbesondere die Entwicklung der Anlagenbestände – explizit einbezogen werden. Das Optimierungsziel besteht hierbei in der Minimierung der Barwertsumme der Kosten über den gesamten Betrachtungszeitraum. Beschränkungen für die Emissionen können entweder für einzelne Analysejahre oder als Summe für den gesamten Betrachtungszeitraum vorgegeben werden.

Bei Vergleichen von Ergebnissen statischer und dynamischer Modelle sind folgende Besonderheiten der Kostenberechnung mit Hilfe von dynamischen Modellen zu beachten:

- Die gesamten Systemkosten bzw. die Zusatzkosten gegenüber der Referenzentwicklung werden hier als (abdiskontierte) Barwertsumme über den Analysezeitraum ermittelt. Solche Angaben (in der Größenordnung zwei- bis dreistelliger Milliardenbeträge) sind nicht unmittelbar mit Ergebnissen statischer Modelle vergleichbar. Erforderlich ist, dass diese Angaben in geeigneter Weise auf Jahresbeträge umgerechnet werden (in DM pro Jahr).

- Während die durchschnittlichen Zusatzkosten in statischen Modellen einfach durch den Bezug auf die Emissionsverminderung im Analysejahr berechnet werden kann, ist bei dynamischen Modellen in der Regel ein Emissionspfad zu bewerten. Einen vergleichbaren Wert für durchschnittliche Vermeidungskosten erhält man, wenn die Barwertsumme der Zusatzkosten auf die abdiskontierte Summe aller Emissionen, die im Analysezeitraum gegenüber der Referenzentwicklung vermieden werden, bezogen wird. Alternativ können die jährlichen Zusatzkosten auf (finanzmathematisch) gemittelte, jährliche Emissionsminderungen umgerechnet werden.

- Die marginalen Vermeidungskosten sind im Prinzip unmittelbar vergleichbar. Hierbei ist allerdings zu beachten, wie die Restriktion der Emissionen im dynamischen Modell spezifiziert ist (zeitliche Verteilung der Minderungsziele oder zeitintegrale Zielformulierung).

Die Berechnungen, die von Kraft und Kleemann (1998) mit MARKAL-IKADAT im Rahmen der Bewertung von Brennstoffzellen durchgeführt worden sind, führen bei den durchschnittlichen Vermeidungskosten mit 60 bis 80 DM je t CO_2 zur gleichen Größenordnung wie Standardrechnungen mit dem IKARUS-Modell.

Mit dem Modell E^3Net sind am IER für eine Reduktion der CO_2-Emissionen gegenüber 1990 um 25 % bis zum Jahr 2005 und um 50 % bis 2020 die folgenden marginalen Vermeidungskosten in DM je t CO_2 ermittelt worden (Fahl u. a. 1995, Fahl u. a. 1996):

Szenarien	2005	2020
K1 (Kohleschutz, konstante Kernenergie)	54	1.110
K2 (Kohleschutz, auslaufende Kernenergie)	390	2.280
K3 (keine politische Vorgaben)	5	140

Bei einem Vergleich dieser Werte mit Ergebnissen des IKARUS-Modells fällt auf, dass die Kosten für das Jahr 2005 im Szenario K1 hier deutlich niedriger sind. Die marginalen Kosten sind hier mit 54 DM je t CO_2 sogar niedriger als die mit dem IKARUS-Modell ermittelten Durchschnittskosten.

Für das Szenario K1 wird ein gesamter (kumulierter) Kostenbetrag von 260 Mrd. DM (Geldwert 1990) angegeben; pro Jahr wären dies 15 Mrd. DM. Diese Beträge sind allerdings die Mehrkosten gegenüber einer "no regret"-Entwicklung. Im Vergleich zur Referenzentwicklung liegen die gesamten Kosten hingegen aufgrund verminderter Vorgaben für den Einsatz von Kohlen nur um knapp 3 Mrd. DM pro Jahr höher.[26] Im Vergleich von Szenario K1 zum Referenzszenario betragen die durchschnittlichen Vermeidungskosten dementsprechend lediglich 8 DM pro t CO_2. Diese verringerten Kosten können im Sinne der Abbildung 4.2-2 als Kosten unter Berücksichtigung des (teilweisen) Abbaus von Hemmnissen interpretiert werden.

Solche Vergleiche zeigen, dass Angaben zu den Vermeidungskosten auf Basis von Optimierungsmodellen insgesamt betrachtet in großen Bandbreiten liegen. Sofern beträchtliche Differenzen auftreten, dürfte dies (abgesehen von der Frage der Berücksichtigung ineffizienter Referenzszenarien) vor allem auf unterschiedlich differenzierte Analysen und auf abweichende Annahmen über künftige (technische und wirtschaftliche) Entwicklungen zurückzuführen sein.

4.4 Bedeutung von Unsicherheiten

Wie die exemplarische Darstellung des IKARUS-Modells und der Vergleich mit anderen Optimierungsmodellen gezeigt haben, werden die Modellergebnisse wesentlich von der Modellart und der Modellspezifikation geprägt. Entscheidend sind letztlich vor allem die Daten und Annahmen, die den Modellen vorgegeben werden. Hinsichtlich der Aussagefähigkeit der Modellergebnisse und den verbleibenden Unsicherheiten ist hierbei zum einen nach der Belastbarkeit der verwendeten Daten über Techniken, deren Kosten und Potentiale zu fragen und zum anderen danach,

---

[26] Im Szenario K1 wird ein geringerer Mindesteinsatz von Kohlen vorgegeben als im Referenzszenario. Eine Sensitivitätsrechnung für das Szenario K1 mit vorgegebenen Kohlenmengen wie im Referenzszenario führt im Vergleich zum Referenzszenario zu Kosten von 316 Mrd. DM oder 18,2 Mrd. DM pro Jahr.

welche Ungewissheiten mit den Rahmendaten verbunden sind, die der Formulierung von Referenz- und Reduktionsszenarien zugrunde liegen.

In Deutschland sind in den vergangenen Jahren verstärkt Anstrengungen unternommen worden, um die Datenbasis für Analysen von Strategien zum Klimaschutz zu verbessern. Einen Meilenstein stellte hierbei das Studienprogramm der Enquête-Kommission "Vorsorge zum Schutz der Erdatmosphäre" des 11. Deutschen Bundestages dar, in dem zahlreiche Experten vor allem Informationen über unterschiedliche technische Optionen zusammengetragen haben. Im Anschluss hieran ist insbesondere im IKARUS-Projekt des BMBF eine systematische Datenbasis über mögliche Technikanwendungen entstanden, die für die Vermeidung von Treibhausgasen relevant sind. Im Rahmen dieses Projektes sind rund 50 Einrichtungen an der Bereitstellung der Daten beteiligt gewesen. Für die Inhalte der im Fachinformationszentrum Karlsruhe entwickelten und verwalteten Datenbank sind sechs Institute verantwortlich, die ihre Dateninputs regelmäßig abstimmen. Die Daten des IKARUS-Projektes waren auch eine Grundlage für die Arbeiten der Enquête-Kommission "Schutz der Erdatmosphäre" des 12. Deutschen Bundestages (vgl. insbesondere Schaumann 1994) sowie für die Berichte der interministeriellen Arbeitsgruppe (IMA) CO_2 und die Nationalberichte der Bundesregierung für die Klimarahmenkonvention (vgl. insbesondere Ziesing u. a. 1997).

Im Zusammenhang mit dem IKARUS-Projekt ist in Deutschland eine – auch im internationalen Vergleich anspruchsvolle – Datengrundlage geschaffen worden, die laufend überprüft und aktualisiert wird. Dennoch ist die Datengüte nicht in allen Bereichen voll befriedigend. Einschränkungen ergeben sich zum einen dadurch, dass die vorliegenden statistischen Angaben in Teilbereichen unvollständig sind, und zum anderen aus dem grundsätzlichen Problem, dass Aussagen über künftige Entwicklungen stets mit Unsicherheiten behaftet sind.

Allein bei der Beschreibung der Ausgangssituation treten u. a. die folgenden Datenprobleme auf:

- statistische Probleme im Zusammenhang mit der deutschen Vereinigung,
- Umstellungen in der Systematik der amtlichen Statistik,
- Datenprobleme bei der Erstellung der Energiebilanzen,
- unvollständige statistische Angaben zum Endenergieverbrauch und seinen Leitgrößen, insbesondere im Sektor Gewerbe, Handel, Dienstleistungen (Kleinverbraucher),
- Probleme bei der Abbildung repräsentativer Technologien,
- fehlende bzw. unsichere Kostenangaben für Einspartechniken z. B. in Bereichen der Industrie und
- zum Teil unvollständige oder unsichere Angaben zu spezifischen Emissionen von Treibhausgasen.

Solche Probleme der statistischen Datenbasis schränken die Belastbarkeit der Analysen generell ein. Es ist allerdings kaum möglich abzuschätzen, in welche Richtung und in welchem Maße allein hierdurch die Ergebnisse von Modellrechnungen verzerrt werden.

Da sich die klimastrategischen Analysen auf die Zukunft beziehen, stehen die Analyseergebnisse insbesondere unter dem Vorbehalt, dass die techno-ökonomischen Entwicklungen bei den relevanten Techniken zutreffend eingeschätzt werden. Mit Unsicherheiten behaftete, bedingte Vorhersagen betreffen hierbei

- die technische Effizienz und die Lebensdauer der Anlagen (insbesondere bei Großanlagen),
- dynamische Kostenaspekte, insbesondere Lerneffekte bei neuen Produkten und Verfahren sowie
- technische Potentiale und realistische Geschwindigkeiten der Marktpenetration.

Besonders schwierig sind dynamische Kostenaspekte zu bewerten. In vielen Fällen kann davon ausgegangen werden, dass Prozesse zur Energieumwandlung oder -anwendung im Laufe der Zeit durch technischen Fortschritt verbessert werden und geringere Energiekosten ermöglichen. Hinzu kommt, dass die Kosten insbesondere bei neueren Techniken auch davon abhängen, in welchem Umfang sie hergestellt und genutzt werden. Größenvorteile können dabei je nach Technik zum einen dadurch erreicht werden, dass die Systeme oder einzelne Komponenten künftig in größeren Serien hergestellt werden; so könnte z. B. bei der Photovoltaik allein durch eine ausreichend große Serienfertigung etwa eine Halbierung der Kosten erreicht werden. Zum anderen sind bei einigen Techniken weitere Kostensenkungen möglich, wenn die Anlagengrößen erhöht werden (z. B. bei Speichern). Neben diesen Effekten, die sich vornehmlich auf die Investitionskosten auswirken, sind weitere Lerneffekte bei der Anwendung zu beachten, die z. B. zu geringeren Standzeiten, zu geringeren Wartungskosten und zu einer längeren Lebensdauer führen.

Angesichts solcher dynamischer Kosteneffekte ist in Zukunftsanalysen grundsätzlich die wechselseitige Abhängigkeit von Kostenhöhe und Ausmaß der Technikanwendung zu beachten. Ein möglicher Teufelskreis besteht darin, dass aufgrund hoher anfänglicher Kosten keine ausreichende Technikverbreitung erreicht wird, welche aber wiederum eine wichtige Voraussetzung dafür wäre, dass Kostendegressionen realisiert werden können.

In den bisher benutzten linearen Optimierungsmodellen werden solche Interdependenzen zwischen Mengen und Kosten (sinkende Grenzkosten) bisher noch nicht explizit erfasst (Ansätze hierzu werden zur Zeit im Rahmen von ETSAP diskutiert), so dass Rückkopplungen "per Hand" vorgenommen werden müssten. Es sind drei Fälle zu unterscheiden: (1) Wenn bei den exogenen Vorgaben Kostendegressionen eingerechnet werden und die Techniken in entsprechendem Umfang in Lösung gehen (d. h. zum optimalen Technikmix gehören), dann können die Kostenansätze insoweit angemessen sein. (2) Wenn Techniken trotz Anrechnung von Kostendegressionseffekten nicht oder nur in geringem Umfang in Lösung gehen, dann ergibt sich zwar eine Inkonsistenz zwischen Datenvorgaben und Modellergebnis; die gesamten Systemkosten dürften in diesem Fall aber dennoch unverzerrt bleiben. (3) Wenn hingegen Kostendegressionseffekte bei den Vorgaben spezifischer Kosten gar nicht berücksichtigt werden, dann können die Modellergebnisse dahingehend verzerrt werden, dass die künftigen Kosten der Vermeidung von Emissionen deutlich überschätzt werden.

Wesentliche Unsicherheiten sind auch mit der Quantifizierung der Rahmendaten von längerfristigen Zukunftsszenarien verbunden. Prognosen der Weltenergiemärkte, der Bevölkerung, des Wirtschaftswachstums und der Wirtschaftsstruktur müssen immer wieder revidiert werden. Diese Unsicherheiten können dazu führen, dass die Kosten der Emissionsvermeidung unter- oder überschätzt werden. Eine systematische Überschätzung der Vermeidungskosten resultiert in den folgenden Fällen:

- Wenn zu geringe (Welt-) Energiepreise unterstellt werden, resultieren im Referenzszenario zu hohe Energieverbräuche und Emissionen und dementsprechend hohe Vermeidungskosten im Reduktionsszenario.
- Wenn die Zunahme der Bevölkerung im Betrachtungszeitraum überschätzt wird, dann werden im Vergleich zum Basisjahr zu große Reduktionsmengen und somit zu hohe Kosten ermittelt.
- Wenn das gesamtwirtschaftliche Wachstum zu optimistisch eingeschätzt wird, werden ebenfalls die Kosten zur Erreichung eines Reduktionszieles, das sich an den Emissionen eines Basisjahres orientiert, überschätzt.
- Zu hohe Kosten werden auch dann ermittelt, wenn bei der Projektion der Wirtschaftsstruktur etwa der Rückgang des Anteils energieintensiver Produktionen unterschätzt wird.
- Hohe Kostenschätzungen können außerdem auf restriktiven Annahmen über künftige politische Vorgaben (z. B. hinsichtlich der Kohlengewinnung) beruhen.

Insgesamt betrachtet schlagen sich alle Unsicherheiten, mit denen die unterschiedlichen Daten behaftet sind, in Unsicherheiten über die "beste" künftige Energiestruktur und die Kosten eines verstärkten Klimaschutzes nieder. Mit Hilfe der Modelle lassen sich diese Unsicherheiten aber kaum vermindern. Mit neueren Modellansätzen wird versucht, dem Phänomen der Unsicherheit besser Rechnung zu tragen. Mit den herkömmlichen Ansätzen sollte zumindest versucht werden, den Einfluss wichtiger ungewisser Parameter durch systematische Sensitivitätsrechnungen besser sichtbar zu machen.

4.5 Ursachen von Abweichungen der Ergebnisse unterschiedlicher Studien

Mit den am Beispiel des IKARUS-Modells erläuterten Determinanten der Modellergebnisse und den unterschiedlichen Gründen von Unsicherheiten, welche die Aussagefähigkeit von Modellrechnungen einschränken, sind bereits zugleich mögliche Ursachen von Abweichungen der Ergebnisse unterschiedlicher Studien angesprochen. Insgesamt betrachtet können voneinander abweichende Ergebnisse auf folgenden Faktoren beruhen:

- unterschiedliche Ebenen der Analyse (einzelwirtschaftlich, gesamtenergiewirtschaftlich, gesamtwirtschaftlich) und entsprechend voneinander abweichende Systemgrenzen und Kostenbegriffe,
- unterschiedliche Modellansätze mit jeweils spezifischen Fragestellungen und Methoden,
- unterschiedlicher Grad der technologischen Fundierung,
- unterschiedliche Daten, insbesondere zu technischen Parametern und spezifischen Kosten sowie
- unterschiedliche Rahmenannahmen zur künftigen Entwicklung von Gesellschaft, Wirtschaft, Technik.

Modellergebnisse lassen sich letztlich nur richtig interpretieren und vergleichen, wenn die Modellstrukturen und Datengrundlagen bekannt sind. Untereinander vergleichbar sind grundsätzlich nur Ergebnisse, die mit ähnlichen Modellen abgeleitet worden sind. Im Hinblick auf die Erklärung von unterschiedlich hohen Vermeidungskosten sind z. B. folgende Fragen zu beachten:

- Ist die Anpassungsflexibilität im jeweiligen Modell gut genug abgebildet? Wenn z. B. die Möglichkeiten der Emissionsverminderung im Verkehrsbereich oder im Haushaltsbereich unzureichend abgebildet werden, dann steigen insgesamt die ermittelten Kosten mit zunehmendem Reduktionsziel zu steil an.
- Andererseits kann z. B. die Flexibilität der Infrastruktur im Verkehrsbereich überschätzt werden, wenn hierzu keine geeignete Datenbasis vorliegt.
- Fehlt es hinsichtlich Einsparmöglichkeiten z. B. in der Industrie bei längerfristiger Betrachtung an nötiger Phantasie? Sind die Einsparmöglichkeiten zwischen den Sektoren ausreichend ausgewogen beschrieben?
- Können die Möglichkeiten im Bereich Kleinverbraucher vor dem Hintergrund der schlechten Daten über die Ausgangslage hinreichend abgebildet werden?

Im Rahmen des Forums für Energiemodelle und Energiewirtschaftliche Systemanalysen (FEES) werden zur Zeit abgestimmte Modellrechnungen durchgeführt, die näheren Aufschluss über die Gründe für voneinander abweichende Modellergebnisse liefern sollen. Als energiesystemanalytische Optimierungsmodelle werden dabei Ergebnisse der Modelle IKARUS (STE Jülich), E³Net (IER Stuttgart) und PERSEUS (Universität Karlsruhe) verglichen. Daneben werden allgemeine Gleichgewichtsmodelle (LEAN, GEM-E3, NEW AGE) und andere sektoral disaggregierte Modelle (Panta Rhei, MIS) einbezogen, denen mit gesamtwirtschaftlichen Aspekten grundsätzlich andere Fragestellungen und Systemgrenzen zugrunde liegen.

Im Vergleich von optimierenden Energiesystemanalysen und anderen techno-ökonomischen Studien des künftigen Energiesystems wie die von RWI/Ifo (1996) und Altner (1995) sind folgende systematische Abweichungen zu beachten:

- Optimierungsmodelle wie IKARUS beruhen auf dem Prinzip der Kostenminimierung; dies führt insoweit eher zu niedrigen Kosten (mit den oben gemachten Einschränkungen).
- In der Studie von RWI und Ifo (1996) werden dagegen die Minderungsoptionen exogen vorgegeben. Da im zielorientierten Szenario ein hoher Einsparbeitrag allein durch Wärmedämmung in kurzer Zeit angenommen wird, resultieren insgesamt hohe Vermeidungskosten.
- Die von DLR (Altner 1995) betrachteten Szenarien sind bewusst nicht aus Optimierungsergebnissen abgeleitet. Aufgrund langfristiger Überlegungen wird eine Präferenz für emissionsfreie Techniken vorausgesetzt. Hier führt ein hoher Anteil regenerativer Energien (einschließlich Photovoltaik) unmittelbar zu höheren Kosten.

In techno-ökonomischen Energiesystemanalysen werden die Auswirkungen von Änderungen im Energiebereich auf Gesamtwirtschaft und Sektorstruktur sowie deren Rückwirkungen auf das Energiesystem nicht erfasst. Es handelt sich insofern aus gesamtwirtschaftlicher Sicht um Partialanalysen. Bei der Verbindung solcher Modelle mit gesamtwirtschaftlichen Analysen sind lockere und feste Modellkopplungen zu unterscheiden (soft und hard link). Beispiele für lockere Kopplungen sind die für die Enquête-Kommission "Schutz der Erdatmosphäre" des 12. Deutschen Bundestages (im Studienkomplex C) durchgeführten Analysen mit EFOM-ENV (IER) und volkswirtschaftlichen Modellen des DIW (vgl. Diekmann 1997) sowie die volkswirtschaftliche Einbettung der Optimierungsrechnungen im IKARUS-Projekt mit Hilfe des MIS-Modells (vgl. Markewitz u. a. 1998). Dagegen wird mit Ansätzen wie MARKAL-Macro oder E³Net-Makro eine feste Kopplung (hard link) von Bottom-up- und Top-down-Modellen verfolgt. Die gesamtwirtschaftliche Ebene wird dabei durch ein einsektorales Wachstumsmodell beschrieben, das im wesentlichen eine neoklassische Produktionsfunktion enthält (vgl. Böhringer 1998). Solche gekoppelten Ansätze unterscheiden sich grundlegend von volkswirtschaftlichen Modellen, die nicht unmittelbar technisch fundiert sind und vorrangig die gesamtwirtschaftlichen Effekte zu erfassen versuchen (vgl. Kapitel 5).

4.6 Fazit zur Bewertung von Energiesparmaßnahmen in Energiesystemanalysen

Ziele von Kosten-Wirksamkeits-Analysen mit Energiesystemmodellen

Energiesystemmodelle streben eine detaillierte Abbildung des Energiesystems von der Energiegewinnung bzw. dem Import von Energieträgern, über Umwandlung und Transport bis zu Endenergieverbrauch der Haushalte und Unternehmen sowie des Verkehrsbereichs an. Mit ihrer Hilfe können Aussagen über technische und wirtschaftliche Möglichkeiten zur Reduktion energiebedingter Emissionen von Treibhausgasen gewonnen werden. Im Unterschied zu einzelwirtschaftlichen Ansätzen werden hierbei die möglichen Maßnahmen aus gesamtwirtschaftlicher Perspektive bewertet. Dies bedeutet, dass die Marktpreise zu korrigieren sind, sofern sie nicht die gesamtwirtschaftlichen Kosten widerspiegeln. Ferner können die Wechselwirkungen im Energiesystem (z. B. zwischen Energienutzung, -verteilung und -wandlung) berücksichtigt werden. Auf diese Weise können verschiedene technische Optionen in unterschiedlichen Sektoren und Subsektoren verglichen bzw. ihr Zusammenwirken untersucht werden. Während der Energiebereich hierbei möglichst vollständig abgebildet wird, werden andere volkswirtschaftliche Rückwirkungen (z. B. auf den Arbeitsmarkt, die Nachfrage nach Investitionsgütern oder Bauleistungen) vernachlässigt. In diesem Sinne handelt es sich um gesamt**energie**wirtschaftliche Analysen.

Unter methodischen Aspekten sind bei Energiesystemanalysen die Ansätze der Simulation und der Optimierung zu unterscheiden. Im Rahmen von Simulationsmodellen wird versucht, das wahrscheinliche Verhalten der modellierten Akteure unter verschiedenen Rahmenbedingungen möglichst realitätsnah abzubilden. Damit können die Auswirkungen von vorgegebenen Maßnahmenkombinationen ermittelt werden. Dagegen wird mit Optimierungsmodellen versucht, eine für eine vorgegebene Zielsetzung beste Kombination von Maßnahmen zu finden, die die gesamten Kosten des Energiesystems unter Einhaltung von vorgegebenen Höchstgrenzen für die Gesamtemissionen minimiert. Im Vordergrund steht somit die Frage, welche (technischen) Optionen im Sinne einer Kosten-Wirksamkeits-Analyse "kosteneffizient" sind. Das Ziel solcher Analysen besteht also in der Bestimmung einer Rangfolge unter den technischen Maßnahmen nach dem Kriterium der Wirtschaftlichkeit und unter den vorgegebenen Randbedingungen sowie in der Ermittlung der Zusatzkosten oder Kosteneinsparungen durch Klimaschutz. Eine gesamtwirtschaftliche Beurteilung von klimaschutzpolitischen Reduktionszielen ist auf dieser Basis nicht möglich, da keine vollständige Kosten-Nutzen-Analyse durchgeführt wird.

Modelle sind in der Regel nicht gleichermaßen für die Durchführung von Optimierungsanalysen und Simulationsrechnungen geeignet. In der Realität wird auf den Märkten kein Optimum erreicht, z. B. weil die Marktteilnehmer nur über unvollständige Informationen verfügen, kein vollkommener Wettbewerb herrscht oder institutionelle Hemmnisse dies verhindern. Die Ergebnisse von Optimierungs- und Simulationsmodellen werden deshalb systematisch voneinander abweichen. In den folgenden Ausführungen werden ausschließlich Optimierungsmodelle betrachtet, da diese speziell für die Analyse der Kosten der Energieversorgung unter Berücksichtigung politischer Restriktionen wie des Klimaschutzes konstruiert wurden.

Kostenanalysen in energietechnischen Optimierungsmodellen

Größere energietechnische Optimierungsmodelle beruhen im allgemeinen auf Methoden der linearen Programmierung. Verbreitete Modellfamilien sind MARKAL (Market Allocation, Weiterentwicklung gegenwärtig vor allem im Rahmen von OECD/IEA-ETSAP) und EFOM (Energy Flow Model, Modell der Europäischen Kommission). Diese miteinander verwandten Ansätze unterscheiden sich in der modelltechnischen Abbildung des Energiesystems; sie folgen aber ansonsten einer einheitlichen Modellphilosophie, so dass gleiche Modellvorgaben grundsätzlich zu gleichen Aussagen führen. Die verwendeten Modellversionen beziehen sich auf unterschiedliche zeitliche und regionale Abgrenzungen und bilden das jeweilige Energiesystem mit unterschiedlichem Differenzierungsgrad und unterschiedlichen Qualitäten der verwendeten Daten ab. In Deutschland ist im Rahmen des IKARUS-Projektes (Instrumente für Klimagas-Reduktionsstrategien) ein umfangreiches Optimierungsmodell des nationalen Energiesystems entwickelt worden. Es ist methodisch dem MARKAL-Ansatz sehr ähnlich. Zugunsten einer differenziertere Technologiestruktur und zur Beschränkung der Modellgröße wurde allerdings auf eine dynamische Modellformulierung, bei der gleichzeitig für mehrere Analysejahre Berechnungen durchgeführt werden, verzichtet.

Wesentliche Elemente von solchen Modellen sind Beschreibungen von repräsentativen Techniken der Energiegewinnung, -umwandlung, -verteilung und -verwendung. Diese Techniken werden charakterisiert durch den Einsatz und Ausstoß von Energie (bzw. Nutzenergie), durch die (direkten) Emissionen und durch die jeweiligen Kosten. Mit der Verknüpfung der Energieströme zwischen den Techniken wird ein vernetzter Energiefluss abgebildet, der das betreffende Energiesystem eines Landes oder einer Region vereinfachend, aber vollständig widerspiegelt. Die Kosten einer jeden Technik umfassen Investitionen, die finanzmathematisch mit Hilfe eines vorgegebenen Zinssatzes auf die Lebensdauer umgerechnet werden, und laufende (feste und variable) Betriebskosten (ohne Energiekosten). Die Energiekosten werden implizit durch die Bilanzierung der Energieströme im Umwandlungssektor und bei den Energieimporten erfasst.

Die hierbei veranschlagten Kosten können aus mehreren Gründen von den Kosten abweichen, die einzelwirtschaftliche Investoren ihren Entscheidungen zugrunde legen. Hierzu zählt die Behandlung von Steuern und Subventionen, die in Energiesystemen nicht berücksichtigt sind, da sie aus gesamtwirtschaftlicher Perspektive keinen Ressourcenverzehr und somit keine Kosten sondern nur eine Umverteilung von Finanzmitteln darstellen. Außerdem wird im Unterschied zur einzelwirtschaftlichen Ebene mit einem einheitlichen Kalkulationszinssatz gerechnet, der meist in der Höhe der Realverzinsung langfristiger öffentlicher Anleihen – und damit niedriger als im einzelwirtschaftlichen Kalkül – liegt.

Ein grundlegender Unterschied zu einzelwirtschaftlichen Rechnungen besteht darin, dass nicht isoliert über Teile des Energiesystems auf der Basis von Marktpreisen entschieden wird, sondern dass eine simultane Optimierung des Gesamtsystems erfolgt. Dies ermöglicht, energietechnische Interdependenzen systematisch zu erfassen. Durch die Gesamtsystembetrachtung können technische Optionen der Emissionsminderung zugleich auf Seiten der Energieumwandlung und auf Seiten der Energieeffizienz in den Endenergiesektoren konsistent berücksichtigt werden. Außerdem werden Probleme der Kostenzurechnung bei Kuppelprodukten, z. B. bei Kraft-Wärme-Kopplung oder Raffinerien, grundsätzlich vermieden.

Datengrundlagen von Szenarien

Zur Beurteilung von Strategien zur Reduktion von Treibhausgasen müssen jeweils zwei Szenarien quantitativ beschrieben und verglichen werden: ein Referenzszenario und ein Reduktionsszenario. Beide Szenarien gehen vom gleichen Datensatz aus, der dem Modell vorzugeben ist und von dem letztlich die Modellergebnisse abhängen. Im Reduktionsszenario wird zusätzlich ein Reduktionsziel formuliert, z. B. Beschränkung der Kohlendioxid-Emissionen in Deutschland im Jahr 2005 auf 750 Mio. t. Die Daten umfassen für die betrachteten Analysejahre insbesondere:

- die Nachfrage nach Energiedienstleistungen (z. B. zu beheizende Wohnfläche, Stahlerzeugung, Verkehrsleistungen) in Abhängigkeit von der Entwicklung der Bevölkerung, der Gesamtwirtschaft und der Wirtschaftsstruktur,
- die Preise für Energieimporte,
- technische Effizienz, spezifische Emissionen und spezifische Kosten aller zulässigen Techniken,
- Anwendungspotentiale der Techniken und
- weitere energiewirtschaftliche Vorgaben (z. B. zur inländischen Kohlengewinnung).

Im Referenzszenario wird ohne Vorgaben für die Höhe der CO_2-Emissionen die kostenminimale Kombination von Energiewandlungs- und -anwendungstechniken zur Deckung der vorgegebenen Nachfrage an Energiedienstleistungen ermittelt. Hierbei ist zu beachten, dass die Ergebnisse eines so definierten Referenzszenarios systematisch von Prognosen der energiewirtschaftlichen Entwicklung nach unten abweichen. Ein Hauptgrund hierfür liegt darin, dass Investoren und Verbraucher in der Realität wegen institutioneller und rechtlicher Gegebenheiten keine kostenminimalen Lösungen realisieren können. Dies wird im Modell ebenso wenig berücksichtigt wie die Tatsache, dass reale Entscheidungen durch eingeschränkte Information geprägt sind und nicht allein auf Zweckrationalität beruhen. Reale, unvollkommene Märkte führen nicht zu der im Modell beinhalteten optimalen Abstimmung einzelwirtschaftlicher Pläne. Außerdem gelten für die einzelwirtschaftlichen Entscheidungssituationen zum Teil andere Rahmendaten als im Modell, insbesondere hinsichtlich Steuern und Subventionen. Insgesamt betrachtet sind Energieverbrauch und Emissionen in kostenminimierenden Referenzszenarien in der Regel deutlich niedriger, als sie nach Status-Quo-Prognosen erwartet werden, insbesondere da sie Hemmnisse vernachlässigen.

Interpretation von Vermeidungskosten und Unsicherheiten

Analysen einer Verminderung von Kohlendioxidemissionen messen die Vermeidungskosten als Kostendifferenz des Energiesystems zwischen Reduktions- und Referenzszenario. Absolute Vermeidungskosten werden in der Regel (als Annuität) in Mrd. DM pro Jahr angegeben. Zum Teil finden sich in der Literatur allerdings auch Angaben, die als über mehrere Jahrzehnte kumulierte Barwerte zu interpretieren sind. Häufig werden Vermeidungskosten auch in DM je Tonne CO_2 angegeben. Hierbei ist es wichtig, **marginale** und **durchschnittliche** Vermeidungskosten zu unterscheiden. Marginale Kosten sind diejenigen Kosten, die für die Vermeidung einer zusätzlichen Emissionseinheit erforderlich sind. Im Modelloptimum geben sie die Grenzkosten der teuersten Minderungsoption an, die gerade noch einbezogen wird, um das CO_2-Reduktionsziel zu erreichen. Diese marginalen Kosten können ein Vielfaches der durchschnittlichen Vermeidungskosten betragen, die als Verhältnis von Kostendifferenz und Emissionsdifferenz zwischen Reduktions- und Referenzszenario berechnet werden.

Auch methodisch anspruchsvolle Modelle können letztlich nur das widerspiegeln, was vorher in Form von Daten eingegeben worden ist. Mängel in der Datenbasis und entsprechende Verzerrungen bei der Abbildung der Realität im Modell können grundsätzlich dazu führen, dass die Kosten der Emissionsvermeidung über- oder unterschätzt werden. Da sich die Analysen im allgemeinen auf die mehr oder minder entfernte Zukunft beziehen, können die hiermit verbundenen Unsicherheiten beträchtlich sein. Zu einer systematischen Überschätzung der Vermeidungskosten kommt es beispielsweise in den folgenden Fällen:

- Wenn die Zunahme der Bevölkerung, das Wirtschaftswachstum oder der künftige Anteil energieintensiver Produktionen überschätzt werden, dann wird im Vergleich zu einem Basisjahr eine zu hohe Reduktionsmenge und somit zu hohe Kosten ermittelt.

- Wenn zu geringe (Welt-) Energiepreise unterstellt werden, resultieren im Referenzszenario zu hohe Energieverbräuche und Emissionen und dementsprechend hohe Vermeidungskosten im Reduktionsszenario.

- Wenn die Kostenschätzungen für neue oder breit eingesetzte Energieeffizienztechniken zu pessimistisch sind, werden die Vermeidungskosten insgesamt überschätzt. Dies kann insbesondere für solche Techniken gelten, deren Kosten bei einer Produktion in größeren Serien sinken könnten (Kostendegressionseffekte, Lerneffekte).
- Wenn die ausschöpfbaren Anwendungspotentiale von kostengünstigen Einspartechniken zu gering eingeschätzt werden, nimmt zwangsläufig der Beitrag teurer Optionen in Modellrechnungen zu, so dass die erforderlichen Vermeidungskosten überschätzt werden.
- Wenn in Teilbereichen eines Modells (z. B. im Verkehr) keine ausreichende Flexibilität in Form von wählbaren Alternativen besteht, dann müssen andere Teilbereiche entsprechend höhere Emissionsminderungen erbringen, was insgesamt wiederum dazu führt, dass zu hohe Kosten ausgewiesen werden.

Hervorzuheben ist, dass die Kosten der Emissionsvermeidung immer dann zu hoch ausgewiesen werden, wenn die technischen und auch organisatorischen Möglichkeiten im Modell unvollständig abgebildet sind. Jede kostengünstige Option, die im Modell fehlt oder nicht ausreichend berücksichtigt ist, führt zu einer systematischen Unterschätzung der wirtschaftlichen Möglichkeiten für Klimaschutz. Eine Tendenz dazu ist grundsätzlich vorhanden, da nicht alle technischen und organisatorischen Innovationen heute bekannt sein können, die erst in den nächsten fünf oder zehn Jahren entdeckt werden.

Hinzu kommt, dass die Energiesystemmodelle im allgemeinen keine Hemmnisse abbilden. Emissionsreduktion muss in diesem Fall in den Modellrechnungen zwangsläufig zu Kostenerhöhungen führen. Würden hingegen die volkswirtschaftlichen Gewinne bei Ausschöpfung der technisch-ökonomischen Energieeffizienzpotentiale ermittelt, könnten die durchschnittlichen Vermeidungskosten deutlich niedriger ausfallen oder gar insgesamt als Gewinne ausgewiesen werden.

Schlussfolgerungen

Energiesystemmodelle sind ein hilfreiches Instrument für die Bewertung von unterschiedlichen Optionen zur Steigerung der Energieeffizienz, vor allem im Hinblick auf die Frage, welchen technischen Handlungsfeldern unter Kostenaspekten Priorität eingeräumt werden sollte. Um ihre Ergebnisse angemessen interpretieren zu können, ist es notwendig, grundlegende Eigenschaften der Modellanalyse zu berücksichtigen:
- Ein wesentlicher Vorteil der Systemanalyse gegenüber einzelwirtschaftlichen Rechnungen besteht darin, dass nicht isoliert über Teile des Energiesystems entschieden wird, sondern dass energietechnische Interdependenzen systematisch erfasst werden. Durch die Gesamtsystembetrachtung können vom Ansatz her

zugleich angebots- und nachfrageseitige Optionen der Emissionsminderung konsistent berücksichtigt werden.

- Im Unterschied zu einzelwirtschaftlichen Kalkülen werden die Marktpreise in Systemanalysen um Steuern und Subventionen korrigiert und es wird mit längeren Lebensdauern und einem niedrigerem Zinssatz gerechnet. Dadurch sollen die volkswirtschaftlichen (Opportunitäts-) Kosten besser erfasst werden.

- Bei Kostenangaben muss der Unterschied zwischen Gesamt-, Durchschnitts- und Grenzkosten sorgfältig beachtet werden. Die Grenzkosten geben an, wie teuer eine Reduktion der Emission um eine weitere Einheit (z. B. Tonne CO_2) ist; sie sind grundsätzlich höher als die Durchschnittskosten.

- Energiesystemmodelle ermitteln die Kosten des Klimaschutzes durch den Vergleich eines Reduktions- mit einem Referenzszenario. Solche Kostenangaben sind nur sinnvoll, wenn gleichzeitig die Voraussetzungen des Referenzszenarios und das Reduktionsziel angegeben werden. Unplausible Szenarien können zu wenig aussagekräftigen Ergebnissen führen.

- Kostenangaben können generell nur im Zusammenhang mit den Annahmen und der Datenbasis, die ihnen zugrunde liegen, richtig interpretiert werden. Dies betrifft insbesondere die Vorgabe der Nachfrage nach Energiedienstleistungen, der Techniken, der Preise und der Diskontrate sowie zusätzlicher Begrenzungen ("bounds"). Unrealistische Annahmen und Mängel in der Datenbasis können grundsätzlich dazu führen, dass die Kosten der Emissionsvermeidung über- oder unterschätzt werden. Da sich die Analysen häufig auf die entfernte Zukunft beziehen, können die hiermit verbundenen Unsicherheiten beträchtlich sein.

- Die Vermeidungskosten unterliegen einer zeitlichen Entwicklung, die von technischem Fortschritt, Lerneffekten und häufig auch Größenvorteilen beeinflusst ist. Diese muss berücksichtigt werden, damit insbesondere innovative Energieeffizienztechniken angemessen im Technologie-Mix vertreten sind. Jede kostengünstige Option, die im Modell fehlt oder nicht ausreichend berücksichtigt ist, führt zu einer systematischen Unterschätzung der wirtschaftlichen Möglichkeiten für Klimaschutz.

- Optimierungsmodelle berechnen für das Referenzszenario die minimalen Kosten der Energieversorgung unter den definierten Rahmenbedingungen. Reduktionsvorgaben müssen deshalb zwangsläufig zu höheren Kosten führen. Kosteneinsparungen sind möglich, wenn bestehende Hemmnisse abgebaut werden oder Klimaschutzmaßnahmen technischen Fortschritt, Lerneffekte oder Größenvorteile auslösen. Dies kann in Optimierungsmodellen jedoch nur durch Veränderung exogener Vorgaben abgebildet werden. Energiesystemmodelle sind daher kaum geeignet, Kosteneinsparungen durch Hemmnisabbau oder dynamische Effekte zu erfassen.

Energiesystemanalysen sind keine Kosten-Nutzen-Analysen. Der Nutzen, der durch die Vermeidung von Umweltbelastungen entsteht, wird nicht erfasst. Insofern dürfen die errechneten Kosten nicht von vornherein als Argument gegen den Klimaschutz gewertet werden.

Literatur zu Kapitel 4

Altner, G. u. a. (1995): Zukünftige Energiepolitik. Vorrang für rationelle Energienutzung und regenerative Energiequellen. Potentiale und Handlungsfelder. Eine diskursorientierte Studie im Auftrag der Niedersächsischen Energieagentur. Gruppe Energie 2010, Bonn

Anderson, A. T. (1996): Differences between Energy Information Administration Energy Forecasts: Reasons and Resolution. In: Energy Information Administration: Issues in Midterm Analysis and Forecasting.

Böhringer, Ch. (1998): Kostendeterminanten in Optimierungsmodellen. In: Ostertag, K.; E. Jochem; H.-J. Ziesing (Hrsg.): Workshop: "Energiesparen – Klimaschutz, der sich rechnet", 8.-9.10.98, Rotenburg an der Fulda. Workshop-Dokumentation. Fraunhofer-ISI: Karlsruhe, S. 58-72

Diekmann, J. (1997): Die DIW-Modelle zur Untersuchung gesamtwirtschaftlicher Auswirkungen von Energieszenarien. In: S. Molt; U. Fahl (Hrsg.): Energiemodelle in der Bundesrepublik Deutschland – Stand der Entwicklung. IKARUS-Workshop am 24. und 25. Januar 1996 im Haus der Wirtschaft, Stuttgart. Schriftenreihe Umwelt-Systemanalysen des Forschungszentrums Jülich, Band 4200001

Diekmann, J. u. a. (1998): Methodik-Leitfaden für die Wirkungsabschätzung von Maßnahmen zur Emissionsminderung. Politikszenarien für den Klimaschutz. Untersuchungen im Auftrag des Umweltbundesamtes, Hrsg. G. Stein und B. Strobel, Band 3. Schriften des Forschungszentrums Jülich, Reihe Umwelt, Band 7

Fahl, U. u. a. (1995): Emissionsminderung von energiebedingten klimarelevanten Spurengasen in der Bundesrepublik Deutschland und in Baden Württemberg. Forschungsberichte des IER. Band 21. Stuttgart

Fahl, U. u. a. (1996): Wirtschaftsverträglicher Klimaschutz für den Standort Deutschland. In: Energiewirtschaftliche Tagesfragen 4/1996, S. 208-212

Fichtner, W. u. a. (1996): Die Wirtschaftlichkeit von CO_2-Minderungsoptionen. In: Energiewirtschaftliche Tagesfragen 8/1996, S. 504-509

Häfele, W. (Hrsg.) (1990): Energiesysteme im Übergang – unter den Bedingungen der Zukunft. Ergebnisse einer Studie des Forschungszentrums Jülich. Landsberg

Hoffmann, H.-J.; W. Katscher; G. Stein (1997): Energiestrategien für den Klimaschutz in Deutschland – Das IKARUS-Projekt des BMBF – Zusammenfassender Endbericht. IKARUS-Studie 0-01. Forschungszentrum Jülich

ETSAP (1997): IEA Energy Technology Systems Analysis Programme. New Directions in Energy Modeling. Summary of Annex V (1993-1995)

Hake, J.-F.; P. Markewitz (Hrsg.) (1997): Modellinstrumente für CO_2-Minderungsstrategien. Jülich

Jochem, E.; H. Bradke (1996): Energieeffizienz, Strukturwandel und Produktionsentwicklung der deutschen Industrie. IKARUS-Teilprojekt 6 "Industrie". Endbericht. Monographien des Forschungszentrums Jülich. Band 19

Kraft, A.; M. Kleemann (1998): Market Opportunities for Fuel Cells in Germany. A dynamic systems analysis study using the MARKAL Model. Paper presented at the IEA-ETSAP/Annex VI – 5th Workshop in Berlin, 7 May 1998. Forschungszentrum Jülich, STE

Markewitz, P. u. a. (1998): Modelle für die Analyse energiebedingter Klimagasreduktionsstrategien. IKARUS-Teilprojekt 1 "Modelle". Endbericht. Schriften des Forschungszentrums Jülich. Reihe Umwelt, Band 7

Molt, S.; U. Fahl (Hrsg.) (1997): Energiemodelle in der Bundesrepublik Deutschland – Stand der Entwicklung. Jülich

RWI, Ifo (1996): Gesamtwirtschaftliche Beurteilung von CO_2-Minderungsstrategien. Im Auftrag des BMWi. Essen/München

Schaumann, P. u. a. (1994): Integrierte Gesamtstrategien der Minderung energiebedingter Treibhausgasemissionen (2005/2020). Studie im Auftrag der Enquête-Kommission "Schutz der Erdatmosphäre" des 12. Deutschen Bundestages. Stuttgart/Berlin: IER, DIW

Strebel, H. (1998): Bewertung von Klimaschutzmaßnahmen aus einzelwirtschaftlicher Sicht. Manuskript 14.5.1998

Walbeck, M. u. a. (1988): Energie und Umwelt als Optimierungsaufgabe. Das MARNES-Modell. Berlin

Wietschel, M. u. a. (1993): Emissionsminderungsoptionen auf Energieversorgungs- und -verbraucherebene. Entwicklung eines technisch-wirtschaftlichen Bewertungsansatzes. In: Energiewirtschaftliche Tagesfragen 7/1993, S. 460-465

Zhang, Z. X.; H. Folmer (1998): Economic modelling approaches to cost estimates for the control of carbon dioxide emissions. In: Energy Economics 20 (1998), S. 101-120

Ziesing et al. (1997): Politikszenarien für den Klimaschutz. Untersuchung im Auftrag des Umweltbundesamtes. In: G. Stein; Strobel, B. (Hrsg.): Szenarien und Maßnahmen zur Minderung von CO_2-Emissionen in Deutschland bis zum Jahre 2005, Band 1. Schriften des Forschungszentrums Jülich, Reihe Umwelt, Band 5.

5 Gesamtwirtschaftliche Aspekte für Kosten-Wirksamkeitsanalysen

In den folgenden Abschnitten werden die wesentlichen Effekte der rationellen Energienutzung aus gesamtwirtschaftlicher Sicht analysiert. Nach einer Definition von Kosten und Nutzen aus der gesamtwirtschaftlichen Perspektive (Abschnitt 5.1) steht die Wirkung auf die makroökonomischen Zielvariablen Wachstum und Vollbeschäftigung im Vordergrund, die in den Abschnitten 5.2 bis 5.4 thematisiert wird. In Abschnitt 5.5 wird auf die spezifische Frage eingegangen, inwieweit eine zeitliche Verlagerung der Emissionsreduktion die gesamtwirtschaftlichen Kosten der Klimapolitik verändert. Die Reduktion der externen Kosten, v. a. derjenigen des Klimawandels, sind Gegenstand von Abschnitt 5.6. Das aus der gesamtwirtschaftlichen Betrachtungsweise abzuleitende Fazit wird in Abschnitt 5.7 gezogen.

5.1 Definition von Kosten und Nutzen aus gesamtwirtschaftlicher Perspektive

Im Unterschied zu den vorangegangenen Kapiteln wird bei der gesamtwirtschaftlichen Analyse ein breiteres Zielbündel betrachtet, d. h., neben dem Energiesystem werden auch alle anderen Bereiche einer Volkswirtschaft berücksichtigt. Damit verbunden ergibt sich auch eine andere Definition von Kosten und Nutzen. Gesamtwirtschaftliche Kosten liegen vor, wenn es durch die rationelle Energienutzung zu einer Verminderung des gesamtwirtschaftlichen Zielerreichungsgrades kommt. Umgekehrt liegt ein Nutzen dann vor, wenn hierdurch eine Annäherung an das Zielbündel erreicht wird.

Bei den gesamtwirtschaftlichen Zielen können mehrere Teilebenen unterschieden werden. In der öffentlichen Diskussion spielen einmal die makroökonomischen Ziele eine wichtige Rolle. Als Ziele hervorzuheben sind wirtschaftliches Wachstum einerseits und ein hoher Beschäftigungsgrad andererseits. Hierbei drückt ein kontinuierliches Wachstum des Sozial- bzw. Inlandsproduktes (Summe der produzierten Güter und Dienstleistungen) aus, dass die Summe der zur Nutzenbefriedigung verfügbaren Güterbündel ständig zunimmt. Der Steigerung des Beschäftigungsgrades kommt insbesondere in Zeiten hoher Arbeitslosigkeit und den davon ausgelösten sozialen Problemen ein hohes Gewicht zu. Entsprechend liegen gesamtwirtschaftliche Kosten bzw. Nutzen von Klimaschutzmaßnahmen vor, wenn es – als Nebenwirkung einer Umsetzung von Klimaschutzmaßnahmen – zu Veränderungen dieser makroökonomischen Zielvariablen gegenüber einer Referenzentwicklung kommt.

Da es sich bei Klimaveränderungen um ein langfristiges Problem handelt, müssen in die Analyse auch intertemporale Aspekte von Klimaschutzmaßnahmen einfließen. Insbesondere stellt sich die Frage, ob durch eine zeitliche Aufschiebung von kostenwirksamen Maßnahmen, deren Nutzen sowieso erst in der Zukunft anfallen, die gesamtwirtschaftlichen Kosten für den gesamten Planungshorizont vermindert werden können.

Eine zweite Kategorie gesamtwirtschaftlicher Ziele beschäftigt sich mit der Allokationsdynamik. Hierunter versteht man den Prozess der Zuordnung von Produktionsfaktoren zu den Produktionsprozessen bzw. von Endverbrauchsgütern zu den Konsumenten. Aus gesamtwirtschaftlicher Sicht wird eine optimale Allokation angestrebt, zu deren Realisierung dem Preismechanismus die entscheidende Rolle zukommt. Gravierende Störungen in der Allokationsdynamik liegen vor, wenn es externe Kosten gibt, die sich nicht in den Preisen widerspiegeln und die daher bei den Allokationsentscheidungen unberücksichtigt bleiben. Gerade im Hinblick auf die Verwendung von Energie sind hierbei die externen Kosten der Umweltverschmutzung eine Ursache erheblicher Fehlallokationen. Werden durch die rationelle Energienutzung die externen Kosten reduziert, kommt es zur Verminderung von Fehlallokationen und damit zu einem gesamtwirtschaftlichen Nutzen. Damit übersetzt die Volkswirtschaftslehre das eigentliche Ziel der Klimapolitik – die Reduzierung der Treibhausgasemissionen zur Verhinderung der Klimakatastrophe – in ihrer Sprache mit einer Verbesserung der Ressourcenallokation.

Insgesamt ist damit festzuhalten, dass die Volkswirtschaftslehre die gesamtwirtschaftliche Analyse der Klimapolitik als Kosten-Nutzen-Betrachtung konzipiert. Der Nutzen besteht in den vermiedenen externen Kosten des Klimawandels. Er erhöht sich, falls es durch die Klimapolitik zur Reduktion weiterer externer Kosten der Umweltbelastung kommt. Die durch die Durchführung der Klimapolitik entstehenden negativen Nebenwirkungen werden der Kostenkategorie zugeordnet. Kommt es allerdings durch die Klimapolitik zu positiven makroökonomischen Wirkungen, entspricht dies in der volkswirtschaftlichen Logik negativen Kosten, d. h. also einem zusätzlichen Nutzen der Klimapolitik (vgl. Tabelle 5.1-1).

Tabelle 5.1-1: Bezeichnung der Auswirkungen der Klimapolitik aus unterschiedlicher Sichtweise

Wirkungen der Klimapolitik	Kosten-Nutzen-Terminologie	Policy making
Veränderung Wirtschaftswachstum	Kosten (Reduktion) bzw. Nutzen (Erhöhung)	Nebenwirkung
Veränderung Beschäftigung	Kosten (Reduktion) bzw. Nutzen (Erhöhung)	Nebenwirkung
Verminderung externe Kosten Klimaveränderung	Nutzen	Ziel
Veränderung externe Kosten sonstige Umweltwirkung	Kosten (Erhöhung) bzw. Nutzen (Reduktion)	Nebenwirkung

5.2 Wirkungsmechanismen

In diesem Abschnitt wird der Frage nachgegangen, aufgrund welcher volkswirtschaftlicher Zusammenhänge die Durchführung von Maßnahmen der rationellen Energienutzung zu Veränderungen von Inlandsprodukt als Maß für wirtschaftliches Wachstum und der Anzahl der Arbeitsplätze führen kann. Diese volkswirtschaftlichen Zusammenhänge werden als Wirkungsmechanismen bezeichnet. Sie sind verantwortlich dafür, dass die rationelle Energienutzung gesamtwirtschaftlich positive oder negative Impulse bewirkt.

Tabelle 5.2-1: Überblick über die Wirkungsmechanismen von Maßnahmen zur Erhöhung der Energieeffizienz auf die Volkswirtschaft

Preis- und Kosteneffekte	• Kostenreduktion durch Realisierung einzelwirtschaftlich rentabler Maßnahmen, die nach der neoklassischen Theorie zu Beschäftigungs- oder Reallohnanstieg führen • Mehrkosten durch Realisierung teurer Einsparpotentiale, die entweder durch Reallohnsenkung kompensiert werden oder zu Beschäftigungsrückgang führen • Reduktion der Kosten für Arbeit, falls Energiesteuer durch Senkung von Abgaben auf Arbeit (z. B. Sozialversicherungsbeiträge) kompensiert wird • Reduktion von volkswirtschaftlichen Kosten, falls die Zusatzkosten der Besteuerung (excess burden) durch die Einführung und Kompensation einer Klimasteuer gesenkt werden
Nachfrageeffekte	• positive und negative direkte und – entsprechend den Vorleistungsbeziehungen – indirekte Nachfrageeffekte • positive oder negative Einkommenskreislaufeffekte
Innovationseffekte	• Wirkungen der Diffusion von Technologien der rationellen Energienutzung auf die Produktivität • Anregung zur Generierung von neuen technischen Lösungen • Verbesserung der technologischen Wettbewerbsposition auf dem internationalen Gütermarkt für Technologien der rationellen Energieanwendung (first mover advantage)

Quelle: Walz 1997

Eine Verbesserung der rationellen Energieanwendung zielt darauf ab, den zur Bereitstellung der Produktions- und Dienstleistungsniveaus notwendigen Energieverbrauch zu reduzieren. Hierzu wird ein Mix aus unterschiedlichen Instrumenten eingesetzt, der von Verordnungen und Maßnahmen zur Verbesserung der Information und Motivation bis hin zur finanziellen Förderung energiesparender Technologien bzw. der Verteuerung des Energieverbrauchs durch die Erhebung einer Energie/CO_2-Steuer reicht. Diese Maßnahmen lösen vielfältige Anpassungsreaktionen bei den einzelnen Unternehmen und privaten Haushalten aus, die sich auf der sektoralen und regionalen Ebene als Strukturwirkungen niederschlagen. Durch die Summe dieser Anpassungsreaktionen und die hierdurch wiederum ausgelösten Folgewirkungen kommt es dann auf makroökonomischer Ebene zu Veränderungen der gesamtwirtschaftlichen Zielgrößen. Hierbei ist von Bedeutung, dass es mehrere Wirkungsmechanismen gibt, die jeweils unterschiedliche Theorieansätze widerspiegeln. Drei große Klassen von unterschiedlichen Effekten können unterschieden werden (vgl. Tabelle 5.2-1):

- Preis- und Kosteneffekte,
- Nachfrageeffekte sowie
- technologische Wettbewerbseffekte.

Die Gesamtwirkung auf die Beschäftigung und die Produktion ergibt sich aus dem Zusammenspiel der unterschiedlichen Wirkungsmechanismen. Es ist daher nicht möglich, die Beschäftigungseffekte aus einer isolierten Betrachtung weniger Teileffekte abzuleiten.

5.2.1 Preis- und Kosteneffekte

Die Preis- und Kosteneffekte stehen im Vordergrund der neoklassischen Theorie. Hierbei werden in der allgemeinen volkswirtschaftlichen Diskussion als die wesentlichen Kostenfaktoren v. a. die Kosten für Arbeit (Lohnkosten) oder für die Bereitstellung von Kapital thematisiert. Ein weiterer Kostenfaktor sind die für die Bereitstellung von Energiedienstleistungen anfallenden Kosten, die Gegenstand von Kapitel 4 sind. Sie machen zwar gesamtwirtschaftlich nur einen kleinen Teil der Gesamtkosten aus, werden aber durch Veränderungen der Energieversorgung oder durch die rationelle Energienutzung besonders tangiert. Zusätzlich zu diesen aus Energiesystemanalysen ableitbaren Kosteneffekten sind auch die von der Finanzwissenschaft thematisierten Effekte bedeutsam, die aus einer ökologischen Steuerform resultieren.

Nach der neoklassischen Theorie führt eine Erhöhung der Kostenbelastung der Volkswirtschaft zu Beschäftigungsverlusten, die durch die im internationalen Preiswettbewerb verschlechterte Wettbewerbssituation noch verstärkt werden (vgl. Lintz 1992). Die Vollbeschäftigung bleibt allerdings erhalten, wenn es zu einer Kompensation dieser Kostensteigerung z. B. durch Reduktion der Reallöhne kommt. Werden durch eine rationellere Energienutzung hingegen Kostenreduktionen bewirkt, kommt es zu einer Steigerung von Produktion und Beschäftigung und einer Verbesserung der internationalen Wettbewerbsfähigkeit.

Aus diesen Argumentationen wird deutlich, dass es im Rahmen der Neoklassik für die Wirkungsrichtung dieser Kosteneffekte entscheidend ist, ob eine rationellere

Energienutzung zu einer Erhöhung oder Reduktion der Kostenbelastung führt. Wird durch Klimaschutzmaßnahmen ein einzelwirtschaftlich rentables Energieeinsparpotential realisiert, das beispielsweise von Grubb et al. (1993) oder dem IPCC (1995) auf 10-30 % beziffert wird, kommt es zu einer gesamtwirtschaftlichen Kostenentlastung und damit tendenziell zu positiven Effekten auf Beschäftigung und gesamtwirtschaftliche Produktion. Führen diese Maßnahmen hingegen zu einer Erhöhung der Kostenbelastung, sind negative Abweichungen von den gesamtwirtschaftlichen Zielen zu erwarten. Die Ergebnisse der gesamtwirtschaftlichen Energiesystemanalysen haben damit eine wichtige Inputfunktion für die Analyse der gesamtwirtschaftlichen Wirkungen.

Bestandteil von Strategien zur Erhöhung der Energieeffizienz ist in der Regel auch die Erhöhung der Energiepreise durch eine Energie/CO_2-Steuer, die durch die Senkung anderer Abgaben kompensiert wird, d. h. aufkommensneutral konzipiert ist. Da von der Erhebung nahezu jeder Steuer die *relativen* Preise der Produktionsfaktoren verändert werden, treten volkswirtschaftliche Zusatzkosten der Besteuerung auf (excess burden der Besteuerung). Diese Zusatzbelastung kann unter Umständen durch eine aufkommensneutrale Energiesteuer reduziert werden, falls eine Energiesteuer einen geringeren excess burden aufweist als die Steuern, die zur Kompensation der Energiesteuer gesenkt werden. Ist dies der Fall, kommt es zu einem Double-dividend-Effekt im engeren wissenschaftlichen Sinn (vgl. Schöb 1995). Allerdings ist empirisch umstritten, welche Höhe der excess burden für die einzelnen Steuerarten ausmacht. Damit bleibt unklar, in welche Richtung derartige Effekte wirken und welches Ausmaß sie einnehmen.

Eine besondere Wirkung auf die Beschäftigung geht von einer Energie/CO_2-Steuer aus, die durch die Senkung von Abgaben auf Arbeit – z. B. Sozialversicherungsbeiträgen – kompensiert wird. Durch ihre Reduktion würde der Produktionsfaktor Arbeit im Verhältnis zu den anderen Produktionsfaktoren kostengünstiger werden. Durch diese Veränderung der relativen Preise besteht ein Anreiz, mehr Arbeit zu beschäftigen und dadurch andere Produktionsfaktoren zu substituieren. Dadurch wird ein Beitrag zur Erreichung des Ziels Vollbeschäftigung geleistet.

Insgesamt zeigt sich, dass die tatsächlichen Kosten- und Preiseffekte aus unterschiedlichen, z. T. gegenläufigen Teileffekten bestehen, die in ihrer Ausprägung von der betrachteten Situation abhängen. Wichtige zu berücksichtigende Parameter sind neben dem angestrebten Reduktionsziel das durch Marktmängel gehemmte, einzelwirtschaftlich rentable Einsparpotential und die finanzpolitische Ausgestaltung einer CO_2/Energiesteuer.

5.2.2 Nachfrageeffekte

Die *Nachfrageeffekte* stehen im Zentrum des keynesianischen Unterbeschäftigungsmodells, in dem ein wesentlicher Grund für eine Unterbeschäftigung eine zu geringe gesamtwirtschaftliche Nachfrage ist. Kommt es durch die energiepolitischen Maßnahmen zu einer Erhöhung der effektiven Gesamtnachfrage nach Gütern, sind insgesamt positive Wachstums- und Beschäftigungseffekte zu erwarten.

Bei den Auswirkungen der Maßnahmen auf die Gesamtnachfrage sind wiederum unterschiedliche Teileffekte zu unterscheiden: Bei den *direkten Nachfrageeffekten* treten sowohl positive als auch negative Effekte auf. So erfordert die Durchführung einer rationelleren Energieanwendung im Fall der Substitution von Energie durch Kapital zusätzliche Investitionen (Nachfrageerhöhung), gleichzeitig sinkt aber die Nachfrage nach Energieträgern.

Da zur Bereitstellung der jeweiligen Nachfragen zahlreiche Vorleistungen aus anderen Branchen notwendig sind, setzen sich die direkten Nachfrageeffekte entsprechend der Produktionsverflechtung der betroffenen Wirtschaftszweige als positive und negative *indirekte Effekte* fort. Hierbei ist für ein energieimportierendes Land wie Deutschland von Bedeutung, dass ein erheblicher Teil der negativen Nachfrageeffekte – nämlich die Nachfragereduktion nach importierten Energieträgern wie Öl, Gas und Uran – nicht im eigenen Land, sondern bei den energieerzeugenden Ländern wirksam wird. Zusätzlich kommt als weiterer Teileffekt zum Tragen, dass die durch die rationelle Energienutzung begünstigten Nachfragebereiche eine relativ hohe Arbeitsintensität aufweisen (z. B. Bauwirtschaft), während die negativ betroffenen Nachfragebereiche (Energieversorgung) tendenziell geringere Arbeitsintensitäten aufweisen. Insgesamt kann damit davon ausgegangen werden, dass die direkten und indirekten Netto-Nachfrageeffekte einer rationellen Energienutzung ceteris paribus zu positiven gesamtwirtschaftlichen Nebenwirkungen führen.

Die direkten und indirekten Nachfrageeffekte berücksichtigen nicht die – im Zentrum einer makroökonomischen Analyse stehenden – Einkommenskreislaufeffekte wie z. B. Veränderungen im Spar- und Investitionsverhalten, induzierte Zinsänderungen oder Änderungen in der Erwartungsbildung. Sind derartige Effekte zu erwarten, muss zur Analyse ein makroökonomisches Modell herangezogen werden. Hierbei ist dann jeweils zu beachten, dass sich entsprechend den wirtschaftlichen Rahmenbedingungen – z. B. Reaktionen der Bundesbank oder verändertes Verhalten der Tarifparteien – unterschiedliche Wirkungen ergeben können.

5.2.3 Innovationseffekte

Während sich die beiden vorangegangenen Abschnitte mit den makroökonomischen Aggregaten volkswirtschaftlicher Kostenbelastung und Gesamtnachfrage und damit mit der makroökonomischen Angebots- und Nachfragesituation beschäftigten, stehen in diesem Abschnitt die technischen Innovationseffekte im Vordergrund, die von der Innovationsökonomik untersucht werden. Hierbei wird gefragt, wie sich Maßnahmen auf die Qualität der Produktionsfaktoren bzw. die qualitative Wettbewerbsfähigkeit der auf dem Weltmarkt gehandelten Güter auswirkt. Hierbei gibt es drei unterschiedliche Teileffekte, die zu berücksichtigen sind:

- Im Bereich der gewerblichen Wirtschaft können von der Diffusion von Energieeinspartechnologien Auswirkungen auf die Modernisierung des Produktionsapparates ausgehen.

- Eine Klimaschutzpolitik kann einen Beitrag zur verstärkten Generierung innovativer Lösungen leisten.

- Da insbesondere bei technologieintensiven Gütern Außenhandelserfolge nicht nur von den Preisen, sondern von der Qualität der Produkte und einer frühzeitigen Marktpräsenz abhängen, kann eine forcierte nationale Klimaschutzstrategie dazu führen, dass sich die betreffenden Länder frühzeitig auf die Bereitstellung von Technologien der rationellen Energieanwendung spezialisieren und damit ihre Wettbewerbsposition stärken (first mover advantage).

Bei den Auswirkungen auf die *Modernisierung des Produktionsapparates* der Gesamtwirtschaft und damit auf die Produktivitätsentwicklung werden zwei Wirkungsrichtungen diskutiert: Die erste geht davon aus, dass die betrieblichen Einsparinvestitionen selbst keine produktiven Wirkungen besitzen und sogar produktive Investitionen der Unternehmen verdrängen. Durch ein derartiges "technologisches crowding out" würde die Produktivitätsentwicklung gemindert. Die zweite Wirkungshypothese geht hingegen davon aus, dass die betrieblichen Einsparinvestitionen selbst Bestandteil von produktiven Investitionen sind, d. h. produktivitätssteigernde Wirkung aufweisen. Eine forcierte Vornahme von Einsparinvestitionen wäre damit gleichbedeutend mit einem "technologischen crowding in" und würde eine verstärkte Modernisierung der Volkswirtschaft nach sich ziehen. Welcher dieser beiden Hypothesen höheres Gewicht zuzumessen ist, hängt von der Spezifikation der betrachteten Investitionen ab. Allgemein lässt sich die Vermutung äußern, dass insbesondere diejenigen – an Bedeutung gewinnenden – Investitionen, die direkt den Produktionsbereich betreffen (produktionsintegrierter Umweltschutz), eher produktivitätssteigernde Wirkungen aufweisen als nachgeschaltete Anlagen (additiver Umweltschutz).

Die innovatorischen Wirkungen von Maßnahmen zur Steigerung der rationellen Energienutzung wurden bisher lediglich in einzelnen Teilbereichen untersucht. In einer Studie für das BMBF (Walz 1998) wurden die Produktivitätseffekte der technischen Anpassungen in Industrie und Gewerbe analysiert, die durch eine Einführung einer Energiesteuer ausgelöst werden. Im Vordergrund der Analyse stand die zentrale Hypothese von einer produktivitätssteigernden Wirkung der verstärkten Diffusion von Klimaschutztechniken. Sie wird damit begründet, dass energietechnischer Fortschritt zunehmend nicht mehr über Add-on-Techniken und Querschnittstechniken der Nutzenergiebereitstellung erzielt werden dürfte, sondern über integrierte und häufig branchenspezifische technische Lösungen, wie z. B. Verfahrens- und komplette Produktionssubstitutionen, verstärktes Wirtschaften in Kreisläufen oder Materialsubstitutionen.

Zur empirischen Überprüfung dieser Hypothese wurden die Wirkungen einer Veränderung der relativen Preise auf die Diffusion von Technologien in Form von Szenarienanalysen simuliert und diejenigen Technologien identifiziert, die für die abgebildeten Anpassungen wesentlich sind. Diese Technologien wurden klassifiziert und den unterschiedlichen Techniktypen (Querschnitts- oder Branchentechnologie; integrierte oder Add-on-Technologie) zugeordnet. Im nächsten Schritt erfolgte dann auf Basis technologischer Einzelinformationen die Analyse der Produktivitätswirkungen dieser Technologien.

Die mit diesem Vorgehen gewonnen Ergebnisse führen zu folgenden Schlussfolgerungen:

- Durch eine Energiesteuer werden vor allem branchenspezifische und integrierte Technologien und weniger Add-on- und Querschnittstechnologien induziert.

- Insgesamt dürfte der Einsatz von Klimaschutztechnologien tendenziell eher zu einer Produktivitätssteigerung führen, die bei den integrierten branchenspezifischen Technologien als stärker eingeschätzt wird.

- Deutliche Beiträge zu einer Produktivitätssteigerung können v. a. von den ca. 15 % der betrachteten Technologien erwartet werden, die zu Verfahrenssubstitutionen in der Eisenschaffenden Industrie, der Chemie und der NE-Metallindustrie führen.

Damit wird durch die empirische Untersuchung die zentrale Hypothese von einer produktivitätssteigernden Wirkung der verstärkten Diffusion von Klimaschutztechniken tendenziell bestätigt. Gleichzeitig verdeutlicht das Ergebnis, dass deutliche Produktivitätswirkungen v. a. dann zu erwarten sind, wenn sich die technologische Weiterentwicklung im Rahmen eines Wechsels technologischer Trajektorien vollzieht. Die Ergebnisse haben eminente Bedeutung für die Diskussion der gesamtwirtschaftlichen Auswirkungen einer Energiesteuer. Denn aufgrund der empirischen Ergebnisse des skizzierten Vorhabens ist es plausibel anzunehmen, dass als indirekte Wirkung der Einführung einer Energiesteuer tendenziell produktivitätssteigernde Wirkungen ausgelöst werden, die durch die verstärkte Diffusion bestehender energiesparender Technologien zum Tragen kommen. Diese Erkenntnisse sollten als Input auch bei der makroökonomischen Modellierung verwendet werden, um deren

Ergebnisse im Sinne einer mikroökonomischen, technologiespezifischen Fundierung zu verbessern. Hierzu wird es in Zukunft verstärkt notwendig sein, die Modellierungsansätze auf die Etablierung von Mikro-Makro-Brücken auszurichten und Bottom-up-Analysen mit makroökonomischen Top-down-Modellen zu koppeln.

Des weiteren ist auch zu fragen, welche Auswirkungen von einer Strategie zur Verbesserung der Energieeffizienz auf die Entwicklung neuer technischer Verfahren ausgehen (technischer Innovationseffekt). Es lässt sich die These aufstellen, dass eine konsequente Weichenstellung in Richtung rationeller Energieanwendung erheblichen Einfluss auf das Innovationsgeschehen ausüben würde und damit zur *Generierung neuen technischen Wissens* beitragen könnte. Allerdings besteht hinsichtlich dieser Fragestellung noch erheblicher Bedarf an empirischer Forschung. Bei der Bewertung der oben rezipierten Ergebnisse von Walz (1998) muss bedacht werden, dass sie sich v. a. auf die Diffusion bisher bekannter und erprobter Technologien beziehen, aber nicht die Wirkungen berücksichtigen, die von einer Energiesteuer auf die Generierung neuen technischen Wissens und die Etablierung neuer technologischer Trajektorien ausgehen. Geht man davon aus, dass eine Energiesteuer den Einbezug des Klimaschutzes in das traditionelle Zielsystem der Forschungs- und Entwicklungsaktivitäten bewirken würde, dürfte die Anzahl der Verfahren noch deutlich zunehmen, die sowohl die Produktivität erhöhen als auch zum Klimaschutz beitragen.

Neben der preislichen Wettbewerbsfähigkeit, die durch die Kosteneffekte beeinflusst wird, werden Außenhandelserfolge auch durch den *Qualitätswettbewerb* bestimmt. Insbesondere bei technologieintensiven Gütern hängen hohe Marktanteile von der Innovationsfähigkeit einer Volkswirtschaft und der frühzeitigen Marktpräsenz ab (first mover advantage). Eine forcierte nationale Strategie zur Verbesserung der rationellen Energieanwendung bewirkt tendenziell, dass sich die betreffenden Länder frühzeitig auf die Bereitstellung der hierzu erforderlichen Güter spezialisieren. Bei einer nachfolgenden Ausweitung der internationalen Nachfrage nach diesen Gütern sind diese Länder dann aufgrund ihrer frühzeitigen Spezialisierung in der Lage, sich im internationalen Wettbewerb durchzusetzen.

Hinweise für die Bedeutung derartiger Effekte liefert eine Ex-post-Betrachtung der Entwicklung im Außenhandel energiesparender Güter. Ihr Export stieg zwischen 1976 und 1992 um 1,1 Mrd. DM (in Preisen von 1985) oder um 75 % an. Ausgesprochene Exportschlager waren in den 80er Jahren Regelgeräte, Isolierflachglas, Isolationsmaterial auf mineralischer Basis sowie Heizkessel und übrige Wärmetauscher. Betrachtet man die Wettbewerbsfähigkeit der deutschen Industrie bei Gütern zur rationellen Energieverwendung anhand der Ausfuhr-/Einfuhrverhältnisse, so liegt sie für diese Warengruppen insgesamt mit etwa 2.0 über dem Industriedurchschnitt, allerdings mit laufenden Verlusten des Wettbewerbsvorteils. Insgesamt verlief die Steigerung der Exporte der angegebenen energiesparenden Waren mit durchschnittlich 5 %/a in den letzten zehn Jahren deutlich schneller als beim Durchschnitt deutscher Industriewaren, deren jährliche Steigerung nur 3,3 %/a in dieser Zeit betrug (vgl. Tabelle 5.2-2).

Tabelle 5.2-2: Einfuhr/Ausfuhr von energiesparenden Erzeugnissen (in Mio. DM in Preisen von 1985)

Warengruppe	1982	1984	1988	1990	1992[1]
Elektronische Güter	364	474	403	364	350
Wärmetauscher	314	271	322	366	433
Isolierflachglas und -material	246	252	417	437	367
Heizkessel u. Wärmepumpen	225	212	776	886	1.140
Brenner und Gasturbinen	434	435	391	319	286
Summe Export	1.583	1.644	2.310	2.371	2.576
Summe Import	819	810	956	1.310	1.691
[1] ab 1991 inkl. NBL, d. h. Gesamtdeutschland nach dem 3.10.1990					

Quelle: Jochem/Schön 1994, S. 32

5.2.4 Wirkungsrichtung der ausgelösten Impulse

In den vorangegangenen Abschnitten wurden die Impulse diskutiert, die durch die unterschiedlichen Wirkungsmechanismen ausgelöst werden. Betrachtet man, in welche Richtung sie wirken, zeigt sich ein z. T. gegenläufiges Bild (vgl. Abbildung 5.2-1):

- Betrachtet man nur den Teil der Kosten- und Preiseffekte, der aus der Realisierung unrentabler Einsparpotentiale resultiert, ergibt sich eine eindeutig negative Einwirkung auf die makroökonomischen Ziele. In Abbildung 5.2-1 werden diese Impulse durch die Kurve K_u repräsentiert.

- Dieses Bild differenziert sich bereits, wenn man zusätzlich auch die Existenz des gehemmten, bereits unter den gegebenen Randbedingungen einzelwirtschaftlich rentablen Einsparpotentials berücksichtigt. Es ergeben sich dann Impulse, wie sie durch die Kurve K_{r+u} skizziert werden. Bedingt durch die Realisierung einzelwirtschaftlich rentabler Einsparungen kommt es bei der Vornahme von Energieeinsparungen zunächst zu einer Kostenentlastung, die positiv auf die makroökonomischen Ziele einwirkt. Das Maximum dieser Kurve liegt bei der letzten, gerade noch einzelwirtschaftlich rentablen Maßnahme; die Grenzkosten der entsprechenden Energieeinsparung betragen null. Mit zunehmender Energieeinsparung werden auch Maßnahmen realisiert, die einzelwirtschaftlich nicht rentabel sind. Zunächst überwiegt jedoch die Kostenentlastung der einzelwirtschaftlich rentablen Maßnahmen die Kostensteigerung der unrentablen Maßnahmen. Eine Neutralität des Kostenimpulses liegt dann vor, wenn die Summe der Kosteneinsparungen der rentablen Maßnahmen gerade der Summe der Kostensteigerungen der unrentablen entspricht. Graphisch entspricht dies dem Schnittpunkt S der Kurve K_{r+u} mit der Abszisse. Bis zu dieser Energieeinsparung gehen – entsprechend der neoklassischen Theorie – von den Kosteneffekten positive makroökonomische Impulse aus, erst bei darüber hinaus gehenden Einsparungen kommt es analog der obigen Argumentation zu negativen Impulsen.

- Durch Energieeinsparungen werden direkte und durch die Vorleistungsbeziehungen auch indirekte Nachfrageeffekte ausgelöst. Hierbei sind zwei gegenläufige Entwicklungen zu betrachten: Die Energieeinsparung führt einerseits zu einer verminderten Nachfrage nach Energieträgern und den zu ihrer Bereitstellung notwendigen Vorleistungen. Andererseits wird durch die Realisierung der Einsparmaßnahmen eine erhöhte Nachfrage ausgelöst, z. B. nach energiesparender Geräten oder zur Wärmedämmung von Gebäuden. Die gesamten direkten und indirekten Nachfrageeffekte ergeben sich aus dem Saldo dieser beiden Impulse. In Abbildung 5.2-1 werden sie durch die Kurve $N_{d/i}$ repräsentiert. Da Deutschland einen Großteil der Energieträger importiert, ist im allgemeinen damit zu rechnen, dass energieeinsparende Maßnahmen zu einer Erhöhung der Nettonachfrage führen. Entsprechend verläuft $N_{d/i}$ im Bereich von positiven Impulsen auf die makroökonomischen Ziele. Sie werden allerdings dadurch geschmälert, dass es durch die verminderten Exporterlöse der energieexportierenden Länder auch zu Nachfragereduktionen aus diesen Ländern nach deutschen Exportgütern kommen kann.

- Zusätzlich zu berücksichtigen sind die durch Energieeinsparmaßnahmen ausgelösten Einkommenskreislaufeffekte mit ihren Wirkungen auf die aggregierte Nachfrage. Geht man von einer eher keynesianischen Vorstellungen entsprechenden Unterbeschäftigungssituation aus, wird ein durch Energieeinsparungen bewirkter Nachfrageimpuls durch die Einkommenskreislaufeffekte noch verstärkt. Entsprechend liegt die Kurve $N_{d/i+k}$ über der Kurve $N_{d/i}$, da sie zusätzlich noch positive Einkommenskreislaufeffekte unterstellt. Wird hingegen durch einen zusätzlichen Nachfrageimpuls z. B. eine Lohn-Preis-Spirale ausgelöst, würden die positiven Impulse nicht verstärkt, sondern eher abgeschwächt.

- In Abschnitt 5.2.1 wurde die Wirkung einer Kompensation einer CO_2/Energiesteuer behandelt. Hierbei ergibt sich unter Umständen ein positiver Effekt auf die Arbeitsnachfrage, falls eine CO_2/Energiesteuer durch eine Senkung von Abgaben auf Arbeit kompensiert wird. Der dadurch entstehende Impuls speziell auf die Nachfrage nach Arbeit ist in Abbildung 5.2-1 durch die Kurve K_a verdeutlicht. Gleichzeitig kann es zu einer Veränderung der allokationsverzerrenden Wirkung der Besteuerung insgesamt kommen, falls sich der excess burden von der Ökosteuer und ihrer Kompensation unterscheidet. Diese Impulse werden durch Kurve K_{eb} gekennzeichnet. Ob es zu einem negativen oder positiven Impuls kommt, hängt von der relativen Höhe der excess burden der Besteuerungsalternativen ab.

Liegt der excess burden der Ökosteuer unter dem der Kompensation, kommt es zu positiven, im umgekehrten Fall zu negativen Impulsen.

- In Abschnitt 5.2.3 wurde aufgezeigt, dass erste empirische Ergebnisse sowie plausible Hypothesen darauf hindeuten, dass eine Klimapolitik zu tendenziell zunehmender Produktivität, verstärkter Generierung von neuen technologischen Lösungen sowie zur Realisierung von first mover advantages führt. Diese positiv auf die Gesamtwirtschaft wirkenden Impulse werden in Abbildung 5.2-1 durch die Kurve $I_{p+g+fma}$ symbolisiert. Allerdings ist einschränkend anzumerken, dass die Stärke dieser Impulse noch weiterer, eingehender empirischer Untersuchung bedarf.

Abbildung 5.2-1: Wirkungsrichtung der ausgelösten Impulse

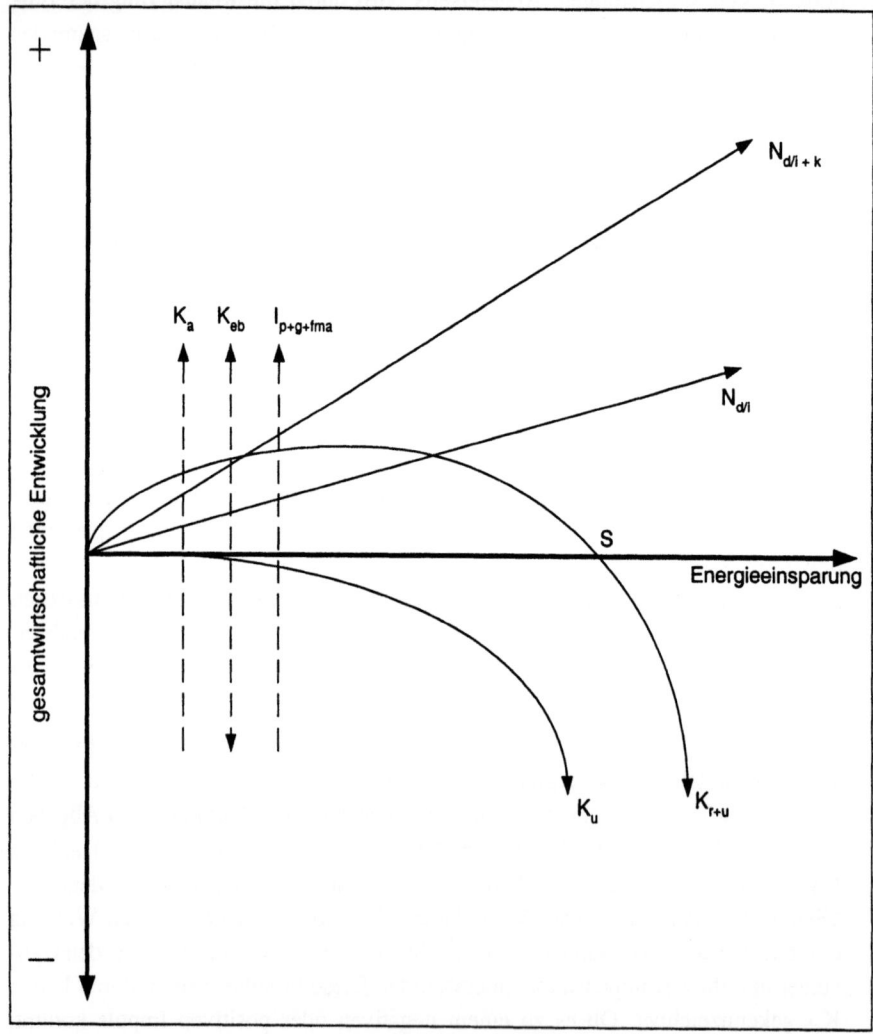

Festzuhalten ist, dass sich die Gesamtwirkung aus dem Zusammenspiel der unterschiedlichen Wirkungsmechanismen ergibt und nicht aus der isolierten Betrachtung einzelner Teileffekte abgeleitet werden kann. Gleichzeitig ist es von Bedeutung, dass die relevanten Effekte nicht nur vom Ausmaß der Energieeinsparung und damit von der Energie- und Klimapolitik, sondern z. T. von der Einbettung der Klimapolitik in die Wirtschaftspolitik abhängen. Dies trifft offensichtlich für eine Energiesteuer zu, deren Wirkung auf die Gesamtwirtschaft ganz wesentlich von der Verwendung der Steuereinnahmen abhängt. Aber auch die Höhe und Richtung der Einkommenskreislaufeffekte hängt zu einem erheblichen Teil von außerhalb der Klimapolitik liegenden Aspekten ab, wie z. B. den Reaktionen der Tarifparteien oder der Bundesbank. In Abhängigkeit von den wirtschaftspolitischen Rahmenbedingungen kann die Wirkung ein und derselben Klimapolitik auf die makroökonomischen Ziele damit unterschiedlich ausfallen.

5.3 Modellierungsansätze – wichtige Entscheidungen bei der Modellierung

Zur empirischen Abschätzung der durch eine verstärkte rationale Energienutzung ausgelösten Effekte ist es notwendig, empirische ökonomische Modelle heranzuziehen, die die unterschiedlichen Wirkungszusammenhänge quantifizieren. Hierbei kommen die drei folgenden Modellklassen zum Einsatz, die jeweils spezifische Stärken und Schwächen aufweisen:

- Input-Output-Analyse
- ökonometrische Modelle
- Gleichgewichtsmodelle.

Input-Output-Modelle basieren auf Input-Output Tabellen, die sowohl die Verflechtungen aller Produktionsbereiche untereinander abbilden als auch die zur Produktion benötigten Primärinputs (z. B. Arbeit, Kapital) sowie die für die Endnachfrage (z. B. Konsum, Investition) bestimmten Güter. Durch eine mathematische Umformung (Bildung der Leontief-Inverse) ist es möglich, auch die durch Änderungen der Endnachfrage ausgelösten indirekten Produktionseffekte und die zugehörigen Beschäftigungswirkungen zu errechnen. Diese Vorgehensweise kann aber die durch die Einkommenskreislaufeffekte hervorgerufenen Rückwirkungen auf die Nachfrage genauso wenig abbilden wie die Auswirkungen auf die Angebotsseite (Preis- und Kosteneffekte) und auf die technologische Wettbewerbsfähigkeit. Analysen mit Input-Output-Modellen sind daher vor allem für mesoökonomische Fragestellungen (z. B. den Einsatz einzelner Technologien) von Aussagewert, bei denen angenommen werden kann, dass aufgrund ihrer begrenzten Größenordnung die Entscheidung über ihre Verwendung keine Auswirkungen auf die Einkommenskreislaufeffekte hat. Aus diesem Grund werden Input-Output-Modelle auch nicht zu den makroökonomischen Modellen im eigentlichen Sinne gezählt, sondern als mesoökonomische Modelle oder "Zurechnungsmodelle" bezeichnet.

Zu den makroökonomischen Modellen im engeren Sinne gehören die gesamtwirtschaftlichen ökonometrischen Modelle, die die gesamte Volkswirtschaft auf Basis von Definitions- und Verhaltensgleichungen abbilden. Entsprechend der theoretischen Ausrichtung der Modelle können hierbei stärker angebotsseitige (neoklassische) oder nachfrageseitige (keynesianische) Aspekte betont werden. Der Vorteil dieser Modelle liegt darin, dass unterschiedlichste makroökonomische Effekte abbildbar sind, sofern die hierzu notwendigen Daten zur Verfügung stehen. Dem steht ein vergleichsweise hoher Aufwand für Modellspezifikation und -anpassung gegenüber. Die – das Kernstück der Modelle ausmachenden – Gleichungen werden mittels Vergangenheitswerten geschätzt. Insbesondere für die Anwendung für Langfristprognosen muss bedacht werden, dass die im Schätzzeitraum zugrunde gelegten Zusammenhänge zumindest in ihren Grundstrukturen auch für die Zukunft gelten müssen.

Kernelement der allgemeinen Gleichgewichtstheorie ist die Aussage, dass alle Märkte einer Volkswirtschaft über den Preismechanismus miteinander verknüpft sind. Entsprechend rücken die auf dieser Theorie basierenden allgemeinen Gleichgewichtsmodelle die Wirkungen von Preis- und Kostenänderungen in den Vordergrund. Durch Änderungen der Preise für einen Parameter werden Anpassungsreaktionen in allen anderen Bereichen ausgelöst. Diese Zusammenhänge werden in Gleichgewichtsmodellen empirisch modelliert. Es werden im Sinne einer mikroökonomischen Fundierung Angebots- und Nachfragefunktionen für die einzelnen Märkte abgebildet, die durch den Preismechanismus zum Gleichgewicht gebracht werden. Als Vorteile dieser Modelle werden vor allem ihre mikroökonomische Fundierung und die Abbildung von ökonomischen Feedbackprozessen angeführt. Auf der anderen Seite wird die empirische Fundierung der Gleichgewichtsmodelle hinterfragt, da die Kalibrierung vieler Strukturen und Parameter nicht auf Zeitreihen beruht. Im Zusammenhang mit der Analyse von Maßnahmen der rationellen Energienutzung sind zudem die Schwierigkeiten hervorzuheben, Ineffizienzen in der Ausgangssituation abzubilden. Durch die Annahme einer effizienten Ausgangssituation wird implizit davon ausgegangen, dass Änderungen in der Energieversorgung nur unter Inkaufnahme von höheren Kosten erreicht werden können. Damit können aber einzelwirtschaftlich rentable Maßnahmen der rationellen Energienutzung nicht angemessen abgebildet werden.

Wie in Abschnitt 5.2 gezeigt, müssen bei der Analyse gesamtwirtschaftlicher Auswirkungen vielfältige Wirkungsmechanismen beachtet werden. Entsprechend ist ein Modellierungsansatz zu verwenden, der möglichst viele dieser Effekte berücksichtigt. Neben der oben diskutierten Auswahl des zu verwendenden ökonomischen Modells sind hierbei auch die Fundierung des Datenimputs sowie das Design des Referenzszenarios wichtige Entscheidungspunkte (vgl. Hourcard 1996).

Aus der Vielzahl der möglichen Kombinationen zwischen Modellwahl, Datenfundierung und Design des Referenzszenarios haben zwei Modellierungsansätze weite Verbreitung gefunden, die sich lediglich auf Teileffekte der zahlreichen Wirkungsmechanismen konzentrieren und unter dem Begriffspaar *"Top-down-"* und *"Bottom-up-Analyse"* Eingang in die Literatur gefunden haben (vgl. Wilson/Swisher 1993; IPCC 1995; Krause 1996). Der erste Modellierungsansatz – die Verwendung von makroökonomischen Modellen ohne detaillierte Energieszenarien (Top-down-Analyse) – konzentriert sich entweder auf die makroökonomischen Auswirkungen von zusätzlichen Kosten (neoklassische Tradition) oder auf die Wirkungen einer Steigerung der aggregierten Nachfrage (keynesianische Tradition).

Eine Top-down-Analyse der Kosteneffekte berücksichtigt i. d. R. aber nur einen Teil der Maßnahmen, nämlich die relativ kostenintensiven Maßnahmen, während die kostensenkenden Möglichkeiten der Energieeinsparung (siehe Abschnitt 5.2) aufgrund der fehlenden Energieszenarien ausgeblendet bleiben (Walz 1996). Entsprechend ist zu erwarten, dass die mit diesem Modellierungsansatz durchgeführten Studien zu eher negativen gesamtwirtschaftlichen Auswirkungen einer verstärkten Energieeinsparung kommen. Auf der anderen Seite kommen diejenigen Modellierungsansätze, die die Nachfrageeffekte in den Vordergrund rücken, tendenziell zu positiven Effekten, da sie durch den von Energieeinsparinvestitionen ausgelösten Nachfrageschub von einer Zunahme der Gesamtnachfrage ausgehen. Sehr deutliche Arbeitsplatzeffekte sind von den Ansätzen zu erwarten, die vor allem die Reduktion der Arbeitskosten modellieren, die durch eine Substitution von die Arbeit belastenden Abgaben durch eine Energiesteuer ausgelöst werden.

Der zweite Modellierungsansatz (oftmals als bottom-up bezeichnet) geht im Unterschied zum ersten von detaillierten Energieszenarien aus, die auch die gehemmten Energieeinsparpotentiale erfassen. Aus den Szenarienergebnissen werden die direkten positiven und negativen Nachfrageeffekte der untersuchten Maßnahmen abgeleitet. Diese Ergebnisse werden als Dateninput für eine statische Input-Output-Analyse herangezogen, mit der sich sowohl die durch die Produktionsverflechtungen induzierten indirekten Nachfrageeffekte als auch die zugehörigen makroökonomischen Auswirkungen errechnen lassen. Derartige Untersuchungen kommen zu Aussagen, dass für die Verhältnisse der alten Bundesrepublik die Beschäftigungswirkungen netto (d. h. unter Abzug der kontraktiven Effekte bei Energieproduktion und -umwandlung) bei *zusätzlich 100 Arbeitsplätzen je eingesparte Petajoule Energie* liegen (Jochem/Schön 1994).

Diese methodische Vorgehensweise kann aber die durch die Einkommenskreislaufeffekte hervorgerufenen Rückwirkungen auf die Nachfrage genauso wenig abbilden wie die Auswirkungen auf die Angebotsseite (Preis- und Kosteneffekte) und auf die technologische Wettbewerbsfähigkeit. Derartige Analysen sind daher vor allem für mesoökonomische Fragestellungen (z. B. den Einsatz einzelner Technologien) von Aussagewert, bei denen angenommen werden kann, dass aufgrund ihrer begrenzten

Größenordnung die Entscheidung über ihre Verwendung keine Auswirkungen auf die Einkommenskreislaufeffekte oder die gesamtwirtschaftliche Kostenbelastung hat.

Eine möglichst viele Wirkungsmechanismen berücksichtigende Abschätzung der gesamtwirtschaftlichen Auswirkungen erfordert daher die Kopplung der technisch fundierten Energieszenarien mit makroökonomischen Modellen, d. h. eine Kopplung von Bottom-up- mit Top-down-Analyse. Allerdings zeigt die Auflistung der in den einzelnen Modellansätzen berücksichtigten Wirkungsmechanismen, dass auch ein gekoppelter Bottom-up-/Top-down-Ansatz nicht alle Zusammenhänge berücksichtigen kann (vgl. Tabelle 5.3-1). Insbesondere die Innovationsaspekte werden in den bisherigen Modellansätzen kaum beachtet (vgl. DIW et al. 1996). Entsprechend kommen Frohn et al. (1998) in ihrem Gutachten für den UGR-Beirat zum Ergebnis, dass "die zur Ableitung verlässlicher Resultate notwendige Verknüpfung der Bereiche Umwelt, Ökonomie und Technik nicht in ausreichendem Maße gelungen" sei. Daher wird es auch in der näheren Zukunft erforderlich sein, modellgestützte Ergebnisse durch weitere Zusatzuntersuchungen vor allem hinsichtlich der Innovationseffekte und der Veränderungen des Qualitätswettbewerbs zu ergänzen.

Tabelle 5.3-1: Berücksichtigung der Wirkungsmechanismen in den Modellierungsansätzen

	Top-down-Ansatz (makroökonomische Modelle)	Bottom-up-Ansatz (Ergebnis Energiesystemanalysen)	Bottom-up mit I/O-Analyse	Zusatzuntersuchungen zu den Innovationswirkungen	Gekoppelter Bottom-up-/Top-down-Ansatz mit Zusatzuntersuchungen
Realisierung unrentabler Energieeinsparpotentiale	X (n)	X			X
Realisierung des No-Regret-Potentials		X			X
Excess burden der Besteuerung	X				X
Abgabenreduktion für Arbeit	X				X
Direkte und indirekte Nachfrageeffekte	X (k)	X (direkt)	X (indirekt)		X
Einkommenskreislaufeffekte	X (k)				X
Produktivitätswirkungen der Diffusion				X	X*
Generierung neuer Innovationen				X*	X*
First mover advantage				X	X*
(n) Modelle mit stärker neoklassischer Orientierung (k) Modelle mit stärker keynesianischer Orientierung * noch nicht bzw. nur im Ansatz realisiert					

5.4 Überblick über Ergebnisse von Modellanalysen

In der Vergangenheit wurden für Deutschland bereits einige Untersuchungen durchgeführt, die im Zusammenhang mit der Analyse der gesamtwirtschaftlichen Wirkungen des Klimaschutzes erstellt wurden. Folgende Untersuchungen wurden in die vergleichende Darstellung einbezogen:

- die vom DIW mit einem ökonometrischen Konjunkturmodell im Auftrag von Greenpeace erstellte Studie (vgl. Kohlhaas u. a. 1994),
- die von ISI/DIW mit einem ökonometrischen Langfristmodell im Auftrag des Deutschen Bundestages erstellte Studie (vgl. Walz et al. 1995),
- die von Welsch (1995) mit einem allgemeinen Gleichgewichtsmodell erstellte Studie,
- die RWI/Ifo (1996) im Auftrag des BMWI erstellte Studie,
- die vom Öko-Institut mit einem Input-Output-Modell erstellte Studie (vgl. Cames et al. 1996),
- die von Meyer et al. (1997) mit einem sektoral disaggregierten, ökonometrischen Modell erstellte Studie sowie
- die vom DIW (1997) in Zusammenarbeit mit dem Fifo mit einem ökonometrischen Konjunkturmodell im Auftrag des Umweltbundesamts erstellte Studie.

Die wesentlichen Ergebnisse der einzelnen Modellanalysen sind in den Abbildungen 5.4-1 und 5.4-2 sowie in Tabelle 5.4-1 zusammengefasst. Einerseits fällt auf, dass die Ergebnisse zwischen den einzelnen Studien doch erhebliche Unterschiede aufweisen. Während einige Studien zu positiven makroökonomischen Auswirkungen kommen, weisen andere Studien eine tendenzielle Verschlechterung in den gesamtwirtschaftlichen Zielgrößen aus. Andererseits dürfen die relativen Unterschiede zwischen den Studien nicht überbewertet werden, sondern müssen vor dem Hintergrund der Entwicklung der absoluten Größen gesehen werden. So unterscheiden sich die Studien zwar hinsichtlich den Auswirkungen auf das BIP um bis zu fünf Prozentpunkte. Hierbei gerät aber all zu oft aus dem Blickfeld, dass die meisten Studien in dem betrachteten Zeitraum von einem ganz erheblichen Wachstum des Sozialproduktes ausgehen. So ist zu bedenken, dass die im Referenzfall allgemeinen angesetzten Wachstumsraten bereits bis 2005 das BIP von 1990 um etwa die Hälfte vergrößern. An einem Zahlenbeispiel ausgedrückt reduzieren sich die Unterschiede zwischen den Studien daher auf die Frage, ob das BIP z. B. im Jahre 2005 148 % oder 153 % des Wertes von 1990 ausmacht. Es kommt daher selbst bei den Studien, die einen Rückgang des BIP gegenüber dem Referenzfall ausweisen, nicht zu einem Konsumverzicht der Bevölkerung, sondern lediglich zu einem etwas verminderten Zuwachs.

Abbildung 5.4-1: In verschiedenen Studien ermittelte Auswirkungen einer Klimapolitik auf die Beschäftigung

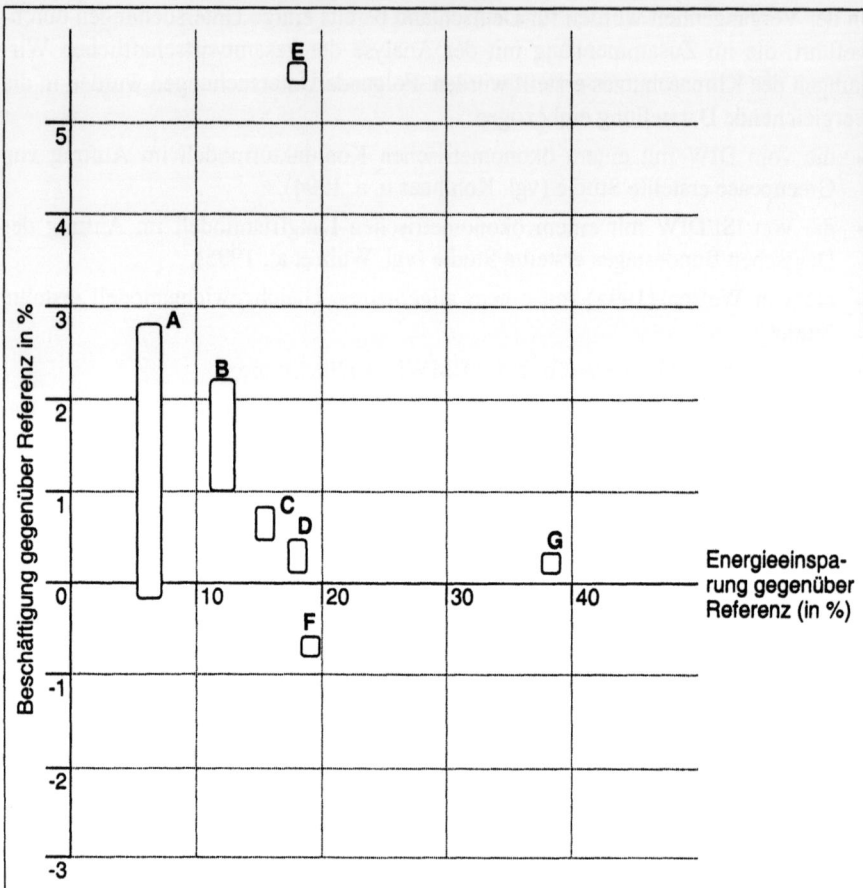

Quellen:
A Welsch, H (1996): Klimaschutz, Energiepolitik und Gesamtwirtschaft. Eine allgemeine Gleichgewichtsanalyse für die Europäische Union. München
B DIW (Kohlhaas, M. et al.) (1994): Wirtschaftliche Auswirkungen einer ökologischen Steuerreform. Gutachten im Auftrag von Greenpeace. Berlin
C DIW/Fifo (1997): Anforderungen an und Anknüpfungspunkte für eine Reform des Steuersystems unter ökologischen Aspekten. Berlin
D ISI/DIW (R. Walz; M. Schön; J. Blazejczak; D. Edler) (1995): Gesamtwirtschaftliche Auswirkungen von Emissionsminderungsstrategien. In: Enquête-Kommission Schutz der Erdatmosphäre (Hrsg.): Studienprogramm; Band 3: Energie; Teilband 2. Bonn: Economica Verlag
E Meyer, B. u. a.(1997): Was kostet eine Reduktion der CO_2-Emissionen? Ergebnisse von Simulationsrechnungen mit dem umweltökonomischen Modell PANTA RHEI. Beiträge des Instituts für empirische Wirtschaftsforschung der Universität Osnabrück Nr. 55
F RWI/Ifo (1996): Gesamtwirtschaftliche Beurteilung von CO_2-Minderungsstrategien. Essen/München, Juli 1996
G Öko-Institut (1996): Nachhaltige Energiewirtschaft – Einstieg in die Arbeitswelt von Morgen. Freiburg

Abbildung 5.4-2: In verschiedenen Studien ermittelte Auswirkungen einer Klimapolitik auf das Bruttoinlandsprodukt

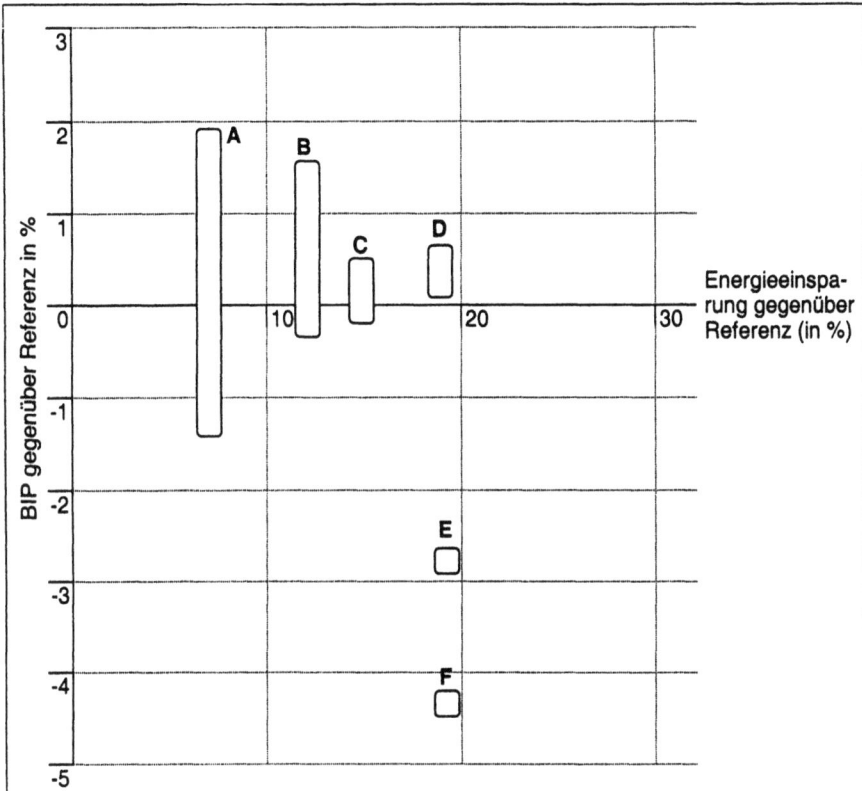

Quellen:

A Welsch, H (1996): Klimaschutz, Energiepolitik und Gesamtwirtschaft. Eine allgemeine Gleichgewichtsanalyse für die Europäische Union. München

B DIW (Kohlhaas, M. et al.) (1994): Wirtschaftliche Auswirkungen einer ökologischen Steuerreform. Gutachten im Auftrag von Greenpeace. Berlin

C DIW/Fifo (1997): Anforderungen an und Anknüpfungspunkte für eine Reform des Steuersystems unter ökologischen Aspekten. Berlin

D ISI/DIW (R. Walz; M. Schön; J. Blazejczak; D. Edler) (1995): Gesamtwirtschaftliche Auswirkungen von Emissionsminderungsstrategien. In: Enquête-Kommission Schutz der Erdatmosphäre (Hrsg.): Studienprogramm; Band 3: Energie; Teilband 2. Bonn: Economica Verlag

E Meyer, B. u. a.(1997): Was kostet eine Reduktion der CO_2-Emissionen? Ergebnisse von Simulationsrechnungen mit dem umweltökonomischen Modell PANTA RHEI. Beiträge des Instituts für empirische Wirtschaftsforschung der Universität Osnabrück Nr. 55

F RWI/Ifo (1996): Gesamtwirtschaftliche Beurteilung von CO_2-Minderungsstrategien. Essen/München, Juli 1996

Tabelle 5.4-1: Wesentliche Ergebnisse ausgewählter Modellanalysen

Studie	Zeithorizont	Betrachtete Maßnahme	Energieeinsparung gegenüber Referenz in %	Entscheidende Wirkungsmechanismen	Veränderung Beschäftigung gegenüber Referenz in %	Veränderung BIP gegenüber Referenz in %
A Welsch	bis 2020	moderate Energie/CO_2-Steuer	4 – 9,9	Kosten unrentabler Maßnahmen; Kompensation Ökosteuer	-0,1 bis 2,8	-1,2 bis 1,8
B DIW	bis 2005	Energiesteuer (etwa 9 DM/GJ)	12	Nachfrage, Kompensation Ökosteuer	1 bis 2,1	-0,4 bis 1,5
C DIW/Fifo	bis 2005	Energiesteuer (etwa 6 DM/GJ)	13,2	Nachfrage, Kompensation Ökosteuer	0,5 bis 0,8	-0,2 bis 0,4
D ISI/DIW	bis 2020	Maßnahmenbündel, u. a. auch moderate Energiesteuer	18	Nachfrage; Kosten rentabler und unrentabler Maßnahmen; Kompensation Ökosteuer; im Ansatz Produktivitätseffekte	0,2 bis 0,3	0,2 bis 0,7
E Meyer	bis 2005	sehr hohe CO_2-Steuer (420 DM/t)	19	Kompensation Ökosteuer	5,8	-2,8
F RWI/Ifo	bis 2010	Maßnahmenbündel, v.a. kurzfristige Wärmedämmung	19	Kosten unrentabler Maßnahmen, v. a. durch kurzfristige Wärmedämmung	-0,7	-4,4
G Öko-Institut	bis 2020	Maßnahmenbündel	41	Direkte und indirekte Nachfrage	0,5	keine Angabe

Bei der Betrachtung der Ergebnisse fallen auch die erheblichen Unterschiede innerhalb einzelner Studien – z. B. bei Welsch und dem DIW 1994 – auf. Als Grund hierfür sind vor allem die unterschiedlichen Varianten der Steuerrückführung anzuführen, beim DIW kommen unterschiedliche Annahmen hinsichtlich der Wechselkursentwicklung, der Geldpolitik und der Substitutionswirkungen hinzu. Durch die unterschiedlichen Kompensationsformen einer Energiesteuer werden die Wirkungsmechanismen der Verbilligung von Arbeit bzw. der Veränderung eines excess burden in unterschiedlich starkem Ausmaß ausgelöst, was wiederum zu ganz erheblichen Unterschieden in den gesamtwirtschaftlichen Ergebnissen führt. Die Höhe dieser Unterschiede innerhalb einzelner Studien verdeutlicht, dass für die makroökonomischen Wirkungen nicht nur die eigentliche Energiepolitik, sondern in erheblichem Ausmaß ihre wirtschaftspolitische Einbettung von Bedeutung ist.

Des weiteren fallen die deutlichen Unterschiede in den angenommenen Preiselastizitäten der Energienachfrage auf. So kommt es bei Meyer bei einer CO_2-Steuer von 420 DM/t – was in etwa einer Verdreifachung der Energiepreise entspricht – lediglich zu einer Verringerung des Energieverbrauchs um 19 %. Im Vergleich hierzu führen bei Welsch und DIW/Fifo wesentlich geringere Steuersätze (weniger als ein Fünftel der Energiepreiserhöhung im Vergleich zu Meyer) bereits zu Energieeinsparungen von 8-13 %.

Ein Vergleich der Auswirkungen auf BIP einerseits und Beschäftigung andererseits zeigt, dass das Beschäftigungsziel positiver beeinflusst wird. Dies lässt sich damit erklären, dass die aufgrund der Kompensation von Ökosteuern möglich werdende Verbilligung der Arbeit dazu führt, dass der Produktionsfaktor Arbeit relativ billiger wird, daher andere Produktionsfaktoren substituiert und entsprechend mehr nachgefragt wird. Dieser Substitution von Produktionsfaktoren untereinander entspricht allerdings nicht eine entsprechende Erhöhung des BIP. Besonders drastisch ist dieses Auseinanderfallen von Auswirkung auf Beschäftigung und BIP bei Meyer, der die höchsten Arbeitsplatzzuwächse und gleichzeitig mit die größten BIP-Verluste ausweist.

Eine Erklärung für die unterschiedlichen Ergebnisse der einzelnen Studien liefert die in Abschnitt 5.2.4 erläuterte Wirkungsrichtung der jeweils berücksichtigten Wirkungsmechanismen. So kommt bei der RWI/Ifo-Studie der Effekt von Mehrkosten der Energieeinsparung zum Tragen, der u. a. durch die Konzeption ausgelöst wird, die Energieeinsparung durch eine kurzfristige und daher besonders kostenintensive Reduktion des Raumwärmebedarfs zu erreichen. Bei Welsch kommt aufgrund des verwendeten Gleichgewichtsmodells ebenfalls ein Mehrkosteneffekt zum Tragen, der durch das angewandte Gleichgewichtsmodell impliziert wird, das von einem sich im Gleichgewicht befindenden Ausgangszustand ausgeht. Andererseits kommen – wie bereits erwähnt – die Effekte einer Veränderung des excess burden sowie der Kosten für Arbeit zum Tragen. Bei DIW 1994 und DIW/Fifo spielen neben den Effekten der Einführung einer Energiesteuer und ihrer Kompensation auch die durch energiesparende Maßnahmen ausgelösten Nachfrageeffekte, die mit dem verwendeten Konjunkturmodell abgebildet werden, eine wichtige Rolle für die ausgewiesen positiven Auswirkungen. Beim Öko-Institut werden – modellbedingt durch die Anwendung eines statischen I/O-Modells – lediglich die direkten und indirekten Nachfrageeffekte modelliert und entsprechend positive Auswirkungen abgeschätzt. Bei ISI/DIW wurde im Unterschied zu DIW 1994 und DIW/Fifo nicht das (kurz- bis mittelfristig ausgerichtete) Konjunkturmodell, sondern ein Langfristmodell angewandt, das sowohl Nachfrage- als auch Angebotseffekte berücksichtigt. Gleichzeitig war es durch die technologische Bottom-up-Fundierung der Inputdaten auch möglich, die einzelwirtschaftlich rentablen Einsparpotentiale mit zu berücksichtigen. Da die Einführung einer Energiesteuer und ihre Kompensation ebenfalls Bestandteile des untersuchten Maßnahmenbündels waren, kommen entsprechend auch die hierdurch ausgelösten Effekte zum Tragen.

Innovationswirkungen wurden im Ansatz bei ISI/DIW untersucht. Hierbei wurde in zwei Variantenrechnungen simuliert, welche Effekte sich ergeben, wenn die Investitionen in Klimaschutztechnologien andere produktive Investitionen verdrängen (Variante ungünstige Bedingungen) bzw. selbst zur Modernisierung des Kapitalstocks beitragen (Variante günstige Bedingungen). Die zwischenzeitlich vorliegenden empirischen Ergebnisse aus anderen Studien lassen hierbei Variante 2 als eher plausibel erscheinen (vgl. Abschnitt 2.2.3). Für beide Varianten ergibt sich eine erhebliche Spannbreite in den Produktivitätsauswirkungen, die sich auch auf den für den privaten Konsum zur Verfügung stehenden Teil des Inlandsproduktes niederschlägt. Insgesamt gesehen spielen die Innovationseffekte jedoch keine wichtige Rolle in den Studien. Da entsprechend den Ausführungen in Abschnitt 2.2.3 davon auszugehen ist, dass von den Innovationswirkungen eher positive gesamtwirtschaftlichen Effekte ausgehen, kann die These aufgestellt werden, dass die vorliegenden Studienergebnisse ein tendenziell zu negatives Bild hinsichtlich der gesamtwirtschaftlichen Auswirkungen zeichnen. Die Defizite der makroökonomischen Modelle bei der angemessenen Berücksichtigung des technischen Fortschritts hätte damit eine systematische Verzerrung der Ergebnisse zur Folge. Dies unterstreicht die Notwendigkeit, die zukünftigen Arbeiten auf eine angemessenere Modellierung des technologischen Fortschritts auszurichten.

5.5 Timing der Emissionsreduktion

Bei der Frage nach der zeitlichen Verteilung von Treibhausgasminderungskosten geht es darum, *wann* CO_2-Reduktionen vorgenommen werden sollen. Während in der aktuellen politischen Diskussion in Westeuropa eher für eine frühzeitige Emissionsreduktion plädiert wird, favorisiert man in den USA eine Verschiebung, um durch verstärkte Forschungsaktivitäten zukünftige Vermeidungskosten zu verringern. Beide Strategien können sich auf zahlreiche wissenschaftliche Studien mit komplexen dynamischen Optimierungsmodellen stützen. Am bekanntesten sind wohl die Ergebnisse des von Nordhaus (1994) entwickelten DICE Modells, wonach es optimal ist, die CO_2-Emissionsrate über die nächsten hundert Jahre zunächst zu verdreifachen. Eine abwartende Strategie wird außerdem durch Untersuchungen von Manne, Mendelson und Richels (1995), Peck und Teisberg (1993), und Wigley, Richels, und Edmonds (1996) unterstützt. Eine Strategie mit frühzeitigen Emissionsreduktionen befürworten hingegen Cline (1992), Azar und Sterner (1996), Schultz und Kastings (1997) sowie Hasselman et al. (1997). Aus diesen Studien wird deutlich, dass sich unterschiedliche Strategieempfehlungen nur bedingt durch unterschiedliche methodische Ansätze erklären lassen. Für die Frage des optimalen Timings spielen das Ausmaß an No-regret-Potentialen, Annahmen bezüglich der Referenzszenarien, Modellwahl (top-down oder bottom-up), Aggregationsniveau oder Substitutionselastizitäten nur eine untergeordnete Rolle. Basierend auf den Arbeiten von Grubb (1997); Azar (1998) und Toman (1998) werden die wichtigsten Bestimmungsfaktoren für die zeitliche Verteilung von Minderungskosten kurz dargestellt.

Befürworter einer abwartenden Strategie weisen darauf hin, dass *technologischer Fortschritt* durch Forschung und Entwicklung (F&E) zu niedrigeren Vermeidungskosten in der Zukunft führt, so dass es über den gesamten Planungshorizont gesehen vorteilhaft ist, die Reduktion von Treibhausgasen (THG) erst in zukünftigen Perioden vorzunehmen. Diese Argumentation lässt jedoch außer acht, dass sich technischer Fortschritt nicht nur exogen infolge staatlicher Forschungs- und Entwicklungsaktivitäten einstellt, sondern insbesondere aus langjährigen Lerneffekten in der Praxis sowie als Anpassungsreaktion auf Politik- und Marktgegebenheiten (Arrow 1962). So stimulieren z. B. höhere Energiepreise infolge einer CO_2-Steuer private Investitionen in energieeffizientere Technologien. Für frühe Vermeidungsmaßnahmen spricht außerdem, dass sich mit zunehmendem Technologieeinsatz kostenreduzierende Skalenerträge ergeben können.

Die *Trägheit des* vorhandenen *Kapitalstocks* verteuert eine schnelle Umwandlung, so dass es sinnvoll ist, dessen natürliche und kontinuierlich ablaufende qualitative und quantitative Veränderung zur Steigerung der Energieeffizienz auszunutzen. Da der Kapitalstock im Energiesektor über eine Lebenszeit von ca. 30-40 Jahren verfügt, könnte – technologische und marktfähige Alternativen vorausgesetzt – die komplette Umwandlung des Kapitalstocks im Energiesektor während des gewöhnlich betrachteten Planungszeitraumes stattfinden. Allerdings wären hierzu auch Signale z. B. in Form einer Energiesteuer hilfreich. Andere Investitionen mit beträchtlichen Auswirkungen auf den Energieverbrauch weisen allerdings eine wesentlich längere Nutzungsdauer auf. Dazu zählen insbesondere die Bereiche Bau, Infrastruktur und Transportwesen, bei denen ob ihrer Bedeutung für zukünftige Vermeidungskosten frühzeitig die Weichen für eine energieeffiziente Entwicklung gestellt werden.

Um die zu unterschiedlichen Zeitpunkten anfallenden Kosten- und Nutzengrößen vergleichbar zu machen, werden diese *abdiskontiert*. Dadurch wird eine zeitliche Verschiebung von Kosten rechnerisch begünstigt, da die zukünftig anfallenden Kosten durch die Abdiskontierung geringer bewertet werden. Je höher die Diskontrate angesetzt wird, desto stärker fällt dieser Effekt aus. Die Wahl des anzulegenden Abzinsungsfaktors ist jedoch umstritten. Insbesondere stellt sich die Frage nach einer angemessenen Berücksichtigung zukünftiger Generationen und der Bewertung katastrophaler Ereignisse, die weit in der Zukunft liegen (z. B. Überflutung von Flussdeltas in den nächsten 100 bis 200 Jahren). Diese Überlegungen machen deutlich, dass sich die Frage nach dem "richtigen" Diskontfaktor nicht abschließend beantworten lässt.

Die komplexen klimatischen Zusammenhänge machen es unmöglich, adäquate Umweltziele mit Sicherheit zu definieren, und einmal eingetretene Umweltschäden sind möglicherweise nicht mehr umkehrbar. Für frühzeitige Maßnahmen spricht in diesem Zusammenhang, dass die erwarteten Kosten einer (ex-post gesehen) zu vorsichtigen Vermeidungsstrategie geringer sind als die Kosten einer zu optimistischen Strategie mit möglicherweise sehr hohen Schadenskosten. Aus diesen Gründen wäre eine Strategie, die frühzeitige Reduktionen beinhaltet und damit mehr Flexibilität bei späteren Maßnahmen gewährleistet, vorzuziehen. In der Literatur wird bei irreversiblen Umweltproblemen häufig vorgeschlagen, sogenannte Safe Minimum Standards anzuwenden, die den maximal möglichen Schaden minimieren und daher mögliche katastrophale Umweltauswirkungen stärker berücksichtigen als dies bei einer traditionellen Kosten-Nutzen-Analyse der Fall ist (Ciriacy-Wantrup 1952; Bishop 1978; Crowards 1998).

Finden neben den Kosten von Emissionsvermeidungen auch deren Nutzen Berücksichtigung im ökonomischen Kalkül, so werden frühzeitige Maßnahmen attraktiver. Allerdings ist die Nutzenbewertung, die diesen sogenannten Integrated Assessment Modellen zugrunde liegt, mit großen methodologischen Problemen verbunden. So muss z. B. eine monetäre Bewertung von immateriellen Gütern wie Artenvielfalt erfolgen.

Ein weiteres Problem bei der zeitlichen Verteilung von Emissionen und deren Kosten besteht darin, dass in Kosten-Nutzen-Analysen, die in der Regel zur Bestimmung von optimalen Vermeidungsstrategien herangezogen werden, sämtlichen möglichen Ereignissen Wahrscheinlichkeiten zugeordnet werden müssen. Diese Wahrscheinlichkeiten sind naturgemäß unbekannt und das Resultat subjektiver Einschätzungen. Es zeigt sich aber, dass die Ergebnisse dieser Analysen sehr sensibel gegenüber angenommenen *Wahrscheinlichkeiten von katastrophalen Ereignissen* sind. Kosten-Nutzen-Analysen sind daher ein wenig geeignetes Instrument, um zu entscheiden, welchen Risiken die Erde ausgesetzt werden soll.

Kritik entzündet sich schließlich am zugrundeliegenden *Entscheidungskriterium*, wonach eine Maßnahme dann als vorteilhaft eingestuft wird, wenn die Gewinner die Verlierer potentiell entschädigen können. Wenn jedoch eine tatsächliche Kompensation nicht erfolgt, ergibt sich bei der zeitlichen Verteilung von Vermeidungskosten eine Verzerrung zu Lasten zukünftiger Generationen. Außerdem bedeutet dies, dass z. B. Auswirkungen von Dürren oder Überschwemmungen mit gesteigerter Bequemlichkeit beim Autofahren aufgerechnet werden können. Diese Überlegungen verdeutlichen, dass entscheidende Bestimmungsfaktoren der zeitlichen Verteilung von Minderungskosten letztendlich das Resultat von *Werturteilen* sind, die in die ökonomischen Modelle einfließen, und auch als solche gekennzeichnet werden sollten.

5.6 Reduktion der externen Kosten

Eine rationelle Energienutzung vermindert nicht nur die Nachfrage nach Energie, sondern auch die mit dem Energieverbrauch verbundenen Emissionen. Neben den "klassischen" Luftschadstoffen wie SO_2 und NO_x sind hierbei vor allem die Emissionen von Treibhausgasen anzuführen. In der volkswirtschaftlichen Terminologie wird die Zielsetzung der Verminderung dieser Emissionen als Reduktion der externen Kosten des Energieverbrauchs thematisiert. Will man diesen primären Nutzen einer Politik zur Verstärkung der rationellen Energienutzung in monetären Einheiten ausdrücken, ist es hierbei erforderlich, die Höhe der vermiedenen externen Kosten zu quantifizieren.

In der Volkswirtschaftslehre wird mit einer derartigen Monetarisierung v. a. die Hoffnung verbunden, eine gesamtwirtschaftliche Kosten-Nutzen-Analyse vornehmen zu können, die als Basis dafür herangezogen werden soll, ob eine Klimaschutzpolitik durchgeführt werden soll (der Nutzen ist größer als die Kosten) oder besser unterbleiben sollte (die Kosten übersteigen den Nutzen).

In der Bundesrepublik werden Versuche zur Berechnung der externen Kosten verstärkt seit Beginn der achtziger Jahre vorgenommen, als das Umweltbundesamt Pilotstudien zur Bewertung des Nutzens umweltverbessernder Maßnahmen in Auftrag gab (vgl. Heinz 1980; Schulz 1985; Ewers et al. 1986) und in einem daran anschließenden Forschungsprogramm die externen Kosten für unterschiedliche Umweltproblembereiche errechnen ließ (vgl. Junkernheinrich/Klemmer 1993).

Von besonderer Bedeutung für die rationelle Energienutzung sind die Ergebnisse der Monetarisierung der externen Kosten der Luftverschmutzung. So wurde für die achtziger Jahre die Größenordnung des Nutzens einer Verbesserung der Luftqualität zu Ferienluft in Westdeutschland auf ca. 50 Mrd. DM abgeschätzt (Schulz 1985; Schulz 1989). In einer aktualisierten Abschätzung argumentiert Wicke (1993), dass aufgrund zwischenzeitlich erfolgter Verbesserungen in der durchschnittlichen Luftqualität dieser Wert deutlich nach unten korrigiert werden müsste. Gleichzeitig müssten aber die in den neuen Bundesländern anfallenden externen Kosten hinzugezählt werden. Insgesamt kommt Wicke (1993) zum Ergebnis, dass sich die externen Kosten der Luftverschmutzung auf über 37 Mrd. DM belaufen.

Auch auf internationaler Ebene gab es in der Vergangenheit intensive Anstrengungen zur Berechnung der externen Kosten des Energieverbrauchs, die inzwischen zu einer kaum noch zu überblickenden Vielfalt von Ergebnissen geführt haben. In einer vergleichenden Analyse der zahlreichen Studien zeigt Stirling (1997) auf, dass sich der Ergebnisse der einzelnen Studien um den Faktor 10^6 unterscheiden (vgl. Abbildung 5.6-1). Entsprechend ist es nicht nur schwierig, die einzelnen Optionen der Energieversorgung hinsichtlich ihrer Umweltwirkungen miteinander zu vergleichen, sondern es besteht auch eine ganz extreme Unsicherheit hinsichtlich der Größenordnung der externen Kosten.

Abbildung 5.6-1: Bandbreite der in unterschiedlichen Studien abgeschätzten externen Kosten des Energieverbrauchs

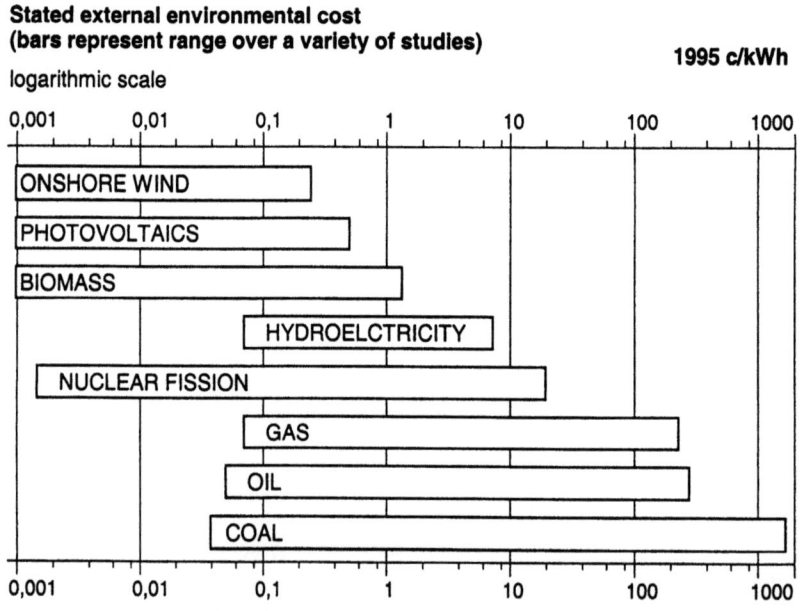

Quelle: Stirling 1997, S. 532

Seit Beginn der neunziger Jahre hat sich das wissenschaftliche Interesse zunehmend auf die Berechnung der externen Kosten des Klimawandels gerichtet. In der Vergangenheit hat es zahlreiche Versuche gegeben, diese externen Kosten v. a. für den Fall einer Verdopplung der CO_2-Konzentrationen zu monetisieren. Hierbei kommen die Studien zu höchst disparaten Ergebnissen (vgl. Huckestein 1994; Fankhauser et al. 1998). Eine Bandbreite der spezifischen externen Kosten zwischen 10 und 1.000 DM pro Tonne CO_2 ist keine Seltenheit. Auch im Rahmen der Diskussionen um die Erstellung des Second Assessment Reports des IPCC konnte keine Einigung über die Größenordnung der zu erwartenden externen Kosten des Klimawandels erzielt werden. Zwar wird von einigen Lead Authors eine Größenordnung der externen Kosten des Klimawandels von 1,5 bis 2 % des BIP für realistisch gehalten, diese Ansicht bleibt aber nicht unwidersprochen. Entsprechend werden im Verhältnis zum Bruttoinlandsprodukt relativ geringe bis zu sehr hohe Kosten des Klimawandels ausgewiesen.

Gründe für diese höchst unterschiedlichen Ergebnisse gibt es zahlreiche. Hohmeyer 1998 weist darauf hin, dass insbesondere unterschiedliche Annahmen bezüglich folgender Parameter zu den disparaten Ergebnissen beitragen:
- einbezogene Schadenskategorien,
- Diskontierung in Zukunft anfallender Schäden sowie
- monetäre Bewertung von Todesfolgen.

Tabelle 5.6-1: Auswirkungen von drei notwendigen ethisch-normativen Annahmen auf die berechneten Folgekosten des anthropogenen Klimawandels im Bereich der landwirtschaftlichen Produktion und möglicher Todesfälle durch Verhungern

Werte in US$	Ernteverlust 200 kg Getreide	Todesfall durch Verhungern	
		Tod in Niger	Tod in Westeuropa
Ausgangswert heute	80	33.000	3.300.000
heutiger Barwert eines Schadens in 50 Jahren bei Abdiskonierung mit:			
0 % real	80	33.000	3.300.000
1 % real	49	20.065	2.006.528
3 % real	18	7.528	752.753
5 % real	7	2.878	287.772
10 % real	0,7	281	28.111
Schaden in 100 Jahren:			
0 % real	80	33.000	3.300.000
1 % real	30	12.200	1.220.047
3 % real	4	1.717	171.708
5 % real	0,61	251	25.095
10 % real	0,006	2,4	239

Quelle: Hohmeyer 1998, S. 145

Die in Tabelle 5.6-1 aufgeführten Ergebnisse verdeutlichen den Einfluss dieser Parameter. Wird nur der Ernteverlust bewertet, kommt es in Abhängigkeit von dem gewählten Diskontierungsfaktor zu externen Kosten bis zu maximal 80 US$. Höhere Kosten werden errechnet, wenn man die mit einem derartigen Ernteverlust eventuell einhergehenden Todesfälle mitberücksichtigt. Allerdings sind auch hier in Abhängigkeit von den gewählten Annahmen gravierende Unterschiede möglich. So beträgt die statistische Bewertung eines aufgrund des Klimawandels in 50 Jahren eintretenden Todesfalls in einem Entwicklungsland mit dem für derartige Länder erhobenem statistischem Wert und einem Diskontfaktor von 5 % 2.878 US$. Wird für den gleichen Todesfall aber der in Industrieländern angesetzte statistische Wert angesetzt und keine Diskontierung vorgenommen, ergibt sich ein statistischer Wert von 3,3 Mio. US$ – und damit ein um den Faktor 1.000 höherer Wert.

Hervorzuheben ist, dass es sich bei diesen Aspekten nicht um wissenschaftlich eindeutig zu entscheidende Sachfragen handelt, sondern um zentrale ethisch-normative Wertsetzungen. Solange kein gesellschaftlicher Konsens bezüglich dieser Fragen besteht, wird es auch nicht zu einer eindeutigen Ausweisung der externen Kosten des Klimawandels kommen.

Zusätzlich zu diesen Schwierigkeiten bei der monetären Bewertung eines Schadens bestehen sehr große Unsicherheiten auch in der (naturwissenschaftlichen) Abschätzung der Folgen eines rapiden Klimawandels. Entsprechend wird die These aufgestellt, dass es notwendigerweise eine systematische Verzerrung in Richtung einer Unterschätzung der externen Kosten gibt, da die monetäre Bewertung den Wert der Umweltqualität wegen dem fehlenden wissenschaftlichen Kenntnisstand erheblich unterschätzt (Behrens-Egge 1991). Dieser Effekt dürfte insbesondere bei sehr komplexen Ursache-Wirkungszusammenhängen zum Tragen kommen – und damit auch beim Klimawandel. Übertragen auf die Abschätzungen der externen Kosten des Klimawandels würde dies bedeuten, dass sich die monetarisierten Wirkungen lediglich auf diejenigen Folgen beziehen, zu denen es bereits erste Ergebnisse gibt, während in ihrer Größe noch nicht abschätzbare weitere negative Effekte aufgrund des fehlenden Wissens unberücksichtigt bleiben müssen.

Aus den bisherigen Ausführungen wird deutlich, dass bei den bestehenden Unsicherheiten eine Kosten-Nutzen-Analyse nicht als eindeutiges Entscheidungskriterium für Entscheidungen über die Vornahme einer Klimaschutzpolitik herangezogen werden kann. Dies wird deutlich, wenn man die vorliegenden Bandbreiten zu den externen Kosten des Klimawandels mit denjenigen zu den Auswirkungen einer Klimaschutzpolitik auf das BIP zusammenführt. Dies sei an folgendem Beispiel illustriert: Die von Meyer ausgewiesenen Reduktionen des BIP (-2,8 %) liegen bereits über den Verlusten des BIP, die von Fankhauser et al. (1998) für eine Verdoppelung der CO_2-Konzentration angegeben werden! Allerdings muss hierbei festgehalten werden, dass die Monetarisierung der Auswirkungen des Klimawandels vor dem Problem steht, dass ganz erhebliche Unsicherheiten hinsichtlich der Folgen bestehen. Entsprechend werden auch Kosten des Klimawandels ausgewiesen, die weit jenseits der denkbaren Reduktionen des BIPs aufgrund einer Klimaschutzpolitik liegen. Hinzu kommt, dass in einigen empirischen Ergebnissen auch positive Auswirkungen der Klimaschutzpolitik auf das BIP ausgewiesen werden (vgl. Abbildung 5.4-2).

Im Ergebnis bedeutet dies, dass eine gesamtwirtschaftliche Kosten-Nutzen-Analyse kein gültiges Entscheidungskriterium für die Vornahme einer Klimapolitik sein kann, zumal wenn zu befürchten ist, dass der Nutzen der Klimapolitik systematisch unterschätzt wird.

Abbildung 5.6-2: Stilisierte Ergebnisse eines Integrated Assessment der Klimapolitik

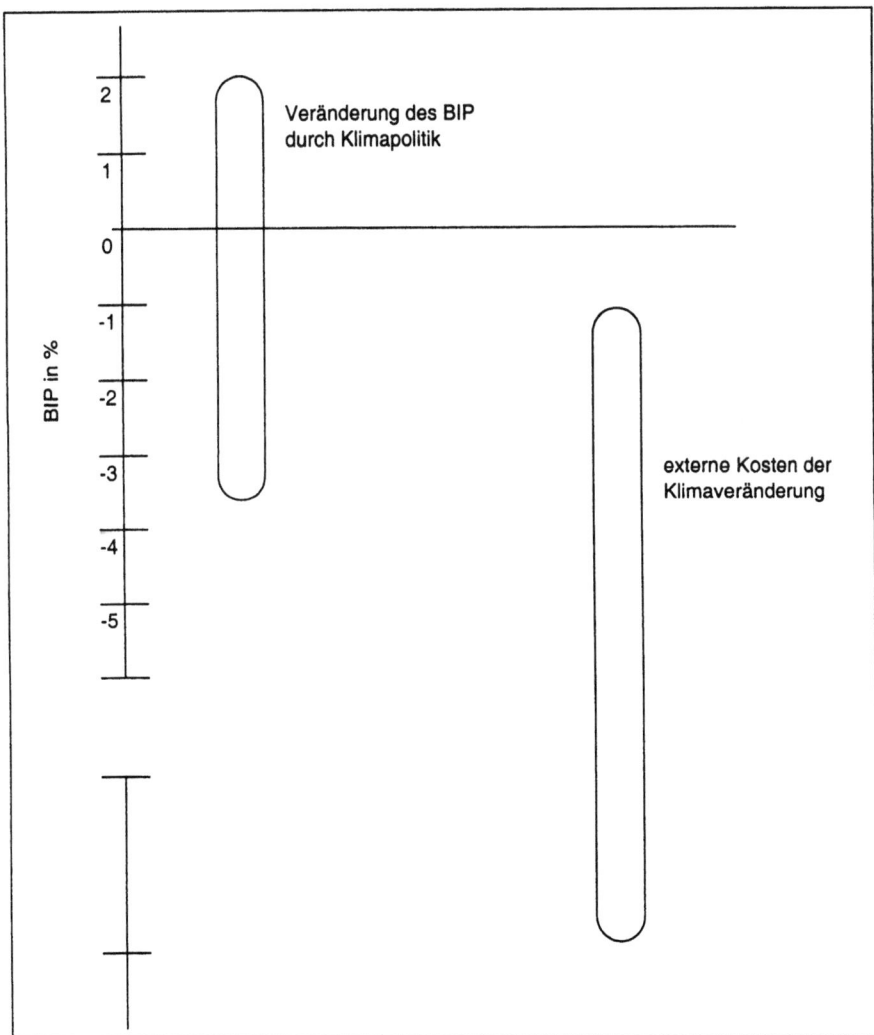

Hinzu kommt, dass eine Klimapolitik zusätzlich zur Reduktion der Treibhausgasemissionen auch zu weiteren Umweltentlastungen führen wird, v. a. im Bereich der luftbedingten Emissionen (z. B. Verminderung von NO_x-Emissionen). Die aus Kosten-Nutzen-Überlegungen resultierenden Ergebnisse können also lediglich die Größenordnung der denkbaren Effekte skizzieren, wie sie in stilisierter Form in Abbildung 5.6-2 wiedergegeben sind.

Klimapolitik ist daher ein Paradebeispiel für die Anwendung des in der Literatur beschriebenen Safe Minimum Standards. Insbesondere bei Vorliegen von Unsicherheiten und der Möglichkeit von irreversiblen Schäden postuliert diese Regel: Conserve, unless the social costs of conservation are very high. Die Ausführungen in Abschnitt 5.4 haben aufgezeigt, dass als Folgen einer Energieeinsparung tendenziell eher positive makroökonomische Wirkungen zu erwarten sind. Selbst die in Abschnitt 5.4 als Worst-case-Abschätzungen einer Klimapolitik angegebenen Reduktionen des BIP sind eher gering, zumal wenn man bedenkt, dass sich diese Auswirkung gegenüber Referenzläufen ergeben, die eine Zunahme des BIP in der Größenordnung von 50 % oder mehr beinhalten. Entsprechend lässt sich aus der Anwendung des Safe Minimum Standards die Befürwortung einer weitreichenden Klimapolitik ableiten.

5.7 Fazit zur Bewertung von Energiesparmaßnahmen in gesamtwirtschaftlichen Analysen

Insgesamt sind folgende Schlussfolgerungen hinsichtlich der gesamtwirtschaftlichen Auswirkungen einer Energieeinsparpolitik zu ziehen:

- Die für Deutschland vorliegenden Studien kommen zu unterschiedlichen, insgesamt aber relativ geringen makroökonomischen Wirkungen.
- Bei der Interpretation der Ergebnisse der einzelnen Studien ist jeweils zu hinterfragen, ob sie alle relevanten Wirkungsmechanismen berücksichtigen.
- Bei Berücksichtigung mehrerer Wirkungsmechanismen sind eher positive makroökonomische Wirkungen zu erwarten.
- Diese positiven Wirkungen werden durch die in den Modellergebnissen nicht ausreichend berücksichtigten Innovationseffekte noch verstärkt.
- Die Höhe der innerhalb einzelner Studien bestehenden Bandbreiten deutet darauf hin, dass entscheidend für die makroökonomischen Wirkungen weniger die eigentliche Energiepolitik, als vielmehr ihre wirtschaftspolitische Einbettung ist.
- In der Diskussion über die zeitliche Verteilung der Emissionsmaßnahmen erscheinen die Argumente gewichtiger zu sein, die für ein frühzeitiges Beginnen der Reduktionsbemühungen sprechen.

- Die Höhe der externen Kosten kann nicht genau monetarisiert werden, da die Ergebnisse durch zahlreiche subjektive Annahmen determiniert werden und zahlreiche Unsicherheiten hinsichtlich der naturwissenschaftlich zu begründenden Folgewirkungen vorliegen. Entsprechend kommt es zu ganz erheblichen Unterschieden in den ausgewiesenen externen Kosten des Klimawandels. Aufgrund dieser Unsicherheiten können Entscheidungen über die Vornahme von Klimapolitik nicht auf Basis eines rechnerisch eindeutigen Ergebnisses gesamtwirtschaftlicher Kosten-Nutzen-Analysen getroffen werden. Derartige Analysen können nur Orientierungsgrößen über die möglichen Größenordnungen der Kosten und Nutzen liefern, nicht aber gesellschaftlich zu legitimierende Entscheidungen ersetzen.

Literatur zu Kapitel 5

Arrow, K. J. (1962): The Economic Implications of Learning-by-Doing. In: Review of Economic Studies 29, 155-137

Azar, C. (1998): Are Optimal CO_2-Emissions really Optimal? In: Environmental and Resource Economics 11 (3-4), 301-315

Azar, C.; T. Sterner (1996): Discounting and Distributional Considerations in the Context of Climate Change. In: Ecological Economics 19(2), 169-194

Behrens-Egge, M. (1991): Möglichkeiten und Grenzen der monetären Bewertung in der Umweltpolitik. In: ZfU 1991, Heft 1, S. 71-94

Bhattacharyya, S. C. (1996): Applied general equilibrium models for energy studies: a survey. In: Energy Economics 18 S. 145/164

Bishop, R. C. (1978): Endangered Species and Uncertainty: The Economics of a Safe Minimum Standard. In: American Journal of Agricultural Economics 60, 10-18

Ciriacy-Wantrup, S. V. (1952): Resource Conservation: Economics and Politics. Berkeley CA: University of California Press

Cline, W. R. (1992): The Economics of Global Warming. Washington DC: Institute of International Economics

Crowards, T. M. (1998): Safe Minimum Standards: Costs and Opportunities. In: Ecological Economics 25, 303-314

DIW (1994): s. Kohlhaas, M. et al. (1994)

DIW et al. (1996): Der Einfluss von Energiesteuern und -abgaben zur Reduktion von Treibhausgasen auf Innovation und technischen Fortschritt – Clearing-Studie. Berlin u. a.

DIW/Fifo (1997): Anforderungen an und Anknüpfungspunkte für eine Reform des Steuersystems unter ökologischen Aspekten. Berlin

Ekins, P. (1995): Rethinking the Costs Related to Global Warming: A Survey of the Issues. In: Environmental and Resource Economics 1995, S. 231-277

Ewers, H.-J. et al. (1986): Methodische Probleme der monetären Bewertung eines komplexen Umweltschadens – das Beispiel des Waldsterbens in der Bundesrepublik Deutschland. Berichte 4/86 des Umweltbundesamtes, Berlin

Fankhauser, S. et al. (1998): Extensions and alternatives to climate change impact valuation: on the critique of IPCC Working Group III's impact estimates. In: Environment and Development Economics, 3.1998, Heft 1, S. 59-81

Frohn, J. et al. (1998): Fünf makroökonometrische Modelle zur Erfassung der Wirkungen umweltpolitischer Maßnahmen – eine vergleichende Betrachtung. Band 7 der Schriftenreihe "Beiträge zu den umweltökonomischen Gesamtrechnungen", Stuttgart

Grubb, M. (1997): Technologies, Energy Systems and the timing of CO_2–Emissions Abatement. An Overview of Economic Issues. In: Energy Policy 25 (2), 159-172

Hasselman, K.; S. Hasselman; R. Giering; V. Ocana; H. V. Storch (1997): Sensitivity Study of Optimal CO_2 Emission Paths Using a Simplified Structural Integrated Assessment Model. In: Climatic Change 37, 345-386

Heinz, I. (1980): Volkswirtschaftliche Kosten durch Luftverunreinigungen. Ökonomische Bewertung der Wirkungen von Luftverunreinigungen. Studie im Auftrag des Umweltbundesamts, Dortmund

Hohmeyer, O. (1998): Externe Kosten des Klimawandels: Schlußfolgerungen angesichts der Unsicherheiten und Bandbreite möglicher Abschätzungen. In: Ostertag, K.; E. Jochem; H.-J. Ziesing (Hrsg.): Workshop: "Energiesparen – Klimaschutz, der sich rechnet", 8.-9.10.98, Rotenburg an der Fulda. Workshop-Dokumentation. Fraunhofer-ISI: Karlsruhe, S. 138-149

Hourcade, J. C.; J. Robinson (1996): Mitigating factors. Assessing the costs of reducing GHG emissions. In: Energy Policy 24 10/11

Huckestein, B.: Volkswirtschaftliche Kosten des Treibhauseffektes – ein Überblick über die ökonomischen Konsequenzen unterlassenen Klimaschutzes. In: Zeitschrift für angewandte Umweltforschung 7 (1994) 4, S. 542-553

IPCC (1995): Climate Change 1995. Economic and Social Dimension of Climate Change. Cambridge: Cambridge University Press

ISI, DIW (1995): s. Walz, R., M. Schön, J. Blazejczak, D. Edler (1995)

Jochem, E. (1997): Arbeit und bedachter Umgang mit Energie. In: Ropohl, D.; A. Schmid (Hrsg.): Handbuch zur Arbeitslehre. München

Jochem, E. et al. (1996): Exportchancen für Techniken zur Nutzung regenerativer Energien. Sachstandsbericht, TAB-Arbeitsberichte Nr. 42. Karlsruhe/Bonn

Jochem, E.; M. Schön (1994): Rationelle Energienutzung: Sparen als Konjunkturspritze. In: Energie und Management Nr. 6, S. 42-45, Nr. 7, S. 32-36

Junckernheinrich, M.; P. Klemmer (Hrsg.) (1992): Wirtschaftlichkeit des Umweltschutzes. Sonderheft 271992 der Zeitschrift für Angewandte Umweltforschung

Kohlhaas, M. et al. (1994): Wirtschaftliche Auswirkungen einer ökologischen Steuerreform. Gutachten im Auftrag von Greenpeace. Berlin

Krause, F. (1996): The costs of mitigating carbon emissions. A review of methods and findings from European studies. In: Energy Policy 24 10/11

Lee, R. (1996): Externalities Studies: Why are the Numbers Different? In: Hohmeyer, O. u. a. (Hrsg.): Social Costs and Sustainability. Heidelberg, S. 13-28

Manne, A. S.; R. Mendelsohn; R. G. Richels (1995): MERGE. A Model for Evaluating Regional and Global Effects of GHG Reduction Policies. In: Energy Policy 23, 17-34

Meyer, B. u. a. (1997): Was kostet eine Reduktion der CO_2-Emissionen? Ergebnisse von Simulationsrechnungen mit dem umweltökonomischen Modell PANTA RHEI. Beiträge des Instituts für empirische Wirtschaftsforschung der Universität Osnabrück Nr. 55

Nordhaus, W. D. (1994): Managing the Global Commons: the Economics of Climate Change. Cambridge MA: MIT Press

Öko-Institut (1996): Nachhaltige Energiewirtschaft – Einstieg in die Arbeitswelt von Morgen. Freiburg

Ostertag, K.; K. Schlegelmilch (1995): Potential employment effects of achieving the Toronto Target. Literature Study: Germany. Wuppertal Institut für Klima, Umwelt, Energie. Vertrieb als Studie des WWF Europa: Saving the Climate – That's my Job!

Peck, S. C; T. J. Teisberg (1993). Global Warming Uncertainties and the Value of Information: An Analysis Using CETA. In: Resource and Energy Economics 51, 71-97

Pfaffenberger, W. (1995): Arbeitsplatzeffekte von Energiesystemen. VDEW – Energiewirtschaftliche Studien 6. Frankfurt a. M

RWI/Ifo (1996): Gesamtwirtschaftliche Beurteilung von CO_2-Minderungsstrategien. Essen/München

Schneider, S. H. (1998): The Climate for Greenhouse Policy in the U.S. and the Incorporation of Uncertainties into Integrated Assessments. In: Energy & Environment 9 (4), 425-440

Schöb, R. (1995): Zur Bedeutung des Ökosteueraufkommens: Die Double-Dividend-Hypothese. In: Zeitschrift für Wirtschafts- und Sozialwissenschaften 115.1995, Heft 1, S. 93-117. (B, S)

Schultz, P. A.; J. F. Kastings (1997): Optimal Reductions in CO_2 Emissions. In: Energy Policy 25, 491-500

Schulz, W. (1985): Der monetäre Wert besserer Luft. Frankfurt

Schulz, W. (1989): Ansätze und Grenzen der Monetarisierung von Umweltschäden. In: Zfu 1989, Heft 1, S. 55-72

Stirling, A. (1997): Limits to the value of external costs. In: Energy Policy 25 5, S. 517-540

Toman, M. (1998): Research Frontiers in the Economics of Climate Change. In: Environmental and Resource Economics 11(3-4), 603-621

Umweltbundesamt (1997): Umweltschutz und Beschäftigung. Brückenschlag für eine lebenswerte Zukunft. Berlin

Walz, R. u. a. (1998): Mikroökonomische Fundierung der innovatorischen Wirkung einer CO_2/Energieabgabe. In: Walz, R.; U. Kuntze (Hrsg.): Ordnungsrecht, Abgaben und Innovationen. Ausgewählte Beispiele im Umweltbereich. Karlsruhe, S. 124-215

Walz, R. (1997): Auswirkungen auf Beschäftigung durch rationelle Energieanwendung in Deutschland. In: VDI-Gesellschaft Energietechnik (Hrsg.): Industriestandort Deutschland – Arbeitsplätze und Energie. Düsseldorf: VDI-Verlag, S. 69-80

Walz, R. (1996): Auswirkungen von Klimaschutz auf die Volkswirtschaft. In: Brauch, H. G. (Hrsg.): Klimapolitik. Heidelberg, S. 189-199

Walz, R. (1995): Gesamtwirtschaftliche Auswirkungen von Klimaschutzmaßnahmen – der Modellierungsansatz der Enquête-Kommission. In: Hennicke, P. (Hrsg.): Globale Kosten/Nutzen-Analysen von Klimaänderungen. Berlin, S. 134-152

Walz, R.; M. Schön; J. Blazejczak; D. Edler (1995): Gesamtwirtschaftliche Auswirkungen von Emissionsminderungsstrategien. In: Enquête-Kommission "Schutz der Erdatmosphäre" (Hrsg.): Studienprogramm, Band 3: Energie, Teilband 2. Bonn: Economica Verlag

Welsch, H (1996): Klimaschutz, Energiepolitik und Gesamtwirtschaft. Eine allgemeine Gleichgewichtsanalyse für die Europäische Union. München

Wicke, L. (1993): Umweltökonomie. 4. Auflage, München

Wigley, T.; R. Richels; J. Edmonds (1996): Economics and Environmental Choices in the Stabilisation of Atmospheric CO_2 Concentrations. Nature 379, 240-243

Wilson, D.; J. Swisher (1993): Exploring the gap – Top-down versus bottom-up analyses of the cost of mitigating global warming. In: Energy Policy 3, S. 249-263

6 Querschnittsaspekte: Transaktions- und Programmkosten

Die Existenz eines einzel- und gesamtwirtschaftlich rentablen Energieeinsparpotentials wird häufig bestritten mit dem Argument, bei der Berechnung der wirtschaftlichen Potentiale würden wesentliche Kosten – nämlich Transaktions- und Programmkosten – nicht berücksichtigt (Grubb et al. 1993). Einzelne Fallstudien dagegen kommen zu dem Ergebnis, dass Transaktionskosten nur ca. 3 – 8 % der Investitionssumme ausmachen und bei weitem nicht ausreichen, um die Wirtschaftlichkeit von Energieeinsparpotentialen in Frage zu stellen (Hein, Blok 1995). Zur Verallgemeinerung dieses Ergebnisses sind allerdings weitere Analysen erforderlich.

Das folgende Kapitel hinterfragt den in der Fachdiskussion inzwischen sehr oft und häufig leichtfertig gebrauchten Begriff der Transaktionskosten und greift damit einen ersten Aspekt auf, der quer zu den einzelnen Analyseebenen durchgängig eine Rolle in der Bewertung spielt. Aus Sicht der Transaktionskostenökonomie wird ein kritischer Blick auf die einzelwirtschaftliche und energiesystemanalytische Bewertung der Kosten von Energiesparmaßnahmen geworfen. Außerdem wird die Notwendigkeit und Möglichkeit, Programmkosten in die Betrachtung zu integrieren, diskutiert.

Nach einer näheren Begriffsbestimmung (Kap. 6.1) werden Transaktionskosten und ihre Determinanten an drei Beispielen konkretisiert (Kap. 6.2). Anschließend werden Möglichkeiten aufgezeigt, wie Transaktionskosten durch Contracting (Kap. 6.3) oder geeignete Programme (Kap. 6.4) reduziert werden können. Aus den Erkenntnissen werden Implikationen für die Energiesystemanalyse abgeleitet und damit eine Brücke zwischen der einzelwirtschaftlichen Betrachtung und der Energiesystemanalyse geschlagen (Kap. 6.5). In den Schlussfolgerungen werden einige wichtige Hypothesen, die der aktuellen Diskussion um Transaktions- und Programmkosten implizit zugrunde liegen, auf ihre Plausibilität geprüft (Kap. 6.6).

6.1 Grundsätzliche Überlegungen zur Transaktionskostendebatte

Nach Ronald Coase, dem Pionier der Transaktionskostenökonomie, sind Transaktionskosten Ressourcen, die aufgewendet werden müssen, um eine Markttransaktion durchzuführen, das heißt, um einen Marktpartner zu finden, die eigene Nachfrage zu formulieren, Bedingungen auszuhandeln, den (Kauf-) Vertrag abzuschließen und seine Einhaltung zu überwachen und ggf. einzuklagen (Coase 1937). Unter Transaktionskosten fallen also Such-, Informations-, Abstimmungs-, Verhandlungs- und Überwachungskosten.

Noch klarer wird der Begriff, wenn man ihn den Produktionskosten gegenüberstellt: Produktionskosten hängen von der Produktionstechnologie ab, Transaktionskosten hängen von der gewählten Organisationsform, von Routinen für Entscheidungsfindung und -umsetzung in der jeweiligen Situation ab. Einzelwirtschaftlich interpretiert heißt das, sie repräsentieren die Ex-ante- und Ex-post-Kosten des Vertragsabschlusses, während die Produktionskosten aus der Ausführung des Vertrages resultieren. Das Begriffspaar lässt sich aber auch volkswirtschaftlich interpretieren: Dann fallen unter Produktionstechnologie die aggregierten Einzeltechnologien, die in der Volkswirtschaft eingesetzt werden, und die Transaktionskosten hängen vom gesamten institutionellen Rahmen der Volkswirtschaft ab. In der Transaktionskostenökonomie geht es nun nicht nur darum, die Transaktionskosten zu bestimmen, sondern auch ihre Determinanten und darauf aufbauend diejenige Organisationsform (oder Institution oder vertragliche Regelung) zu identifizieren, die die Summe von Transaktions- und Produktionskosten vermindert oder idealerweise minimiert.

Hält man sich diese Definition vor Augen, stellt man fest, dass in der Fachdiskussion der Begriff Transaktionskosten in einer anderen, z. T. wesentlich breiteren Bedeutung gebraucht wird. Er steht hier meist als Sammelbegriff für alle durch REN-Maßnahmen ausgelösten Kostensteigerungen, die bisher nicht bzw. nur zum Teil, nicht hinreichend differenziert oder nicht explizit in die Analysen einfließen. Gedacht wird dabei z. B. an den erhöhten Zeitaufwand, der nötig ist, um unter den Produkten, die die eigenen funktionalen und äußerlichen Anforderungen erfüllen, tatsächlich das energieeffizienteste zu identifizieren. Dies wären Transaktionskosten im engeren Sinne. Gedacht wird dabei jedoch oft auch an mögliche **Neben- und Folgekosten,** z. B. Kosten

- für Umbaumaßnahmen zur Verengung des Kamins bei der Installation eines Brennwertkessels, um trotz kühlerer Abgase noch deren Abzug zu gewährleisten;
- für die Anschlusskosten an das Leitungsnetz bei einem Brennstoffwechsel von Öl auf Gas;
- für mögliche Produktionsausfälle, die während der Installation einer neuen Anlage entstehen können;
- für Personalkosten, insbesondere bei nicht-investiven Maßnahmen wie z. B. einer verbesserten Druckluft-Leckage-Überwachung durch häufige Kontrollgänge und einfache Wartungsmaßnahmen (Dichtungswechsel).

Dies sind jedoch keine Transaktionskosten im eigentlichen Sinne. Es ist fraglich, ob sich für diese "**versteckten Kostenwirkungen**" ein anderer einheitlicher Nenner finden lässt. Betroffen von der Vernachlässigung sind jedenfalls häufig fixe Kosten (z. B. Kapitalkosten), die aber Einzelkosten sind, d. h., die erst durch die Entscheidung zur REN-Maßnahme entstehen und damit eindeutig zuordnungsfähig sind. Außerdem sind gerade im Zusammenhang mit nicht-investiven Maßnahmen Personalkosten betroffen oder auch Kostenarten, die nicht mehr direkt mit Energie im Zusammenhang stehen, wie die genannten Produktionsausfälle.

Der Sache nach sollten diese versteckten Kostenwirkungen jedenfalls in die ökonomische Bewertung von REN-Maßnahmen einfließen. Das Ergebnis einer in diese Richtung erweiterten Betrachtung ist jedoch offen und muss keineswegs zu einer Ausweisung von – im Vergleich zur Beibehaltung des Status-quo – höheren Kosten von REN-Maßnahmen führen. Denn eine konsequente Berücksichtigung aller Kosteneffekte bedeutet im Gegenzug auch eine konsequente Einbeziehung aller Kosteneinspareffekte von REN-Maßnahmen – ob sie nun im Energiebereich liegen oder außerhalb davon (z. B. bei der Abfallreduktion und entsprechend vermiedenen Entsorgungskosten; und ob sie nun die eigentliche energieeffiziente Anlage betreffen oder vor- bzw. nachgelagerte Anlagen, die vielleicht nicht mehr oder nicht mehr in der Größe benötigt werden (z. B. wenn durch effiziente Beleuchtung und Bürogeräte der Bedarf an Klimakälte reduziert wird). Für die Klarheit der Debatte wie auch der folgenden Ausführungen ist es jedoch sinnvoll, bei einem engen Transaktionskostenbegriff zu bleiben. Die übrigen versteckten Kosten sind davon deutlich zu unterscheiden.

Die folgenden Ausführungen spiegeln zunächst Bewertungen und Entscheidungen aus einzelwirtschaftlicher Sicht wider. Da die Transaktionskostenökonomie eng mit der Theorie der Unternehmung verknüpft ist, liegt dabei der Fokus auf Unternehmen. Die Überlegungen tangieren aber nicht nur die einzelwirtschaftliche Ebene, sondern sind auch für Energiesystemanalysen relevant. Denn sie haben Implikationen für deren Daten-Input und die dort abgebildeten Wirkungszusammenhänge.

6.2 Transaktionskosten an drei konkreten Beispielen

Die Definition von Transaktionskosten hat gezeigt, dass die Frage nach ihrer Höhe im Zusammenhang mit REN-Maßnahmen relevant ist, aber noch zu kurz greift. Die folgenden Beispiele von REN-Maßnahmen sind deshalb so ausgewählt, dass daran weitere spezifische Teilaspekte erläutert werden können, die für die Bewertung der Kosten dieser Maßnahmen aus transaktionskostenökonomischer Sicht relevant sind. Gleichzeitig werden andere versteckte Kostenwirkungen aufgezeigt, die mit der Transaktionskostenökonomie möglicherweise nicht hinreichend erfasst werden können und Ansatzpunkte für eine breiter angelegte Revision der Kostenbewertung von REN-Maßnahmen aufzeigen.

6.2.1 Hocheffiziente Elektromotoren (HEM)

Nach der Transaktionskostenökonomie entstehen für die Anschaffung eines Elektromotors nicht erst zum Zeitpunkt des Kaufs Kosten, sondern bereits im Vorfeld für die Planung dieses Kaufs (z. B. die Festlegung der Anforderungen des gewünschten Motors) und die Aushandlung der Vertrags- und Lieferbedingungen – denn trotz der

Existenz von Listenpreisen sind Preise auf diesem Markt Verhandlungssache (Ostertag et al. 1997). Obwohl in vielen Unternehmen bereits die Organisationsstruktur deutlich macht, dass die Anschaffung eines Geräts mit mehr Kosten als nur dem Preis dieses Geräts verknüpft ist – oft wird eigens eine Abteilung "Einkauf" eingerichtet – werden diese Kosten in vielen Fällen (wegen mangelnder empirisch abgesicherter Datenlage) nicht explizit oder vereinfachend mit prozentualen Anteilen der Investitionssumme (vgl. z. B. IKARUS-Analyseraster) ausgewiesen. Differenziert und sachgerecht ist die folgende Aufschlüsselung der Lebenszykluskosten von Elektromotoren unterschiedlicher Größe (vgl. Abb. 6.2-1, nach Bieniek 1998), die die Kosten für Planung und Beschaffung (planning and purchasing) getrennt ausweist. Aus dieser Abbildung lassen sich **zwei wichtige Punkte** festhalten:

Abbildung 6.2-1: Lebenszykluskosten von Elektromotoren

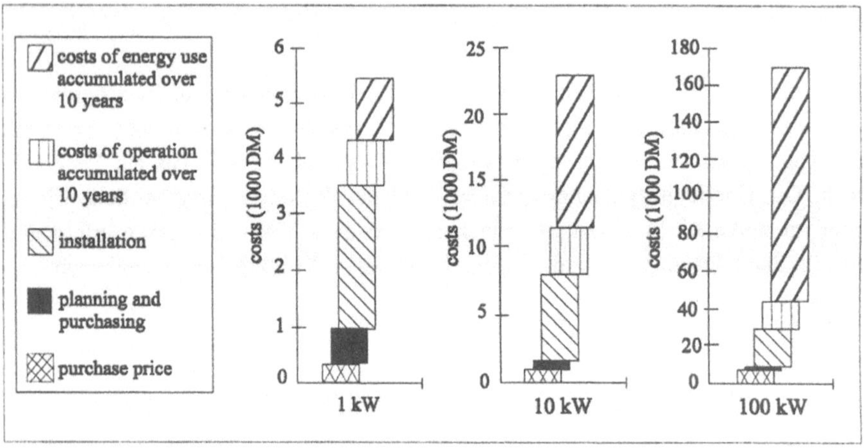

Quelle: Bieniek 1998

- Der Anteil der Kosten für Planung und Beschaffung (ohne Anschaffungspreis!) eines Motors an den gesamten Lebenszykluskosten sinkt mit der Größe des Motors. Das heißt, die Kosten für Planung und Beschaffung sind mehr oder weniger konstant und werden vom Preis (oder der Leistung oder den gesamten Lebenszykluskosten) des Motors kaum beeinflusst. Oder allgemeiner: Transaktionskosten hängen nicht oder nicht direkt vom Transaktionsvolumen ab. Insbesondere bei hohen Anschaffungspreisen führt die Annahme, dass Transaktionskosten proportional zum Anschaffungspreis sind, in vielen Fällen zu einer Überschätzung der Transaktionskosten.

- Transaktionskosten (hier: für Planung und Beschaffung) fallen bei der Beschaffung jeden Motors an, gleichgültig, ob es sich dabei um ein hoch energieeffizientes Modell oder um ein Standardmodell handelt. Deshalb unterscheidet die Abbildung in diesem Beispiel nur nach Größe, nicht aber nach Effizienz der Motoren.

Aus dem zweiten Punkt wird deutlich, dass bei einer Transaktionskostenbetrachtung nur die **Transaktions*mehr*kosten** der REN-Maßnahme interessieren. Von eigentlichem Interesse ist also nicht die Frage nach der Höhe der Transaktionskosten von HEM, sondern vielmehr die Frage: Weichen die Transaktionskosten für den Einsatz oder – um konkret zu bleiben – die Kosten für Planung und Beschaffung von HEM systematisch von den Kosten für Planung und Beschaffung von Standardmotoren ab? Denn nur in diesem Fall ist ein Effekt auf das "Ranking" von HEM gegenüber zu erwarten.

Im Hinblick auf die noch zu diskutierenden Programmkosten lohnt es sich, der Frage möglicher Transaktionsmehrkosten von HEM etwas weiter nachzugehen. Tatsächlich gibt es weniger Anbieter auf dem Markt, die HEM im Sortiment haben. Außerdem ist es aufgrund uneinheitlicher Kennzeichnung der Motoren oft schwierig, die Energieeffizienz eines Modells aus den angegebenen technischen Daten unmittelbar zu beurteilen. Aufgrund dieser Sachverhalte kann man davon ausgehen, dass die "Suchkosten" für HEM tatsächlich höher liegen als für einen Standardmotor.

Die skizzierten Sachverhalte sind aber nicht unabänderlich. Ein Betrieb, der bereits mehrfach HEM eingesetzt hat, wird die passenden Anbieter nicht erst noch suchen müssen. Das heißt, die **Suchkosten sind möglicherweise nur einmalig höher**, bei folgenden Transaktionen aber wieder auf dem "Standard"-Niveau. Ein Betrieb, der routinemäßig beim Einholen von Angeboten die zur vergleichenden Beurteilung der Energieeffizienz erforderlichen Daten mit anfordert, wird bei der Auswahl hinterher weniger Zeit für Nachfragen und gesonderte Berechnungen aufwenden müssen. Diese Umstellung der Beschaffungsroutine mag Ressourcen kosten, und auch die neue Routine selbst mag etwas aufwendiger sein, als wenn nur der Beschaffungspreis als Auswahlkriterium gilt. Aber letztlich relevant sollte der Vergleich dieser Routinen und nicht der Vergleich einer Routine (bei der ein Motor ohne Berücksichtigung seiner Energieeffizienz beschafft wird) mit einer Sondersituation (bei der ausnahmsweise nach einem HEM gesucht wird) sein.

Wenn von den skizzierten Sachverhalten die Höhe der Transaktionskosten abhängt, stellen sie außerdem mögliche Ansatzpunkte für Programme dar, mit denen Transaktionskosten gesenkt werden können. Die von der EU verfolgte Standardisierung bei Motoren schlägt genau diesen Weg ein, indem sie anstrebt, die verbesserte Energieeffizienz von HEM leichter kenntlich zu machen (EM 1998).

6.2.2 Kostenunterschied zwischen interner und externer Abwärmenutzung

In herkömmlichen Betrachtungen werden die *Kosten* der Abwärmenutzung von der eingesetzten Technik und den eingesparten Brennstoffkosten bestimmt. Dabei spielt es prinzipiell keine Rolle, ob die Abwärme innerhalb des Betriebes genutzt oder an Dritte verkauft wird. Der einzige Grund für den Kostenunterschied liegt in der Länge der Leitungen und den dadurch bedingten höheren Investitionskosten für die Errichtung des Leitungssystems und eventuell noch in etwas höheren Leitungsverlusten. Nach der Transaktionskostenökonomie – und in der Praxis – besteht allerdings sehr wohl ein *prinzipieller Unterschied in den Kosten* dieser externen Abwärmenutzung gegenüber der internen Nutzung. Die Gründe, die die Transaktionskostenökonomie dafür liefert, werden im folgenden kurz umrissen. Sie spiegeln einen Teil der Hemmnisse wider, die in Studien zur externen Abwärmenutzung identifiziert wurden (Roth et al. 1996).

Das angestammte empirische Anwendungsgebiet der Transaktionskostenökonomie ist die Frage der Wahl nach dem geeigneten "Koordinierungsmechanismus" für den Austausch von Gütern und Leistungen. Hierunter wird einerseits der Austausch im Rahmen hierarchischer Beziehungen innerhalb einer Firma verstanden. Das heißt, es wird sozusagen "per Weisung" festgelegt, welche Abteilung welche Leistung für einen bestimmten anderen Unternehmensbereich erbringen muss. Wird Abwärme intern genutzt, so wird dabei von *einem* Entscheider (z. B. dem Leiter der Betriebstechnik) "festgelegt", dass die Abteilung A mit der Abwärmequelle die Abwärme in ein dafür geeignetes Wärmenetz einspeist und Abteilung B diese Abwärme als Wärmequelle nutzt (und dafür eventuell einen internen Verrechnungspreis kalkuliert). Die Entscheidung über die Abwärmebereitstellung und die Nutzung der Abwärme als Wärmequelle sind in dieser Konstellation untrennbar aneinander gekoppelt.

Als Gegenpol zum Unternehmen als Koordinierungsmechanismus steht in der Transaktionskostenökonomie der Austausch über den Markt. Darunter wird ein Polypol verstanden, das gekennzeichnet ist durch ein "Take-it-or-leave-it"-Verhältnis zwischen der Angebots- und der Nachfrageseite. Das heißt, der Abnehmer ist reiner Preisnehmer und hat keinerlei Verhandlungsmacht. Umgekehrt ist der Produzent nicht auf einen bestimmten oder einige wenige Abnehmer angewiesen, sondern kann sie sich frei aussuchen. Eine solche Situation ist aber nicht immer gegeben, ein "Marktaustausch" unter diesen Bedingungen nicht immer möglich. Dies gilt auch im Fall der externen Abwärmenutzung, die in vielen Fällen einem bilateralen Monopol (nur ein Anbieter und ein Abnehmer) entspricht. Da es sich um einen leitungsgebundenen Energieträger handelt, bindet sich der Abwärmelieferant durch den Bau der Wärmeleitung an seinen Wärmeabnehmer. Umgekehrt bindet sich auch der Abnehmer, zumindest wenn er sich am Leitungsbau beteiligt. Dadurch entsteht ein bilaterales Monopol. Der eigentliche Grund dafür liegt in der hohen "Faktorspezifität" (asset specifity) der Investition, die der Transaktion zugrunde liegt (Perry 1989), nämlich der Wärmeleitung. Eine hohe Faktorspezifität drückt aus, dass diese Wärmeleitung nur zur Lieferung von Wärme und nur zur Lieferung an diesen einen Abnehmer geeignet ist, ansonsten verliert sie ihren ökonomischen Wert. Beide Seiten verfügen nun über Verhandlungsmacht, da sie der anderen Seite mit dem Stop der Wärmelieferung bzw. der Wärmeabnahme drohen können (Hold-up-Problem).

In einer solchen Situation ist für den Austausch eine sorgfältige Aushandlung und anschließende Überwachung des Vertrages notwendig. Dies schließt die Definition und Verteilung von Eigentumsrechten (z. B. beidseitiges finanzielles Engagement für die Wärmeleitung) mit ein. Denn sie bestimmt die Kontrollmöglichkeiten, Anreizstrukturen und Unsicherheiten wesentlich mit (Kreps 1990). Wenn Firmen nun die Wahl zwischen interner und externer Abwärmenutzung haben, legt es die hohe Faktorspezifität der Wärmeleitung nahe, dass sie die interne Abwärmenutzung bevorzugen. Möglicherweise kommt es aber auch zu keiner vertraglichen Einigung, da das Hold-up-Problem (oder allgemeiner: das Ausfallrisiko) des Vertragspartners als zu hoch eingestuft wird.

Im Hinblick auf die Implikationen für die Modellierung der Kosten von REN-Maßnahmen bleibt hier festzuhalten, **dass Transaktionskosten stark von Akteurskonstellationen, Anreizstrukturen** und damit letztlich auch von **Eigentumsrechten abhängen**. Bemerkenswert ist dabei, dass die Unterscheidung zwischen interner und externer Abwärmenutzung zwar anhand der Transaktionskosten erfolgt, jedoch ohne sie zu quantifizieren. Ein Rückgriff auf die Determinanten der Transaktionskosten (hier: Faktorspezifität) erlaubt bereits eine Aussage über die relative, wenn auch nicht über die absolute Höhe der Transaktionskosten der zwei Alternativen.

6.2.3   Druckluft-Leckageüberwachung

An diesem letzten technischen Beispiel werden Fragen deutlich, die auch die Transaktionskostenökonomie offen lassen. Bottom-up-Analytiker führen gern und häufig die Reduzierung von Leckageverlusten in Druckluftsystemen als Beispiel für eine hoch rentable Maßnahme an, die trotz ihrer Wirtschaftlichkeit nicht realisiert wird. Hier stellt sich die Frage, welche versteckten Kosten, und welche Transaktionskosten in diesem Beispiel die Rentabilität untergraben könnten. Dazu muss die Art und Weise der Überwachung des Systems genauer betrachtet werden. Hier gibt es mehrere denkbare Alternativen.

In der Firma A wird die Leckageüberwachung am Wochenende vorgenommen. Denn da sind alle Druckluftverbraucher ausgeschaltet, so dass sich ein leckagebedingter Druckabfall im System gut feststellen lässt. Liegt eine Leckage vor, lässt sich gerade am Wochenende, wenn die Produktion steht, die Leckagestelle gut am Geräusch identifizieren und dann beheben. Bei dieser Art der Überwachung entstehen klar zuzuordnende Personalkosten, also reguläre Faktorkosten für den Einsatz von Arbeit. Dies sind zwar keine Transaktionskosten, werden aber dennoch häufig so genannt. Und sie werden häufig nicht in die Bewertung einbezogen, obwohl dies der Sache nach geboten ist. Ein Grund mag sein, dass Bottom-up-Analysen aufgrund ihrer Technikorientierung den Fokus stark auf investive Maßnahmen legen. Dies geht einher mit einer einseitigen Wahrnehmung von Kosten, die an die Beschaffung von "Hardware" gekoppelt sind, während Personalkosten leicht unter den Tisch fallen.

In der Firma B werden die Produktionshallen am Wochenende aus Sicherheitsgründen regelmäßig vom Werkschutz abgegangen. Die Geschäftsführung weiß um das Energiesparpotential durch Vermeidung von Leckageverlusten, und hat den Werkschutz beauftragt, bei seinen Kontrollgängen gleichzeitig die Druckluftanlagen zu prüfen. Der Werkschutz-Beauftragte freut sich über verantwortungsvolle Tätigkeiten und die Anerkennung der Bedeutung seiner Arbeit. Er kommt der Pflicht gerne nach. Da er gelernter Mechaniker ist, kann er eventuelle Leckagen sofort selbst beheben. Dies ist Druckluft-Leckageüberwachung im Rahmen von "Best-Practice" bei Ausführung sowieso durchgeführter Arbeiten. Zusatzkosten fallen keine an – weder Transaktionskosten noch zusätzlicher Ressourcenverzehr sind relevant.

In der Firma C – oder in 99 % der Fälle – weiß die Geschäftsführung nicht um das Energiesparpotential durch Vermeidung von Leckageverlusten oder misstraut entsprechenden Studien oder weiß nicht, wie sie die Überwachung organisieren soll. Auf die Idee, den Werkschutz zu beauftragen, kommt sie zunächst nicht. Dann erzählt – zufällig – der Geschäftskollege von Firma B von seinem Werkschutz-Beauftragten und der dank ihm reibungslos laufenden Leckageüberwachung. Daraufhin wird auch der Werkschutz-Beauftragte der Firma C mit der Leckageüberwachung betraut. Dieser findet es "typisch", dass ihm die Geschäftsführung ohne weiteres Nachdenken zusätzliche Aufgaben zumutet. Da niemand so genau kontrollieren kann, wie penibel er die neue Pflicht wahrnimmt – schließlich kann ein Leckage auftreten, just nachdem er das System kontrolliert hat – sieht er keinen Grund, seinen Arbeitsalltag zu überdenken und umzuorganisieren. Außerdem kann er die Leckagen nicht selbst reparieren, sondern müsste sie dem Betriebsschlosser melden. Mit diesem hat er jedoch nicht gern zu tun, ganz abgesehen davon, dass er nicht eingestehen will, dass dieser mehr Kompetenz hat als er.

Auch dieser geballte innere Widerwille läuft momentan in der Fachdiskussion unter Transaktionskosten. Dies impliziert, dass die Arbeitsverweigerung des Werkschutz-Beauftragten auf einem rein rechnerischen Kalkül basiert. Tatsächlich spielen hier eine Reihe von (sozial-) psychologischen Vorgängen eine Rolle, wenn nicht sogar die Hauptrolle. Wenn aber Entscheidungsprozesse erkennbar von nicht-ökonomischen Motiven dominiert sind, ist es wenig zielführend, alle Phänomene, die das Nicht-Ausschöpfen rentabler Potentiale begleiten, in Kostenkategorien pressen zu wollen. **Transaktionskosten werden zu einem tautologischen Totschlagargument, wenn sie nur postuliert werden**, um die realitätsfremde Verhaltenshypothese, dass der Mensch alle Handlungsoptionen ausführt, die sich rechnen, aufrechtzuerhalten. Vielmehr gilt es in diesen Fällen zu erkennen, dass es nicht-ökonomische Hemmnisse gibt, die die Realisation wirtschaftlich rentabler Maßnahmen behindern und die es abzubauen gilt, soll das wirtschaftliche Potential realisiert werden (Hennicke et al. 1998a; Jochem et al. 1997; Prose 1994) – vorausgesetzt, dieser Hemmnisabbau ist nicht teurer als die damit erzielten Gewinne. Diese Frage ist dann im Zusammenhang mit Programmkosten zu diskutieren.

6.3 Contracting als Weg zur Verminderung der Transaktionskosten

Für Contracting-Firmen ist die Realisierung von Energieeinsparung bei ihren Kunden das Kerngeschäft. Da sie deshalb ein eigenes wirtschaftliches Interesse daran haben, *alle* energierelevanten Kosten explizit zu erfassen und in ihrer Kalkulation zu berücksichtigen, bieten ihre Kalkulationsgrundlagen günstige Möglichkeiten, Kosten empirisch zu erfassen, die sonst oft "versteckt" bleiben, da sie nicht separat ausgewiesen werden, sondern in anderen Kostenblöcken untergehen. Anhand der Aufschlüsselung des Wärmepreises nach der Kalkulationsgrundlage des Verbandes für Wärmelieferer VfW (vgl. Abb. 6.3-1; Arnold/Krug 1996, OVE o. J.) lassen sich die verschiedenen versteckten Kosten auch noch einmal genauer daraufhin untersuchen, ob es sich um versteckte (Nutzwärme-)Produktionskosten oder um Transaktionskosten im engeren Sinne handelt.

Erfahrungsgemäß fließen in eine einzelwirtschaftliche Rentabilitätsberechnung die Investitionskosten, Brennstoffkosten sowie (durchschnittliche jährliche) Kosten für Reparatur, Wartung und Versicherung ein. Der Wärmepreis des Contractors enthält darüber hinaus zunächst einige Produktionskosten, die erfahrungsgemäß nicht im Blickfeld eines einfachen Investors liegen, da er eher überschlägig kalkuliert und wenig Erfahrung mit REN-Investitionen hat. Dies sind

- Teile des Grundpreises: Miete für den Heizraum;
- Teile des Arbeitspreises: Nebenkosten des Brennstoffbezugs (z. B. für Anlieferung), Stromkosten für Pumpenstrom;
- Teile des Messpreises: Immissionsmessungen, Schornsteinfeger, Eichkosten der Messeinrichtungen.

Diese Kosten müssten generell in die Bewertung von REN-Maßnahmen einfließen, egal ob sie im Rahmen von Contracting realisiert werden oder nicht. Sie müssten im Gegenzug aber natürlich auch in die Bewertung der jeweils betrachteten Alternative zu der REN-Maßnahme, z. B. der Beibehaltung des Status-quo einfließen. Wird z. B. ein konventioneller Ölkessel durch einen Gasbrennwertkessel ersetzt und wird damit ein Kellerraum, in dem bisher der Öltank war, für andere Zwecke frei, so müsste die Beibehaltung des Ölkessels im Kostenvergleich mit der Miete des Heizraums belastet werden. Und erst der explizite Ausweis der Stromkosten für Umwälzpumpen macht das Einsparpotential, das durch den Ersatz überdimensionierter, höhereffizienter Pumpen und deren angepasster Steuerung realisiert werden kann, überhaupt darstellbar. Deshalb ist längst nicht eindeutig, ob die explizite Berücksichtigung dieser bisher versteckten Kostenarten tatsächlich in der Summe Mehrkosten für REN ergeben würde – und nicht etwa Mehrkosten des Status-quo.

Abbildung 6.3-1:   Elemente des Wärmepreises beim Contracting

Der Wärmepreis

Grundpreis
Investitionskosten (AfA, Zinsen), Reparaturrückstellungen, Wartung, Verwaltungskosten, Versicherungen, Miete Heizraum

Arbeitspreis
Brennstoffbezugskosten (Gas, Heizöl), Nebenkosten des Brennstoffbezuges, Stromkosten/Pumpenstrom (evtl.)

Messpreis
Immissionsmessungen, Schornsteinfeger, Datenfernübertragung/Telefon, Eichkosten der Meßeinrichtungen

Die Entwicklung der Kalkulationsgrundlage des VfW (Verband für Wärmelieferung) ist von der Bundesregierung und von der Bundesumweltstiftung gefördert worden.

Quelle: OVE o. J.

Darüber hinaus enthält der Wärmepreis Produktionskosten, die erst dadurch entstehen, dass das Objekt im Rahmen eines Contracting-Verhältnisses realisiert wird. Dies sind quasi Folgekosten der Arbeitsteilung. Dazu zählen die Kosten der Datenfernübertragung (Telefonkosten), die dadurch notwendig werden, dass der Contractor den reibungslosen Betrieb des Wärmeerzeugers durch Fernüberwachung gewährleistet.

Es bleiben die Verwaltungskosten. Diese enthalten zumindest teilweise "echte" Transaktionskosten. Denn darunter fällt zum Beispiel der Personalaufwand für

- die Aushandlung des Vertrags mit dem Kunden (Wärmeabnehmer);
- die Informationsbeschaffung über geeignete Wärmeerzeuger und Lieferanten;
- die Aushandlung der Vertrags- und Lieferbedingungen mit den Anlagenlieferanten;
- die Überwachung der Investition und der Anlageninbetriebnahme.

Manche dieser Kosten fallen wiederum erst dadurch an, dass der Contractor als dritte Vertragspartei auf den Spielplan tritt. So müssen statt eines direkten Vertrags zwischen Wärmekunden und Anlagenlieferanten jetzt zwei Verträge abgeschlossen werden. Für sich genommen führt dies zu Transaktionsmehrkosten des Contracting im Vergleich zur Realisierung der Investition ohne Contracting. Andererseits bedeutet die Arbeitsteilung und die Spezialisierung des Contractors auf energieeffiziente Wärmelieferung die häufige Planung ähnlicher Anlagen und häufige vergleichbare Verhandlungen mit Planern, Lieferanten, Handwerkern und Fachmonteuren. Dies führt zu Transaktionskostenvorteilen gegenüber dem Einzelinvestor, denn der professionelle Wärmelieferer kann sein technisches Wissen über passende Anlagen mehrfach nutzen. Seine Kosten für Informationsbeschaffung pro Objekt sind deshalb geringer (economies of scale) als für einen Investor unter "normalen" Umständen. Im Lauf der Zeit werden außerdem auf Basis der Erfahrungen, wie die Interessen beider Vertragsparteien am besten miteinander vereinbart werden können, Standardverträge zur Wärmelieferung entwickelt (Arnold/Krug 1996), so dass Transaktionskosten durch Lerneffekte reduziert werden können. Das Beispiel zeigt, dass **Transaktionskosten keine statisch fixe Größe** sind, sondern ebenso wie Produktionskosten aufgrund von Größendegression und Lerneffekten abnehmen können.

6.4 Kosten und Nutzen von Programmen

Um in einem Optimierungsmodell politikinduzierte Kosteneinsparungen konsistent ausweisen zu können, müssen bereits in der Referenzsituation die Ansatzpunkte für diese Politikinstrumente, das heißt Hemmnisse wie Markt- bzw. Regulierungsversagen enthalten sein. Irreführend wäre es aber, die Hemmnisse im Referenzszenario abzubilden und im Politikszenario von ihrer Überwindung auszugehen und entsprechend realisierte Einsparpotentiale auszuweisen, es sei denn die Kosten des Hemmnisabbaus sind im Politikszenario ebenfalls berücksichtigt (Böhringer 1998). Das Postulat der Hemmnisforschung, Hemmnisse im Referenzfall abzubilden, ist somit konsequenterweise mit der Forderung verbunden, im Politikszenario die Kosten der Hemmnisüberwindung – oder die Programmkosten – zu integrieren.

Die Kategorie von Kosten, die hier von Interesse ist, sind Kosten, die für die Umsetzung von Programmen entstehen, das heißt Kosten mit Implikationen für den öffentlichen Haushalt (oder allgemeiner: das Budget des Programmträgers – es kann sich auch um Nicht-Regierungs-Organisationen wie z. B. Verbände handeln). Diese finanziellen Kosten müssen klar getrennt werden von volkswirtschaftlichen Kosten, das heißt den Auswirkungen des Politikinstruments auf die Volkswirtschaft bzw. das Bruttosozialprodukt.

Manche Politikinstrumente mögen sich infolge mangelnder empirischer Daten und Datenerhebungsmöglichkeiten einer solchen finanziellen Bewertung ihrer Kosten entziehen. So lassen sich z. B. Kosten einer veränderten Preisstruktur durch Veränderungen im Steuersystem (z. B. Ökosteuer) sinnvoll nur im Rahmen von volkswirtschaftlichen Analysen bewerten. Politikinstrumente, deren Ansatzpunkte jedoch eher auf der Mikroebene liegen, sind in ihren finanziellen Konsequenzen leichter zu bewerten. Mögliche Elemente könnten hier sein (vgl. auch IPCC 1998):

- Budgets einzelner REN-spezifischer Programme, z. B. der Impulsprogramme Nordrhein-Westfalen, Hessen und Schleswig-Holstein;
- Budgets von Institutionen und Agenturen, deren Tätigkeit der Förderung von REN gewidmet ist (z. B. Energieagenturen);
- Ausgaben für Konzeptionsstudien für Projekte und Politikinstrumente;
- Kosten institutioneller Reformen (z. B. Einführung des Ämtercontracting in der Stadt Stuttgart)

Bei den aufgeführten empirischen Beispielen für die Quantifizierung der Elemente von Programmkosten sind allerdings mehrere Bewertungsprobleme erkennbar:

- Viele Programme fördern nicht ausschließlich REN, sondern oft gleichzeitig den Einsatz regenerativer Energien (z. B. ERP-Energiesparprogramm) oder Umweltschutzmaßnahmen generell (z. B. Umweltprogramm der deutschen Ausgleichsbank) (Ziesing et al. 1997). Es muss deshalb darauf geachtet werden, dass nur die Kosten der Programme nur in so weit berücksichtigt werden, als auch die Konsequenzen der Programme in die Betrachtung einfließen. Das gleiche gilt für Institutionen.
- Die Kosten von Reformen, z. B. damit verbundener Personalaufwand, Reibungsverluste während der Umstellung etc., werden kaum explizit erfasst.

- Umsetzungskosten von Programmen klaffen sehr weit auseinander, sogar dann, wenn nur Programme derselben Kategorie miteinander verglichen werden (z. B. Informationsprogramme). Die Frage der Programmkosten ist deshalb untrennbar mit der Frage der Effizienz eines Programms (ökologische Treffsicherheit, Mitnahmeeffekte etc.) verbunden.

Die Forderung der Integration von Programmkosten in die Analysen geht oft implizit davon aus, dass die Steigerung der Durchsetzung von REN untrennbar mit einer Steigerung der Ausgaben für entsprechende Förderprogramme verbunden ist. Die zu beobachtende Bandbreite an Umsetzungskosten bei Programmen der gleichen Kategorie scheint aber dafür zu sprechen, dass noch nicht alle Möglichkeiten der Reduktion von Programmkosten (bei gleicher Wirksamkeit) ausgeschöpft wurden. Vielversprechend scheinen hier insbesondere systematische Programmvergleiche und Evaluationen, um Lerneffekte auf Ebene der Programmträger zu ermöglichen.

Außerdem lassen sich durch die Integration von Energieeinsparzielen in andere Programme, z. B. im Bereich der Innovationsförderung, Synergien erzielen. Denn auch durch zunächst energieunspezifische Programme wird der Energieverbrauch beeinflusst. Dies verdeutlicht, dass Programm(mehr)kosten – wie Transaktions(mehr)kosten – nicht unabänderlich sind, sondern durch geeignete Maßnahmen gesenkt oder sogar durch veränderte Prioritätensetzung in der Gesamtheit politischer Interventionen ganz vermieden werden könnten. Dies setzt jedoch eine wesentlich stärkere ressortübergreifende Zusammenarbeit in der Politik voraus.

Ein Vorteil der Berücksichtigung von Programmkosten im Rahmen von Energiesystemmodellen ist, dass hemmnisreduzierende Wirkungen nicht – wie das bei Kosten-Nutzen-Analysen einzelner Programme der Fall ist – einem einzelnen Programm zugerechnet werden müssen, um zu einer Aussage ihrer "Wirtschaftlichkeit" zu kommen. Meist wird diese Integration von Programmkosten in Energiesystemmodelle zusammen mit der Integration von Transaktionskosten diskutiert. Es ist deshalb besonders wichtig hervorzuheben, dass **die beiden Kostenarten nicht additiv sind, sondern vielmehr interdependent und überlappend.** Dies klang in den oben aufgeführten Beispielen für REN-Maßnahmen bereits an. Während manche Programme (z. B. Investitionszuschussprogramme für energiesparende Technologien) die Kapital- und damit die Produktionskosten für den Investor reduzieren, sind andere Programme darauf ausgerichtet, seine Transaktionskosten zu mindern. Ein Beispiel dafür ist die Bezuschussung der Entwicklung der im Contracting-Beispiel dargestellten Kalkulationsgrundlage für den Wärmepreis aus öffentlichen Mitteln (Arnold/Krug 1996).

So kann die Transaktionskostenökonomie auch als Basis zur Identifikation neuer Ansatzpunkte für Politikinterventionen dienen. Was die Integration solcher Programme und ihrer Kosten betrifft, ergeben sich allerdings auch hier wie schon bei den Transaktionskosten Konsistenzschwierigkeiten, wenn ein Programm auf der

Basis von Wirkungsmechanismen konzipiert ist, die im Modell gar nicht existieren. Dies kann am Beispiel der externen Abwärmenutzung noch einmal verdeutlicht werden. Aus Perspektive der Transaktionskostenökonomie könnte es sich anbieten, die externe Wärmeleitung aus öffentlichen Mitteln zu finanzieren oder durch die Förderung eines untereinander vernetzten "ökologischen Gewerbegebiets" für mehrere mögliche Abnehmer zu sorgen, um so das Problem der hohen Faktorspezifität zu umgehen. In einem Modell, das keinen Unterschied zwischen interner und externer Abwärmenutzung kennt, wäre es aber unlogisch, Programmkosten zu berücksichtigen, die darauf abzielen, die Unterschiede zwischen beiden Optionen aufzuheben. Umgekehrt heißt das: erst wenn das Modell die Ansatzpunkte eines Politikinstruments abbilden kann, ist es konsistent, die Kosten für dieses Programm als Daten einfließen zu lassen.

6.5 Implikationen für Energiesystemanalysen und gesamtwirtschaftliche Analysen

Die vorliegende Analyse von Transaktions- und Programmkosten liegt – vielleicht schon ihrer Natur nach – näher an der Hemmnisforschung zu REN als bei der bisher üblichen Praxis der Modellierung. Nur langsam kommen diese beiden Forschungsansätze in den letzten Jahren miteinander in den Dialog, denn die unterschiedliche Methodik und Denkweise der involvierten Fachwissenschaften machen den Austausch mitunter schwierig. Die Ergebnisse des einen Ansatzes passen nicht ohne weiteres in das Schema des anderen Ansatzes. Deshalb wird im folgenden versucht, die wichtigsten Punkte aus der bisherigen Analyse etwas modellnäher zu formulieren. Da die Energiesystemanalyse einen höheren Detaillierungsgrad als die gesamtwirtschaftliche Analyse aufweist und die dargelegten Sachverhalte ebenfalls stark am Detail ansetzen, sind die nachfolgenden Implikationen wahrscheinlich leichter auf Ebene der Energiesystemanalysen aufzugreifen. Die Hinweise betreffen den Daten-Input, die Modellstruktur sowie den erwarteten Einfluss auf die Ergebnisse und ihre Interpretation.

6.5.1 Daten-Input

- Vieles, was in der gegenwärtigen Diskussion unter Transaktionskosten gefasst wird, sind tatsächlich versteckte, d. h. bisher nicht berücksichtigte Produktionskosten. Diese sind von der Kostenart her näher an den bisher schon verwendeten Kostendaten und sind deshalb leichter zu integrieren als Transaktionskosten im engeren Sinn.

- Transaktionskosten hängen nicht oder zumindest nicht direkt vom Transaktionsvolumen ab. Sie können deshalb nicht über pauschale Anteile an den Investitionsausgaben (also nicht als prozentuale Aufschläge auf Investitionsvolumina) abgebildet werden.

- Wenn Transaktionskosten berücksichtigt werden, dann entweder bei allen abgebildeten Technologien oder nur die Transaktionsmehrkosten (oder Transaktionsminderkosten) von REN-Maßnahmen. Denn nur eventuelle Transaktionskostenunterschiede zwischen REN-Maßnahmen und dem Einsatz von Standard-Lösungen können einen Effekt auf das "Ranking" der Techniken begründen.
- Transaktionskosten auf Seiten derer, die REN-Maßnahmen umsetzen (sollen), lassen sich durch geeignete Programme (z. B. Labeling) reduzieren. Transaktionskosten und Programmkosten sind deshalb nicht additiv, sondern interdependent.
- Bei der Quantifizierung von Transaktionskosten wie auch bei Programmkosten muss darauf geachtet werden, ob es sich um einmalige oder jährlich anfallende Kosten handelt und ob sie sich – durch Lern- und Größeneffekte – langfristig reduzieren.
- Die vorhandene Datenbasis muss darauf geprüft werden, welche "Sicherheitszuschläge" sie bei der Schätzung künftiger Produktionskosten enthält. Die Methode der anlegbaren Kosten, wie sie in IKARUS für einige Bereiche in Industrie und Kleinverbrauch zur Anwendung kommt (Jochem/Bradke 1996), lässt sich z. B. als ein solcher Sicherheitszuschlag werten. Diese Margen lassen sich auch als implizite Berücksichtigung von Transaktionskosten interpretieren, so dass bei weiteren Kostenzuschlägen Zurückhaltung oder zumindest Vorsicht geboten ist.

6.5.2 Modellstruktur und Ergebnisse

- Transaktionskosten hängen von Akteurskonstellationen, Anreizstrukturen und damit letztlich auch von Eigentumsrechten ab. Es stellt sich deshalb die Frage, ob Modelle, die Kosten bisher rein technikbezogen abbilden, von ihrer Grundstruktur überhaupt in Richtung Transaktionskosten ausbaufähig sind. Ansatzweise lässt sich der Sachverhalt eventuell bei der Vorgabe der Durchdringungsraten einer Technik berücksichtigen. Sofern z. B. die Durchdringungsraten der Abwärmenutzung auch eine externe Abwärmenutzung voraussetzen, wären vorsichtigere Schätzungen geboten.
- Transaktionsmehrkosten fallen in einem Betrieb oder in einer Branche möglicherweise nur einmalig an – bei der ersten Beschaffung eines hocheffizienten Elektromotors oder allgemeiner gesprochen für den Wechsel von Routinen. Transaktionsmehrkosten sollten außerdem auf dem Vergleich zwischen verschiedenen Routinen (Arbeitsabläufen, Organisationsformen), und nicht auf dem Vergleich von Routinen mit Sondersituationen beruhen. Auch hier stellt sich die Frage, ob eine technikbezogene Modellstruktur diese kontextspezifischen Determinanten von Transaktionskosten abbilden kann.

- Um die logische Konsistenz eines Modells zu gewährleisten, müssen die Verhaltenshypothesen im Modell kompatibel sein mit den Verhaltenshypothesen der Transaktionskostenökonomie. In einem Modell, das von vollkommener Information ausgeht, kann es z. B. keine Such- und Informationskosten geben. Es wäre deshalb inkonsistent, solche in die Datenbasis dieses Modells aufzunehmen.

- Dieser Punkt lässt sich auf Programmkosten übertragen: Erst wenn das Modell die Ansatzpunkte eines Politikinstruments abbilden kann, können auch die Kosten für dieses Programm als Daten einfließen.

- Generell sind Ergebnisse aus Energiesystemmodellen bzgl. Kosten von REN-Maßnahmen eher nur als relative Angaben interpretierbar, nicht aber als absolute Werte (Böhringer 1998). Auch bei der Berücksichtigung von Transaktionskosten könnte im ersten Schritt die Frage, ob und wie dadurch das "Ranking" der Maßnahmen beeinflusst wird, leichter zu beantworten sein als die Frage nach ihrer absoluten Höhe.

6.6 Schlussfolgerungen

Ziel der weiteren Entwicklung von Energiesystemanalysen muss es sein, Transaktions- und Programmkosten, aber auch die anderen skizzierten versteckten Kostenarten künftig zu integrieren. Die obige Darstellung hat einige allererste Ansätze für Schritte in diese Richtung aufgezeigt. Für eine Integration dieser Aspekte sind allerdings weitere Analysen auch im Rahmen der Hemmnis- und Umsetzungsforschung notwendig, insbesondere um die beiden Analyseansätze näher zusammenzuführen.

Die Forderung, Transaktions- und Programmkosten in Energiesystemmodelle zu integrieren, ist meist gekoppelt mit der Infragestellung der Existenz von rentablen Energiesparmaßnahmen (No-regret-Maßnahmen bzw. no-and-low-cost measures). Das heißt, es wird impliziert, dass die Berücksichtigung von Transaktionskosten im Kostenvergleich zu Lasten von REN-Maßnahmen geht. Die angestellten Überlegungen haben jedoch gezeigt, dass bisher noch offen ist, wie sich die konsequente **Berücksichtigung von Transaktionskosten** sowohl bei REN-Maßnahmen als **auch bei den jeweils betrachteten Alternativen zu REN** in der relativen Bewertung der REN-Maßnahmen auswirken wird (vgl. Abb. 6.6-1). Erstens ist es keineswegs sicher, dass REN-Maßnahmen systematisch und kontinuierlich mit höheren Transaktionskosten verbunden sind als die Handlungsalternative, mit der sie konkurrieren. Das heißt, es gibt zwar Transaktionskosten, aber **möglicherweise keine oder nur sehr geringe Transaktionskosten*unterschiede*.** Zweitens können Transaktionskosten durch Größen- und Lerneffekte reduziert werden. Drittens handelt es sich möglicherweise um einmalige Transaktionskosten, die dann eher wie eine Investition (z. B. in den Aufbau einer neuen Lieferantenbeziehung) zu behandeln wäre, deren Früchte man in Folgeperioden erntet (verlässliche Lieferung energieeffizienterer Anlagen). Beide Effekte deuten v. a. längerfristig auf eher geringe Transaktionskostenunterschiede zwischen REN- und Standardtechniken hin.

Abbildung 6.6-1: Mögliche Ergebnisse der Integration von Transaktions- und Programmkosten in Kostenvergleiche

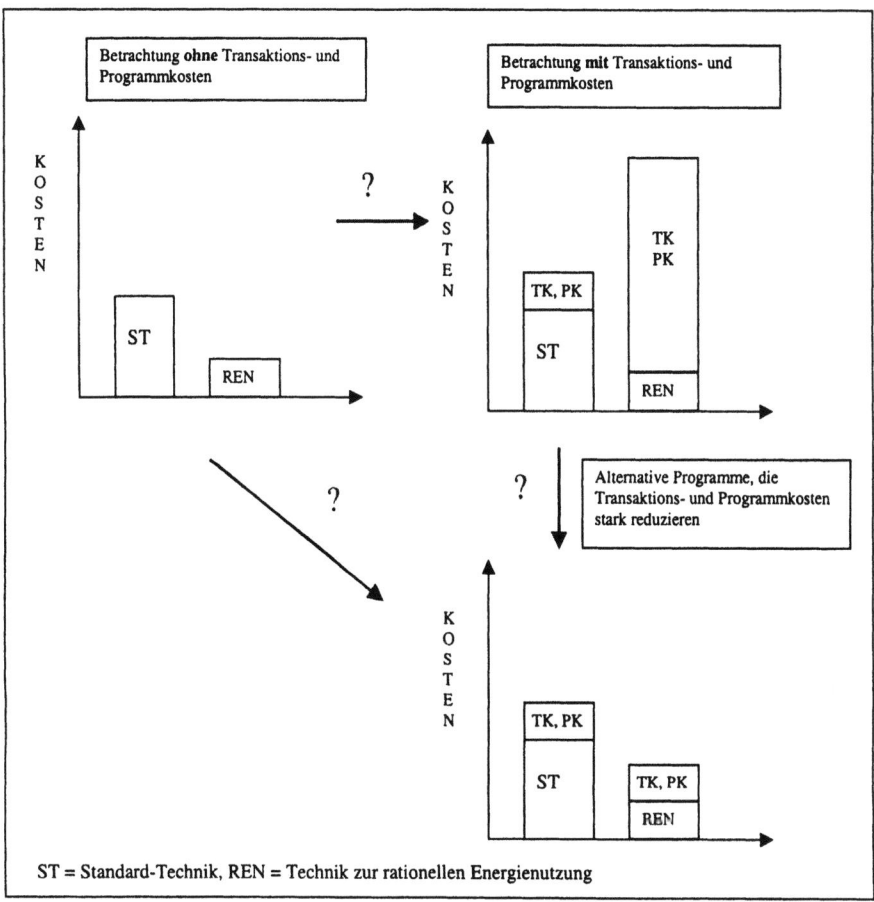

Speziell die Berücksichtigung von Programmkosten scheint die vergleichende Bewertung von REN-Maßnahmen mit "business-as-usual" zunächst zu Lasten von REN zu verschieben. Jedoch ist dabei zu beachten, dass **Transaktionskosten und Programmkosten nicht additiv sind.** Programmkosten können vielmehr gezielt dem Abbau von Transaktionskosten dienen. Dabei ist offen, ob die erzielten Transaktionskosteneinsparungen die Programmkosten aufwiegen oder nicht. Die Frage der Programmkosten relativiert sich außerdem vor dem Hintergrund der Einsparpotentiale, die angesichts der Bandbreite an Programmbudgets und der möglichen Synergieeffekte zu anderen Politikbereichen durchaus plausibel erscheinen.

Literatur zu Kapitel 6

Arnold, B.; N. Krug (Hrsg.) (1996): Wärmelieferungskonzept für Handwerk und Mittelstand. Verband für Wärmelieferung

Bieniek, K. (1998): Energieverbrauch und Wirtschaftlichkeit bei elektrischen Industrieantrieben. Vortragspapier zum Workshop "Verstärkte Marktdiffusion hocheffizienter Elektromotoren" ("Karlsruher Gespräch") am 20.3.1998 im Fraunhofer-ISI, Karlsruhe

Böhringer, Ch. (1998): Kostendeterminanten in Optimierungsmodellen. In: Ostertag, K.; E. Jochem; H.-J. Ziesing (Hrsg.): Workshop: "Energiesparen – Klimaschutz, der sich rechnet", 8.-9.10.98, Rotenburg an der Fulda. Workshop-Dokumentation. Fraunhofer-ISI: Karlsruhe, S. 58-72

Coase, Ronald (1937): The Nature of the Firm. 4 Economica n.s., S. 386-405. Reprinted in Williamson, O.; S. Winter (ed.): The Nature of the Firm. Origins, Evolution, and Development. New York/Oxford, 1991

EM (Swedish National Energy Agency) et al. (1998): Procurement for Market Transformation for Energy Efficient Products – A study under the SAVE Programme. Stockholm

Grubb, M. et al. (1993): The Costs of CO_2 emission limits. Annual Review of Energy and the Environment, Vol. 18, pp. 397-478

Hein, L. G., K. Blok (1995): Transactions costs of energy efficiency improvement, in Proceedings of the 1995 ECEEE Summer Study, Panel 2 [European Council for an Energy-Efficient Economy ed.], ADEME editions.

Hennicke, P. et al. (1998a): Interdisciplinary Analysis of Successful Implementation of Energy Efficiency in the Industrial, Commercial and Service Sector. Final Report in 5 Volumes. Wuppertal, Vienna, Karlsruhe, Kiel, Copenhagen

IPCC (1998): Mitigation and Adaptation Cost Assessment: Concepts, Methods and Appropriate Use. RISØ, Kopenhagen

Jochem et al. (1997): Interdisziplinäre Analyse der Umsetzungschancen einer Energiespar- und Klimaschutzpolitik. Hemmende und fördernde Bedingungen der rationellen Energienutzung für private Haushalte und ihr Akteursumfeld aus ökonomischer und sozialpsychologischer Perspektive. Karlsruhe, Kiel, Wuppertal

Jochem, E.; H. Bradke (1996): Energieeffizienz, Strukturwandel und Produktionsentwicklung der deutschen Industrie. Forschungszentrum Jülich GmbH

Kreps, D. M. (1990): Leçons de théorie microéconomique. Paris

Ostertag, K. et al. (1997): Procurement as a means of Market Transformation for Energy Efficient Products. Task A: Country survey for Germany, Report within the EU-SAVE Project. Karlsruhe/Wuppertal

OVE (o. J.): Neue Wege gehen. Energiedienstleistung mit der OVE (Objekt-Versorgung mit rationellem Energieeinsatz). Eine Information zur neuen Dienstleistung "Wärmelieferung". Bad Rothenfelde

Perry, M. K. (1989): Vertical Integration: Determinants and Effects. In: Schmalensee R.; R. D. Willig (ed.): Handbook of Industrial Organisation. Volume I. Amsterdam, pp. 183-260

Prose, F. (1994): Ansätze zur Veränderung von Umweltbewusstsein und Umweltverhalten aus sozialpsychologischer Perspektive. In: Senatsverwaltung für Stadtentwicklung und Umweltschutz Berlin (Hrsg.): Neue Wege im Energiesparmarketing. Materialien zur Energiepolitik in Berlin, Heft 16/1994, S. 14-23

Roth, H. et al. (1996): Die Nutzung industrieller Abwärme zur Fernwärmeversorgung. Analyse der Hemmnisse für die Nutzung industrieller Abwärme zur Fernwärmeversorgung. Im Auftrag des Umweltbundesamts Berlin, UBA-Texte 40/96

Ziesing et al. (1997): Politikszenarien für den Klimaschutz. Untersuchung im Auftrag des Umweltbundesamtes. In: G. Stein; Strobel, B. (Hrsg.): Szenarien und Maßnahmen zur Minderung von CO_2-Emissionen in Deutschland bis zum Jahre 2005, Band 1. Jülich

7 Synopse der drei Analyseebenen

Dieses Kapitel dient der Zusammenführung der Ergebnisse aus den vier vorangegangenen Kapiteln. Bereits im Zuge der Erläuterungen zu den einzelnen Analyseebenen (vgl. Kap. 3 bis 5) wurde auf wichtige Abgrenzungen zwischen den Ebenen eingegangen. An dieser Stelle werden nur beispielhaft einige zentrale Abgrenzungen und gängige Schwachstellen in Analysen herausgegriffen, um daran häufige Missinterpretationen und Fehlerquellen deutlich zu machen (Kap. 7.1 und 7.2). Der letzte Abschnitt (Kap. 7.3) befasst sich mit der Bedeutung von Querschnittsaspekten zwischen den Analyseebenen und der stärkeren Verknüpfung der Analyseebenen.

7.1 Drei Betrachtungsebenen auf einen Blick

Die Missverständnisse bei den Angaben zu den Kosten, Gewinnen oder positiven Nebenwirkungen der Minderungsmaßnahmen von Treibhausgasen haben **zwei wesentliche Ursachen:**

- Zum einen wird bei der einzelwirtschaftlichen Bewertung vielfach das aus Sicht der Betriebswirtschaftslehre fachlich Richtige zur Ermittlung von Kosten- und Ertragsunterschieden nicht oder nicht vollständig getan.

- Zum zweiten wird häufig übersehen, dass energiesparende Maßnahmen aus verschiedenen Perspektiven und von verschiedenen Akteuren unterschiedlich bewertet werden. Das Problem liegt hier dann eher in der Interpretation der Zahlen und in der Bewertung der Qualität der Annahmen, die in ihre Berechnung eingeflossen sind:
    - Die **einzelwirtschaftliche Perspektive** (vgl. Tab. 7.1-1) ist die des Unternehmens, des Stadtkämmerers oder des privaten Haushalts, die die Kosten- und Rentabilitätsrechnungen als einen Teil der Gesamtinformation für ihre Entscheidungen nutzen. Die fachlichen Grundlagen zur Kosten- und Rentabilitätsermittlung stellt die Betriebswirtschaftslehre zur Verfügung. Allerdings wird in der Praxis oft von diesen Bewertungsmaßstäben abgewichen. Ein Grund dafür mag sein, dass in der Realität auch andere Aspekte als diejenigen von Kosten und Rentabilitäten, z. B. Aspekte wie Arbeitsatmosphäre im Betrieb, Verschuldungsgrenzen oder Unternehmensimage, in die Entscheidungen einfließen.

Tabelle 7.1-1: Kosten und Wirtschaftlichkeit einzelwirtschaftlich richtig ermitteln und interpretieren – einige zentrale Hinweise

Kosten und Wirtschaftlichkeit *einzelwirtschaftlich* richtig ermitteln und interpretieren – einige zentrale Hinweise
☞ Energieeffizienzmaßnahmen können nur im Vergleich mit einer Alternative (z. B. dem Satus-quo) bewertet werden. In den Vergleich dürfen nicht nur Unterschiede in den (einmaligen) Investitionskosten eingehen, sondern alle Unterschiede zwischen den jährlichen Gesamtkosten der verglichenen Maßnahmen.
☞ In die Bewertung einer Energieeffizienzmaßnahme müssen genau diejenigen Kosten und Kosteneinsparungen eingehen, die sie verursacht (Teilkostenkonzept: alle Änderungen in Einzelkosten).'Das heißt zum einen, dass die Gemeinkosten nicht einfließen dürfen. Und zum anderen müssen auch Änderungen an fixen Kosten sowie auf der Erlösseite, soweit sie durch die Energieeffizienzmaßnahme bedingt sind, berücksichtigt werden.
☞ Die Kosten für Informationsbeschaffung, Planung, Genehmigungsverfahren, Ausschreibung, Verhandlungen, Aufsicht von Investition und Inbetriebnahme sind in den Kosten für eine Energieeffizienzmaßnahme als Transaktionskosten angemessen zu berücksichtigen, aber nicht durch standardisierte Prozentualaufschläge auf das Investitionsvolumen.
☞ Die Wirtschaftlichkeit einer Investition lässt sich mittels der Annuitäten- oder Kapitalwertmethode oder der Methode der internen Verzinsung berechnen, nicht aber allein durch die Bestimmung der Amortisationszeit, die lediglich ein Risikomaß ist. Risiken von Energieeffizienzmaßnahmen, insbesondere im Bereich der Querschnittstechniken, sind wegen ihrer Unabhängigkeit von der Produktion im allgemeinen als niedriger einzuschätzen als das Risiko von Investitionen im Kernbereich. Deshalb sollten an sie nicht die gleichen Amortisationsforderungen gestellt werden.
☞ Die Erzeugungskosten für Kuppelprodukte wie Strom und Wärme (oder Kälte) sind den Kuppelprodukten nicht einzeln zurechenbar. Wenn dies in der Praxis z. B. nach Maßgabe der anlegbaren Kosten für den substituierten Strombezug doch geschieht, führt dies zu einer erheblichen Unterbewertung der produzierten Wärme und damit auch der eingesparten Kosten für Wärme. Wenn möglich, sollten deshalb Systemalternativen bewertet werden, bei denen die Kostenzuordnung zu den Koppelprodukten nicht erforderlich ist.

- Die **energiesystemanalytische Perspektive** ist diejenige von Verwaltung, Verbänden und Politik, die im Bereich der Energiepolitik ihre Interessen unter gesamtwirtschaftlichen Gesichtspunkten zum Ausgleich bringen müssen. Soweit Marktpreise nicht den gesamtwirtschaftlichen Ressourcenverzehr widerspiegeln, werden sie deshalb zumindest teilweise korrigiert, und zwar um Steuern und Subventionen. Auch wird ein Kalkulationszinssatz (in Höhe der Zinsen für langfristige öffentliche Anleihen, vgl. Tab. 7.1-2) verwendet, der niedriger liegt als in einzelwirtschaftlichen Analysen. Dies ist gerechtfertigt, da aus gesamtwirtschaftlicher Sicht künftige Erträge anders bewertet werden

Tabelle 7.1-2: Kosten und "Gewinne" in der Energiesystemanalyse richtig ermitteln und interpretieren – einige zentrale Hinweise

Kosten und "Gewinne" in der *Energiesystemanalyse* richtig ermitteln und interpretieren – einige zentrale Hinweise
☞ Ein wesentlicher Vorteil der Systemanalyse gegenüber einzelwirtschaftlichen Rechnungen besteht darin, dass nicht isoliert über Teile des Energiesystems entschieden wird, sondern dass energietechnische Interdependenzen systematisch erfasst werden. Durch die Gesamtsystembetrachtung können vom Ansatz her zugleich angebots- und nachfrageseitige Optionen der Emissionsminderung konsistent berücksichtigt werden.
☞ Im Unterschied zu einzelwirtschaftlichen Kalkülen werden die Marktpreise in Systemanalysen um Steuern und Subventionen korrigiert, und es wird mit längeren Lebensdauern und einem niedrigeren Zinssatz gerechnet. Dadurch sollen die volkswirtschaftlichen (Opportunitäts-) Kosten besser erfasst werden.
☞ Bei Kostenangaben muss der Unterschied zwischen Gesamt-, Durchschnitts- und Grenzkosten sorgfältig beachtet werden. Die Grenzkosten geben an, wie teuer eine Reduktion der Emission um eine weitere Einheit (z. B. Tonne CO_2) ist; sie sind grundsätzlich höher als die Durchschnittskosten.
☞ Energiesystemmodelle ermitteln die Kosten des Klimaschutzes durch den Vergleich eines Reduktions- mit einem Referenzszenario. Solche Kostenangaben sind nur sinnvoll, wenn gleichzeitig die Voraussetzungen des Referenzszenarios und das Reduktionsziel angegeben werden. Wenn im Referenzszenario keine Hemmnisse abgebildet werden, so müssen Reduktionsvorgaben zwangsläufig zu höheren Kosten führen.
☞ Kostenangaben können generell nur im Zusammenhang mit den Annahmen und der Datenbasis, die ihnen zugrunde liegen, richtig interpretiert werden. Dies betrifft insbesondere die Vorgabe der Nachfrage nach Energiedienstleistungen, der Techniken, der Preise und der Diskontrate sowie zusätzlicher Begrenzungen ("bounds"). Unrealistische Annahmen und Mängel in der Datenbasis können grundsätzlich dazu führen, dass die Kosten der Emissionsvermeidung über- oder unterschätzt werden. Da sich die Analysen häufig auf die entfernte Zukunft beziehen, können die hiermit verbundenen Unsicherheiten beträchtlich sein.
☞ Die Vermeidungskosten unterliegen einer zeitlichen Entwicklung, die von technischem Fortschritt, Lerneffekten und häufig auch Größenvorteilen beeinflusst wird. Diese muss berücksichtigt werden, damit insbesondere innovative Energieeffizienztechniken angemessen im Technologie-Mix vertreten sind. Jede kostengünstige Option, die im Modell fehlt oder nicht ausreichend berücksichtigt ist, führt zu einer systematischen Unterschätzung der wirtschaftlichen Möglichkeiten für Klimaschutz.
☞ Energiesystemanalysen sind keine Kosten-Nutzen-Analysen. Der Nutzen, der durch die Vermeidung von Umweltbelastungen entsteht, wird nicht erfasst. Insofern dürfen die errechneten Kosten nicht von vornherein als Argument gegen den Klimaschutz gewertet werden.

als aus einzelwirtschaftlicher Sicht, und da das Risiko des Portfolios aller Investitionen zählt, wobei sich die Risiken einzelner Investitionen zum Teil gegenseitig ausgleichen. Am bedeutendsten für Ergebnisunterschiede ist der erwartete Bedarf an Nutzenergie bzw. die Annahmen, z. B. über das Bevölkerungswachstum, die zu diesem Bedarf führen; die Technologiedaten und die geforderten Nebenbedingungen ("Bounds") bei Optimierungsmodellen.

Tabelle 7.1-3: Kosten und Nutzen gesamtwirtschaftlich richtig ermitteln und interpretieren – einige zentrale Hinweise

Kosten und Nutzen *gesamtwirtschaftlich* richtig ermitteln und interpretieren – einige zentrale Hinweise
☞ Gemessen an der absoluten Höhe der jeweils betrachteten Größen, wie BIP oder Beschäftigungsniveau, kommen die für Deutschland vorliegenden Studien zu insgesamt relativ geringen makroökonomischen Wirkungen. Auch die Unterschiede in den Ergebnissen der Modelle sind vor diesem Hintergrund als eher gering einzustufen.
☞ Bei der Interpretation der Ergebnisse der einzelnen Studien ist jeweils zu hinterfragen, ob sie alle relevanten Wirkungsmechanismen berücksichtigen. Insbesondere ist darauf zu achten, dass die gehemmten rentablen Energieeffizienzpotentiale, die mittels politischer Maßnahmen oder neuer Märkte zu realisieren sind, abgebildet werden. Dies stellt insbesondere Modellierungsansätze, deren Modelle implizit derartige Potentiale ausschließen (z. B. ökonomische Gleichgewichtsmodelle), vor neue Herausforderungen. Des weiteren sollte in Zukunft verstärkt daran gearbeitet werden, die Innovationseffekte in die modellgestützten Analysen zu integrieren.
☞ Werden mehrere Wirkungsmechanismen berücksichtigt, sind eher positive makroökonomische Wirkungen zu erwarten. Diese positiven Wirkungen werden durch die in den Modellergebnissen nicht ausreichend berücksichtigten Innovationseffekte – wie Produktivitätseffekte der Diffusion von neuen Effizienztechnologien, die Anstoßwirkung von Energieeffizienzpolitiken auf neue Innovationen oder die Vorteile der Erstinnovatoren (first mover advantage) – noch verstärkt.
☞ Die Höhe der innerhalb einzelner Studien bestehenden Bandbreiten deutet darauf hin, dass entscheidend für die makroökonomischen Wirkungen weniger die eigentliche Energiepolitik, als vielmehr ihre wirtschaftspolitische Einbettung ist.
☞ In der Diskussion über die zeitliche Verteilung der Emissionsmaßnahmen erscheinen die Argumente gewichtiger zu sein, die für ein frühzeitiges Beginnen der Reduktionsbemühungen sprechen.
☞ Die Reduktion der externen Kosten kann nicht genau quantifiziert werden, da die Ergebnisse durch zahlreiche subjektive Annahmen determiniert werden.

- Die **gesamtwirtschaftliche Perspektive** umfasst die Auswirkungen von Energieeffizienzmaßnahmen auf die gesamte Volkswirtschaft. Dies können Preiseffekte, Beschäftigungswirkungen oder Auswirkungen auf das Bruttoinlandsprodukt oder den Außenhandel sein. Die "Kosten" werden hier immer als Effekte einer energiepolitischen Variante gegenüber einer Referenzentwicklung definiert. Allerdings macht sich in den Modellen der Dissens unterschiedlicher volkswirtschaftlicher Schulen zu der Frage, wie die Einflussgrößen miteinander zusammenwirken, anhand unterschiedlicher Modellstrukturen und Verhaltensgleichungen bemerkbar (vgl. Tab. 7.1-3).

Jede der drei Betrachtungsebenen hat für ihre jeweils spezifische Fragestellung ihre Berechtigung. Wenn sich aber das abgebildete Entscheidungsrational und entsprechend auch die Definition der Wertmaßstäbe (Kosten bzw. Gewinne, gesamtwirtschaftliche Auswirkungen) unterscheiden, dann muss stets beim Kostenvergleich erst geklärt werden, welche Betrachtungsebene konkret gemeint ist.

Generell entsteht der Eindruck, dass auf allen Ebenen eine Asymmetrie in der Wahrnehmung von Kosten und Nutzen mit Tendenz zur Unterbewertung des Nutzens der Energieeinsparung vorhanden ist. Das mag auf der einzelwirtschaftlichen Ebene daran liegen, dass nicht alle Kosteneinsparungen als Nutzeneffekte in der Betrachtung erfasst werden. Auf Ebene der Energiesystemanalysen und gesamtwirtschaftlichen Analysen liegt dies unter anderem an der systematischen Vernachlässigung externer Effekte in der Bewertung und damit dem eigentlichen Nutzen und Ziel der Klimaschutzpolitik.

7.2 Unterschiedlich besetzte Begriffe auf den drei Analyseebenen

Eine der besonderen Schwierigkeiten in der Debatte um Kosten und Nutzen von Klimaschutz liegt zum einen darin, dass häufig alltagssprachliche Begriffe in einer wesentlich spezifischeren fachsprachlichen Bedeutung verwendet werden, die sich dem Leser nicht unmittelbar erschließt. Wegen der Verwendung scheinbar bekannter Begriffe unterbleibt aber auch eine Hinterfragung, und es kommt leicht zu Missverständnissen.

Zum anderen werden aber auch innerhalb der Fachsprache teilweise gleiche Begriffe mit unterschiedlicher Bedeutung verwendet, je nachdem in welchem analytischen Kontext man sich befindet. An der Definition von Kosten wurde dies bereits in Kapitel 2 deutlich gemacht. Anhand der folgenden weiteren "unechten" Gemeinsamkeiten können zusätzlich Missverständnisse und scheinbare Widersprüchlichkeiten geklärt werden.

7.2.1 Was heißt "dynamisch"?

Auf einzelwirtschaftlicher Ebene (vgl. Kapitel 3.1, Box 3.1) werden zunächst dynamische und statische Verfahren zur Bewertung von Energieeffizienzmaßnahmen unterschieden, wobei dynamische Bewertungsverfahren als die besseren gelten. Kennzeichnend für sie ist, dass sie den Zeitpunkt der Entstehung von Kosten und Erträgen und entsprechende Zinseffekte berücksichtigt, d. h. künftige Beträge werden abgezinst.

Im Zusammenhang mit Modellen, z. B. Energiesystemmodellen, bezeichnet "dynamisch" dagegen einen methodischen Aspekt des Modells. Dynamische Modelle stützen sich auf funktionale Zusammenhänge, die die Veränderung einer betrachteten Variable beschreiben, also z. B. die Bestimmungsgrößen für die *Veränderung* des Energieverbrauchs. Statische Modelle stützen sich dagegen auf funktionale Zusammenhänge, die das *Niveau* einer betrachteten Variable beschreiben, also z. B. die Bestimmungsgrößen für die *absolute Höhe* des Energieverbrauchs in einem bestimmten Jahr. Dabei können durchaus dynamische Bewertungsverfahren, z. B. zur Berechnung jährlicher Investitionsausgaben, auch in statischen Modellen zum Einsatz kommen. Ob die Veränderung oder das Niveau von Interesse ist, hängt von der jeweiligen Fragestellung ab. Außerdem sind Aspekte der Komplexität und der mathematischen Lösbarkeit bei der Wahl zwischen der einen oder der anderen "Modellbauart" entscheidend. Es gibt also nicht a priori eine bessere Lösung. Deshalb ist es auch kein Widerspruch, wenn in Kapitel 3 dynamische Bewertungsverfahren favorisiert werden und in Kapitel 4 statische und dynamische Modelle ohne Wertung nebeneinander gestellt werden.

7.2.2 Der Sinn unterschiedlicher Kalkulationszinssätze

Oft wird den Energiesystemanalysen vorgeworfen, sie seien nicht realistisch, weil sie im Vergleich zur einzelwirtschaftlichen Ebene einen zu niedrigen Kalkulationszins bei der Bewertung künftiger Kosten und Nutzen zugrunde legten. Bei diesem Vorwurf wird aber übersehen, dass die Opportunitätskosten des Kapitals (das heißt, die Verzinsung des Kapitals bei einer – in Risiko und Laufzeit – vergleichbaren alternativen Anlageform), für die der Kalkulationszinssatz steht, tatsächlich unterschiedlich hoch sind, je nachdem ob die einzelwirtschaftliche oder die gesamtwirtschaftliche Perspektive eingenommen wird.

Während aus einzelwirtschaftlicher Perspektive ein einzelnes Investitionsobjekt ex ante und anhand individueller Zeitpräferenzen beurteilt wird, betrachtet die Energiesystemanalyse ein ganzes Portfolio von Energieeffizienzmaßnahmen, deren Risiken sich zum Teil gegenseitig ausgleichen. Hinzu kommt, dass der Marktzins als Maß für die Opportunitätskosten nur die Zeitpräferenz der heutigen Marktteilnehmer ausdrückt. Aus gesamtwirtschaftlicher Sicht müssten aber auch künftige Generationen berücksichtigt werden. Mit der Frage, wie künftige Kosten und Erträge aus gesamtwirtschaftlicher Sicht zu bewerten sind, befasst sich ein ganz eigener gesamtwirtschaftlicher Diskussionsstrang. Festzuhalten bleibt, dass in einem Modell, das Maßnahmen in gesamtwirtschaftlicher Perspektive bewertet, der Kalkulationszinssatz, der im einzelwirtschaftlichen Kontext verwendet wird, nicht maßgeblich ist – und dass es "den richtigen Kalkulationszinssatz" nicht gibt.

7.2.3 Ressourcenverzehr: mit oder ohne Steuern und Subventionen?

Ebenso wenig kann man den Energiesystemmodellen vorwerfen, dass sie Steuern und Subventionen "vernachlässigen". Denn in gesamtwirtschaftlicher Perspektive bedeuten sie keinen Ressourcenverzehr sondern lediglich eine Umverteilung von Ressourcen zwischen dem Staat und dem privaten Sektor. Marktpreise werden deshalb in diesem Analyseansatz um Steuern und Subventionen bereinigt. Bei der Verwendung der Ergebnisse aus Energiesystemanalysen ist dann aber zu beachten, dass sie nicht das Ergebnis der Summe einzelwirtschaftlicher Entscheidungen sind, sondern das Resultat einer Kostenminimierung oder Simulation auf Basis eines gesamtwirtschaftlichen Bewertungsansatzes.

7.3 Verknüpfung der Analyseebenen

Eines der Ziele der weiteren Entwicklung von Energiesystemanalysen und gesamtwirtschaftlichen Analysen muss es sein, Transaktions- und Programmkosten, aber auch die anderen in Kapitel 3 und 6 skizzierten versteckten Kostenarten künftig zu integrieren. Die obige Darstellung hat einige aller erste Ansätze für Schritte in diese Richtung aufgezeigt. Einige zentrale Punkte sind in Tabelle 7.3-1 noch einmal zusammengefasst. Für eine Integration dieser Aspekte sind allerdings weitere Analysen auch im Rahmen der Hemmnis- und Umsetzungsforschung notwendig, um die Analyseansätze näher zusammenzuführen.

Analysen, die mehrere Analyseebenen miteinander verknüpfen, sind bisher die Ausnahme. Für Deutschland wurde im Rahmen der Studien für die Enquête-Kommission "Schutz der Erdatmosphäre" eine solche Kopplung zwischen Energiesystemanalyse und gesamtwirtschaftlichem Modell zur Abschätzung der gesamtwirtschaftlichen Auswirkungen von Emissionsminderungsstrategien vorgenommen (Walz et al. 1995).

Tabelle 7.3-1: Transaktions- und Programmkosten abschätzen und interpretieren – einige zentrale Hinweise

Transaktions- und Programmkosten abschätzen und interpretieren – einige zentrale Hinweise
☞ Transaktionskosten können durch Größen- und Lerneffekte reduziert werden.
☞ In manchen Fällen handelt es sich möglicherweise um einmalige Transaktionskosten, die dann eher wie eine Investition zu behandeln wären, deren Früchte man in Folgeperioden erntet (verlässliche Lieferung energieeffizienterer Anlagen).
☞ Es gibt zwar Transaktionskosten, aber möglicherweise keine oder nur sehr geringe Transaktionskosten*unterschiede* zwischen REN- und Standardtechniken. Vor allem längerfristig sind eher nur geringe Transaktionskostenunterschiede zwischen REN- und Standardtechniken zu erwarten.
☞ Transaktionskosten und Programmkosten sind nicht additiv. Programmkosten können gezielt dem Abbau von Transaktionskosten dienen.
☞ Angesichts der Bandbreite an Programmbudgets und der möglichen Synergieeffekte zu anderen Politikbereichen erscheinen Einsparpotentiale bei Programmkosten durchaus plausibel.

Betrachtet man die Schnittstelle zwischen Energiesystemanalysen und gesamtwirtschaftlichen Analysen, so haben die Ergebnisse der Energiesystemanalysen eine wichtige Inputfunktion für die Analyse der gesamtwirtschaftlichen Wirkungen von Maßnahmen zur Steigerung der Energieeffizienz. Denn in Energiesystemanalysen wird bestimmt, welche zusätzliche Nachfrage durch die Investitionsvolumina generiert wird, die zur Realisierung der Energieeffizienzsteigerungen notwendig sind. Außerdem geht aus ihnen hervor, ob es zu einer Erhöhung oder einer Reduktion der Kosten für die Bereitstellung von Nutzenergie kommt, das heißt, in welche Richtung der Kosteneffekt das gesamtwirtschaftliche Ergebnis beeinflusst.

Auch um die Ergebnisse der Modellierung gesamtwirtschaftlicher Auswirkungen von Klimaschutzpolitik im Sinne einer mikroökonomischen, technologiespezifischen Fundierung zu verbessern, wird es in Zukunft verstärkt notwendig sein, die Modellierungsansätze auf die Etablierung von Mikro-Makro-Brücken auszurichten und Bottom-up-Analysen mit makroökonomischen Top-down-Modellen zu koppeln. Hierbei sollten empirische Erkenntnisse bzgl. der innovatorischen und tendenziell produktivitätssteigernden Wirkungen von Maßnahmen zur Steigerung der Energieeffizienz als Input auch bei der makroökonomischen Modellierung verwendet werden.

Auch in der Frage, wie man von einzel- und gesamtwirtschaftlichen Potentialen zur tatsächlichen Umsetzung der implizierten Maßnahmen kommt, kann die Verknüpfung der Analyseebenen weitere Erkenntnisse bringen. Die Forschungserkenntnisse zu Hemmnissen und Erfolgsfaktoren sowie Instrumenten und Kosten der Umsetzung müssten dazu stärker in die Modellierung einfließen. Das Streben nach modellgerechten Ergebnissen kann umgekehrt auch der Hemmnis- und Umsetzungsforschung neue Impulse liefern.

8 Empfehlungen für die Klimapolitik

Nachdem im vorhergehenden Kapitel bereits die wichtigsten Argumentations- und Interpretationshilfen zu Fragen der wirtschaftlichen Bewertung zusammengefasst wurden, befasst sich dieses letzte Kapitel gezielt damit, was von Seiten der Politik zur Förderung eines besseren Verständnisses von Bewertungsfragen auf den verschiedenen Analyseebenen beigetragen werden kann. Entsprechend betreffen die Empfehlungen vor allem die Bereiche Bildung, Kommunikation und Forschung. Zunächst werden dazu Empfehlungen formuliert, die sich auf den *politischen Handlungsbedarf* beziehen und sich entsprechend vor allem an die von der Problemstellung in besonderem Maße betroffenen Ministerien richten. Dies sind neben dem BMU und UBA auch das BMWi und das BMBF[1] (Kap. 8.1). Anschließend wird der *Forschungsbedarf* aufgezeigt, der sich aus der Zusammenschau der drei Analyseebenen ergibt (Kap. 8.2).

8.1 Handlungsempfehlungen für die Klimapolitik

Besonders auf betrieblicher und kommunaler Ebene werden Wirtschaftlichkeitsargumente oft vorgeschoben, um ohne genauere Problemanalyse vorgeschlagene Energieeffizienzmaßnahmen abzulehnen. Um gegen eine solche Blockade anzugehen, ist es wichtig, eventuelle Schwachstellen in der Wirtschaftlichkeitsbetrachtung aufdecken zu können bzw. von vornherein zu vermeiden. Der Abbau der Blockade ist der erste Grundstein für weitere Schritte zur Umsetzung rentabler Energieeinsparmaßnahmen. Um zur tatsächlichen Umsetzung zu gelangen, werden darüber hinaus aber weitere Maßnahmen zur Motivation, technisch-fachlichen Qualifikation, Überwindung rechtlicher Hemmnisse etc. notwendig sein. Hinweise dazu finden sich z. B. in Hennicke et al. (1998a), Ostertag et al. (1998a, 1998b), Frahm et al. (1997), Jochem et al. (1997), Gruber et al. (1997).

Die folgenden Vorschläge befassen sich schwerpunktmäßig damit, wie die gängige Praxis der **einzelwirtschaftlichen Rentabilitätsberechnung zu verbessern** ist und Blockaden in Auseinandersetzungen um die Wirtschaftlichkeit behoben werden können:
- Es sollten **Fortbildungselemente** initiiert werden, die eine betriebswirtschaftlich fundierte Kostenkalkulation und Wirtschaftlichkeitsrechnung für Energieeffizienzmaßnahmen beschreiben (Inhalte vgl. auch Tabelle 7.1-1). Dabei müssen auch die Anliegen verschiedener Zielgruppen – z. B. Planer, Betriebsingenieure,

---

1 BMU: Bundesministerium für, UBA: Umweltbundesamt, BMWi: Bundesministerium für Wirtschaft, BMBF: Bundesministerium für Bildung und Forschung

technische Vorstände, Stadtkämmerer – berücksichtigt werden. Für die Entwicklung des Kurses und des Vermarktungskonzepts ist es zentral, auf bestehende Weiterbildungsstrukturen, insbesondere auf die REN-spezifischen Impulsprogramme, die inzwischen in mehreren Bundesländern (u. a. NRW und Hessen) bestehen, aufzubauen. Zur Steigerung der Bekanntheit und der Akzeptanz eines solchen Weiterbildungsangebots ist eine gute Zusammenarbeit zwischen Bund und Ländern sowie mit Multiplikatoren wie den Länder-Energieagenturen, Industrieverbänden (z. B. VDMA, VDI, VEA) und speziellen Initiativen, z. B. dem Bundesdeutschen Arbeitskreis für Umweltbewusstes Management e. V. (B.A.U.M.), geboten.

- Die neue Richtlinie VDI 6025 (von 1996) stellt eine gute Grundlage dar, um Wirtschaftlichkeitsberechungen auf eine sichere und einheitliche Basis zu stellen. Ihre Verbreitung und Anwendung sollte deshalb gezielt gefördert werden. Insbesondere sollten **Weiterbildungsangebote speziell zu Wirtschaftlichkeitsberechungen gemäß der VDI-Richtlinie 6025** angeboten werden, da die Sachverhalte zwar sehr detailliert, aber auch sehr komplex und in einem für die Zielgruppe Ingenieure eher fremden, betriebswirtschaftlichen Fachvokabular dargestellt werden. Der Eingang der Richtlinie in die Praxis scheint deshalb nicht automatisch gewährleistet. Der hohe Preis der Richtlinie (272,40 DM) kommt hier als weiteres Hemmnis hinzu.

- Neben separaten Kursen zur Wirtschaftlichkeitsberechung sollten **bestehende Weiterbildungskurse, Handbücher und Leitfäden**, die schon jetzt Fragen der Wirtschaftlichkeit mit abdecken, aber noch auf die alte Version der entsprechenden VDI-Richtlinie zurückgreifen (VDI 2067 von 1991 statt VDI 6025 von 1996), **aktualisiert** werden. Dies gilt z. B. für die Kurse "Energiemanagement in der Industrie mit RAVEL NRW" und "Energiemanagement – Organisation von Energieeinsparungen in öffentlichen Gebäuden" des REN-Impulsprogramms Nordrhein-Westfalen und für den Leitfaden "Klimaschutz in Kommunen" des DIFU (Fischer, Kallen 1997).

- Eine vergleichbare Initiative sollte von Seiten den Bundes zusammen mit den Bundesländern und mit geeigneten Partnern in Form von **Modulen für die Erstausbildung** im Hochschul- und Berufsschulbereich entwickelt werden, um das Curriculum bei Fachhochschul- und Universitätsstudenten sowie Berufsschülern mit technischen Fachrichtungen, und insbesondere Energie- und Umwelttechnik, um eine betriebswirtschaftliche Komponente zu erweitern.

- Zusammen mit den Veranstaltern vorbildhafter Energieeffizienz- und Umweltpreiswettbewerbe (z. B. VDEW eta-Wettbewerb; BDI-Umweltpreis, der ASUE-Preis) sollte darauf hingewirkt werden, dass die wirtschaftliche Bewertung der angezeigten und veröffentlichten Beispiele Vorbildcharakter entwickelt und nicht anhand von Kapitalrückflusszeiten, sondern anhand einer der Rentabilitätsmaße, vorzugsweise des Kapitalwerts erfolgt.

Weiterhin wird zur **Stärkung der Durchsetzungskraft von Klimaschutzpolitik** in der allgemeinen Öffentlichkeit und in der Auseinandersetzung unter den Ministerien, eine **Kommunikationsstrategie** empfohlen, die folgende Elemente enthält:

- Klimaschutz sollte mit anderen Politikzielen und Handlungsmotiven gekoppelt werden ("Klimaschutz im Doppelpack"). Dies bedeutet z. B. ressortübergreifend Wirtschaftsförderungsprogramme oder Programme zur Forschungs- oder Innovationsförderung klimafreundlich auszugestalten. Perspektivisch muss die Klimapolitik über den Bereich der Umweltpolitik hinausgehen und in einen größeren Rahmen von Umwelt- und Nachhaltigkeitspolitik, Vorsorgepolitik und Industriepolitik eingebettet werden.

- Aus gesamtwirtschaftlicher Sicht besteht der Nutzen von Klimaschutz in den vermiedenen Klimaschäden. Dieser Nutzen kommt in Kosten-Nutzen-Analysen systematisch zu kurz. Wegen der inhärenten Bewertungsproblematik der externen Effekte ist es grundsätzlich fraglich, ob Kosten-Nutzen-Analysen den geeigneten Rahmen zur Entscheidungsfindung in diesem Bereich abgeben. Die deutsche Umweltpolitik sollte es sich vielmehr zur Aufgabe machen, das Vorsorgeprinzip, das sie in Deutschland seit langem als Entscheidungsregel praktiziert, auch in der Diskussion um Klimaschutz zu stärken und diesem Prinzip in der internationalen Diskussion mehr Gewicht zu verschaffen.

- Im gleichen Zug wie der Klarstellung des Hauptziels und des Hauptnutzens von Klimaschutz gilt es klar zu machen, dass sich die Effekte von Klimapolitik nicht allein an "Nebenwirkungen" wie Wachstums- und Beschäftigungseffekten messen lassen. Die Ergebnisse solcher gesamtwirtschaftlicher Analysen zeigen vielmehr, dass Gestaltungsspielraum für Klimapolitik vorhanden ist.

Weiterer Handlungsbedarf besteht bei der **Verbesserung der Kommunikation von Modellergebnissen**. In der aktuellen Diskussion um die Kosten von Klimaschutz hat sich der Blick auf isolierte Studienergebnisse verengt. Die Erkenntnisfunktion von Studien tritt in den Hintergrund. Um hier wieder zu einer ausgewogeneren und konstruktiveren Auseinandersetzung zu kommen, muss die Diskussion weg von den reinen Zahlen wieder hin zu deren Bestimmungsfaktoren. Die Annahmen, die in die Konstruktion der Modelle und Szenarien einfließen, müssen Gegenstand der Debatte werden.

Mehrere Instrumente sind denkbar, um den Diskussionsprozess in diese Richtung zu lenken. Zum einen könnte ähnlich wie im Bereich von Ökobilanzen ein **"kritischer Review"-Prozess** etabliert werden, in dem unabhängige Experten neu vorgelegte Modellergebnisse auf ihre Plausibilität und Qualität hin prüfen. Dazu muss dem Experten Hintergrundmaterial zur Dokumentation der Berechnungen zur Verfügung gestellt werden. Grundlage für einen solchen Review-Prozess ist ein Kodex, in dem zentrale Prüfkriterien festgehalten werden. Der Kodex könnte kontinuierlich im Laufe des Reviewprozesses entwickelt werden.

Ein weiteres Instrument wären **regelmäßige Workshops**, in denen Modellergebnisse erklärt und ausgehend von den ergebnisbestimmenden Determinanten verglichen werden. So könnte der Diskussionsprozess, der auf dem Workshop "Energiesparen – Klimaschutz der sich rechnet" begonnen wurde, fortgeführt werden. Als Basis solcher Workshops eignen sich **vergleichende Analysen und Evaluationen** von modellgestützten Studien.

8.2 Strategie für die Forschungsförderung

Besonders auf betrieblicher und kommunaler Ebene werden Wirtschaftlichkeitsargumente oft vorschnell verwendet, um vorgeschlagene Energieeffizienzmaßnahmen ohne genauere Problemanalyse abzulehnen. Auch die Hemmnisforschung hinterfragt bisher die genauere Bedeutung von Unwirtschaftlichkeit aus Sicht des jeweiligen Akteurs nicht konsequent. Forschungsbedarf besteht deshalb insbesondere noch bei **wirtschaftlichen Hemmnissen**, wie z. B. Konflikten zwischen Instrumenten der Unternehmenssteuerung, wie Vorgaben für Investitionsbudgets oder Modalitäten der Gemeinkostenverrechnung, und der rationellen Energienutzung. Im Unterschied zum bisherigen Fokus der Hemmnisforschung auf kleine und mittlere Unternehmen haben diese Hemmnisse durchaus auch in Großunternehmen Relevanz.

Auf der Seite der Umsetzung besteht außerdem Forschungsbedarf in der Frage, wie gerade bei **Reinvestitionen** darauf hingewirkt werden kann, dass konsequent Optionen der rationellen Energienutzung im Abwägungsprozess der Entscheider berücksichtigt werden. Denn sie bieten zwar einerseits große Chancen zur Realisierung rentabler Energieeinsparpotentiale. Andererseits stoßen aber die Entscheider gerade in dieser Situation auf andere Hemmnisse, wie Kapitalmangel, Verschuldungsgrenzen und fehlendes Wissen über die Energieeffizienzunterschiede zwischen verschiedenen möglichen technischen Lösungen (s. z. B. Gruber et al. 1999). Hier sollte ein **"Frühwarnsystem"** konzipiert werden, das Geschäftspartner, die in einem solchen Fall kontaktiert werden – z. B. Banken und andere Finanzierungspartner, Anlagenplaner und Genehmigungsbehörden – mobilisiert und bestehende Informationskanäle nutzt, um den betroffenen Investoren zeitnah und situationsspezifisch Informationen über passende REN-Lösungen zukommen zu lassen (Hennicke et al. 1998b).

Da die gehemmten rentablen Energieeffizienzpotentiale von Energiesystemmodellen stets ausgeklammert und damit die CO_2-Minderungskosten als Durchschnittskosten überschätzt werden, sollten gezielt Forschungsanstrengungen zur **Höhe der rentablen Energieeinsparpotentiale** unternommen werden. Hier sollten insbesondere auch **Transaktionskosten** und weitere "versteckte" Kostenarten sowie Möglichkeiten ihrer Verminderung untersucht werden. Forschungsbedarf besteht bei

Energiesystemmodellen außerdem hinsichtlich der Frage, wie Innovationseffekte und **Lernkurven** systematisch berücksichtigt werden können.

Bei gesamtwirtschaftlichen Analysen müssen sich die Forschungsanstrengungen verstärkt darauf richten, in der Modellierung konsequent **mehrere Wirkungsmechanismen** abzubilden. Ein weiterer Aspekt ist die Abbildung von Innovationsprozessen und insbesondere der **Generierung von Innovationen**, also der Entwicklung neuer technischer Verfahren und der Generierung neuen technischen Wissens. Hinsichtlich der Frage, wie sich eine Strategie zur Verbesserung der Energieeffizienz auf diese Prozesse auswirkt, besteht noch erheblicher Bedarf an empirischer Forschung.

Wie bereits im vorangegangenen Kapitel deutlich wurde (s. Kap. 7), ist die engere **Integration** der Analyseansätze und die Verstärkung der Interdisziplinarität der Ansätze wichtig. Um gesamtwirtschaftliche Analysen der Auswirkungen von Klimaschutzpolitik weiter zu verbessern, müssen weitere Forschungsanstrengungen zur "**Bottom-up-Fundierung**", d. h. mikroökonomischen und technologiespezifischen Fundierung des Daten-Inputs unternommen werden. In der Frage, wie man von einzel- und gesamtwirtschaftlichen Potentialen zur tatsächlichen Umsetzung der implizierten Maßnahmen kommt, müsste die Hemmnis- und Umsetzungsforschung stärker mit Forschungsbereichen wie der Energiesystemanalyse verbunden werden, nach deren Ergebnissen energiepolitische Prioritäten festgelegt werden. Eine langfristig angelegte **Stärkung des Dialogs** zwischen der einzelwirtschaftlichen Hemmnis- und Umsetzungsforschung und modellgestützten (energie-) technischen und ökonomischen Analyseansätzen ist deshalb dringend geboten.

Literaturverzeichnis

Altner, G. et al. (1995): Zukünftige Energiepolitik. Vorrang für rationelle Energienutzung und regenerative Energiequellen. Potentiale und Handlungsfelder. Eine diskursorientierte Studie im Auftrag der Niedersächsischen Energieagentur. Gruppe Energie 2010, Bonn

Anderson, A. T. (1996): Differences between Energy Information Administration Energy Forecasts: Reasons and Resolution. In: Energy Information Administration: Issues in Midterm Analysis and Forecasting.

Arnold, B.; N. Krug (Hrsg.) (1996): Wärmelieferungskonzept für Handwerk und Mittelstand. Verband für Wärmelieferung

Arrow, K. J. (1962): The Economic Implications of Learning-by-Doing. In: Review of Economic Studies 29, 155-137

Azar, C. (1998): Are Optimal CO_2-Emissions really Optimal? In: Environmental and Resource Economics 11 (3-4), 301-315

Azar, C.; T. Sterner (1996): Discounting and Distributional Considerations in the Context of Climate Change. In: Ecological Economics 19(2), 169-194

Behrens-Egge, M. (1991): Möglichkeiten und Grenzen der monetären Bewertung in der Umweltpolitik. In: ZfU 1991, Heft 1, S. 71-94

Bhattacharyya, S. C. (1996): Applied general equilibrium models for energy studies: a survey. In: Energy Economics 18 S. 145/164

Bieniek, K. (1998): Energieverbrauch und Wirtschaftlichkeit bei elektrischen Industrieantrieben. Vortragspapier zum Workshop "Verstärkte Marktdiffusion hocheffizienter Elektromotoren" ("Karlsruher Gespräch") am 20.3.1998 im Fraunhofer-ISI, Karlsruhe

Bishop, R. C. (1978): Endangered Species and Uncertainty: The Economics of a Safe Minimum Standard. In: American Journal of Agricultural Economics 60, 10-18

BMU, UBA (Hrsg.) (1996): Handbuch zur Umweltkostenrechnung. München

Böhringer, Ch. (1998): Kostendeterminanten in Optimierungsmodellen. In: Ostertag, K.; E. Jochem; H.-J. Ziesing (Hrsg.): Workshop: "Energiesparen – Klimaschutz, der sich rechnet", 8.-9.10.98, Rotenburg an der Fulda. Workshop-Dokumentation. Fraunhofer-ISI: Karlsruhe, S. 58-72

BP (1997): BP Statistical Review of World Energy

Butson J. (1998): The Potential for Energy Service Companies in the European Union. In: NOVEM (Hrsg.): Proceedings. International Conference "Improving Electricity Efficiency in Commercial Buildings", September 1998, Amsterdam

Ciriacy-Wantrup, S. V. (1952): Resource Conservation: Economics and Politics. Berkeley CA: University of California Press

Cline, W. R. (1992): The Economics of Global Warming. Washington DC: Institute of International Economics

Coase, Ronald (1937): The Nature of the Firm. 4 Economica n.s., S. 386-405. Reprinted in Williamson, O.; S. Winter (ed.): The Nature of the Firm. Origins, Evolution, and Development. New York/Oxford, 1991

Crowards, T. M. (1998): Safe Minimum Standards: Costs and Opportunities. In: Ecological Economics 25, 303-314

Diekmann, J. (1997): Die DIW-Modelle zur Untersuchung gesamtwirtschaftlicher Auswirkungen von Energieszenarien. In: S. Molt; U. Fahl (Hrsg.): Energiemodelle in der Bundesrepublik Deutschland – Stand der Entwicklung. IKARUS-Workshop am 24. und 25. Januar 1996 im Haus der Wirtschaft, Stuttgart. Schriftenreihe Umwelt-Systemanalysen des Forschungszentrums Jülich, Band 4200001

Diekmann, J. et al. (1998): Methodik-Leitfaden für die Wirkungsabschätzung von Maßnahmen zur Emissionsminderung. Politikszenarien für den Klimaschutz. Untersuchungen im Auftrag des Umweltbundesamtes, Hrsg. G. Stein und B. Strobel, Band 3. Schriften des Forschungszentrums Jülich, Reihe Umwelt, Band 7

DIW (1994): s. Kohlhaas, M. et al. (1994)

DIW et al. (1996): Der Einfluss von Energiesteuern und -abgaben zur Reduktion von Treibhausgasen auf Innovation und technischen Fortschritt – Clearing-Studie. Berlin u. a.

DIW/Fifo (1997): Anforderungen an und Anknüpfungspunkte für eine Reform des Steuersystems unter ökologischen Aspekten. Berlin

Ekins, P. (1995): Rethinking the Costs Related to Global Warming: A Survey of the Issues. In: Environmental and Resource Economics 1995, S. 231-277

EM (Swedish National Energy Agency) et al. (1998): Procurement for Market Transformation for Energy Efficient Products – A study under the SAVE Programme. Stockholm

ETSAP (1997): IEA Energy Technology Systems Analysis Programme. New Directions in Energy Modeling. Summary of Annex V (1993-1995)

Ewers, H.-J. et al. (1986): Methodische Probleme der monetären Bewertung eines komplexen Umweltschadens – das Beispiel des Waldsterbens in der Bundesrepublik Deutschland. Berichte 4/86 des Umweltbundesamtes, Berlin

Fahl, U. et al. (1995): Emissionsminderung von energiebedingten klimarelevanten Spurengasen in der Bundesrepublik Deutschland und in Baden Württemberg. Forschungsberichte des IER. Band 21. Stuttgart

Fahl, U. et al. (1996): Wirtschaftsverträglicher Klimaschutz für den Standort Deutschland. In: Energiewirtschaftliche Tagesfragen 4/1996, S. 208-212

Fankhauser, S. et al. (1998): Extensions and alternatives to climate change impact valuation: on the critique of IPCC Working Group III's impact estimates. In: Environment and Development Economics, 3.1998, Heft 1, S. 59-81

Fichtner, W. et al. (1996): Die Wirtschaftlichkeit von CO_2-Minderungsoptionen. In: Energiewirtschaftliche Tagesfragen 8/1996, S. 504-509

Fischer, A.; C. Kallen (Hrsg.) (1997): Klimaschutz in Kommunen. Leitfaden zur Erarbeitung und Umsetzung kommunaler Klimaschutzkonzepte. Berlin: Deutsches Institut für Urbanistik

Frahm, Th. et al. (1997): Verhaltens- und Hemmnisforschung im Bereich Energie – Stand und Perspektiven. Bericht zum Experten-Seminar am 9. und 10. Juni 1997 im BMBF, Bonn. Karlsruhe: ISI

Frohn, J. et al. (1998): Fünf makroökonometrische Modelle zur Erfassung der Wirkungen umweltpolitischer Maßnahmen – eine vergleichende Betrachtung. Band 7 der Schriftenreihe "Beiträge zu den umweltökonomischen Gesamtrechnungen", Stuttgart

Fünfgeld, C. (1998): Quantifizierung energierelevanter Kosten als Anreiz zur rationellen Energieverwendung. VDI-Berichte

Gälweiler, A. (1981): Abrechnung der Energiekosten. In: E. Kosiol; K. Chmielewicz; M. Schweitzer (Hrsg.): Handwörterbuch des Rechnungswesens. 2. Auflage, Sp. 463-471, Stuttgart

Grubb, M. (1997): Technologies, Energy Systems and the timing of CO_2–Emissions Abatement. An Overview of Economic Issues. In: Energy Policy 25 (2), 159-172

Grubb, M. et al. (1993): The Costs of CO_2 emission limits. Annual Review of Energy and the Environment, Vol. 18, pp. 397-478

Gruber, E. et al. (1999): Energieverbrauch und Einsparung in Gewerbe, Handel und Dienstleistung. Bericht zum Vorhaben "Strukturierung des Energieverbrauchs im Sektor Kleinverbraucher als Grundlage für die Aktivierung von Energieeinsparpotentialen" für die Deutsche Bundesstiftung Umwelt. Heidelberg: Physica

Gruber, E. et al. (1997): Verbrauchszielwerte für Elektrogeräte: Vorreiter Schweiz. In: Energiewirtschaftliche Tagesfragen (1997), Nr. 1/2, S. 58-63

Häfele, W. (Hrsg.) (1990): Energiesysteme im Übergang – unter den Bedingungen der Zukunft. Ergebnisse einer Studie des Forschungszentrums Jülich. Landsberg

Hake, J.-F.; P. Markewitz (Hrsg.) (1997): Modellinstrumente für CO_2-Minderungsstrategien. Jülich

Harris, J. P. (1998): Re-Inventing Government Programmes for Energy Efficient Commercial Buildings. In: NOVEM (Hrsg.): Proceedings. International Conference "Improving Electricity Efficiency in Commercial Buildings", September 1998, Amsterdam

Hasselman, K.; S. Hasselman; R. Giering; V. Ocana; H. V. Storch (1997): Sensitivity Study of Optimal CO_2 Emission Paths Using a Simplified Structural Integrated Assessment Model. In: Climatic Change 37, 345-386

Hein, L. G., K. Blok (1995): Transactions costs of energy efficiency improvement, in Proceedings of the 1995 ECEEE Summer Study, Panel 2 [European Council for an Energy-Efficient Economy ed.], ADEME editions.

Heinz, I. (1980): Volkswirtschaftliche Kosten durch Luftverunreinigungen. Ökonomische Bewertung der Wirkungen von Luftverunreinigungen. Studie im Auftrag des Umweltbundesamts, Dortmund

Helle, C. (1994): Contracting-Modelle als innovative Finanzierungs- und Organisationsform für effiziente Energieinvestitionen. Umweltwirtschaftsforum 2 (1994) 7, S. 43-48

Hennicke et al. (1998a): Interdisciplinary Analysis of Successful Implementation of Energy Efficiency in the industrial, commercial and service sector. Final Report, Volume I. Wuppertal, Vienna, Karlsruhe, Kiel, Kopenhagen

Hennicke et al. (1998b): Interdisziplinäre Analyse der erfolgreichen Umsetzung von Energieeffizienzmaßnahmen in Industrie, Dienstleistung und Gewerbe (Interdisciplinary Analysis of Successful Implementation of Energy Efficiency in the industrial, commercial and service sector). Endbericht, Kurzfassung. Wuppertal, Wien, Karlsruhe, Kiel, Kopenhagen

Hessisches Ministerium für Umwelt, Energie, Jugend, Familie und Gesundheit (Hrsg.) (1998): Contracting-Leitfaden für öffentliche Liegenschaften in Hessen. Wiesbaden

Hoffmann, H.-J.; W. Katscher; G. Stein (1997): Energiestrategien für den Klimaschutz in Deutschland – Das IKARUS-Projekt des BMBF – Zusammenfassender Endbericht. IKARUS-Studie 0-01. Forschungszentrum Jülich

Hohmeyer, O. (1998): Externe Kosten des Klimawandels: Schlussfolgerungen angesichts der Unsicherheiten und Bandbreite möglicher Abschätzungen. In: Ostertag, K.; E. Jochem; H.-J. Ziesing (Hrsg.): Workshop: "Energiesparen – Klimaschutz, der sich rechnet", 8.-9.10.98, Rotenburg an der Fulda. Workshop-Dokumentation. Fraunhofer-ISI: Karlsruhe, S. 138-149

Hourcade, J. C.; J. Robinson (1996): Mitigating factors. Assessing the costs of reducing GHG emissions. In: Energy Policy 24 10/11

Huckestein, B.: Volkswirtschaftliche Kosten des Treibhauseffektes – ein Überblick über die ökonomischen Konsequenzen unterlassenen Klimaschutzes. In: Zeitschrift für angewandte Umweltforschung 7 (1994) 4, S. 542-553

IPCC (1995): Climate Change 1995. Economic and Social Dimension of Climate Change. Cambridge: Cambridge University Press

IPCC (1998): Mitigation and Adaptation Cost Assessment: Concepts, Methods and Appropriate Use. RISØ, Kopenhagen

ISI, DIW (1995): s. Walz, R., M. Schön, J. Blazejczak, D. Edler (1995)

Jochem, E. (1997): Arbeit und bedachter Umgang mit Energie. In: Ropohl, D.; A. Schmid (Hrsg.): Handbuch zur Arbeitslehre. München

Jochem, E. et al. (1996): Exportchancen für Techniken zur Nutzung regenerativer Energien. Sachstandsbericht, TAB-Arbeitsberichte Nr. 42. Karlsruhe/Bonn

Jochem, E. et al. (1997): Interdisziplinäre Analyse der Umsetzungschancen einer Energiespar- und Klimaschutzpolitik. Hemmende und fördernde Bedingungen der rationellen Energienutzung für private Haushalte und ihr Akteursumfeld aus ökonomischer und sozialpsychologischer Perspektive. Endbericht mit Ergänzungsband. Karlsruhe, Karlsruhe, Kiel, Wuppertal

Jochem, E.; H. Bradke (1996): Energieeffizienz, Strukturwandel und Produktionsentwicklung der deutschen Industrie. IKARUS Teilprojekt 6 "Industrie". Endbericht. Monographien des Forschungszentrums Jülich. Band 19

Jochem, E.; M. Schön (1994): Rationelle Energienutzung: Sparen als Konjunkturspritze. In: Energie und Management Nr. 6, S. 42-45, Nr. 7, S. 32-36

Junckernheinrich, M.; P. Klemmer (Hrsg.) (1992): Wirtschaftlichkeit des Umweltschutzes. Sonderheft 271992 der Zeitschrift für Angewandte Umweltforschung

Kern, W. (1981): Anforderungen an die industriebetriebliche Energiewirtschaft. Die Betriebswirtschaft 41 (1981), S. 3-22

Kohlhaas, M. et al. (1994): Wirtschaftliche Auswirkungen einer ökologischen Steuerreform. Gutachten im Auftrag von Greenpeace. Berlin

Köwener, D.; E. Jochem; E. Tönsing (1997): Neue Contracting-Märkte als Energiedienstleister. In: VDI (Hrsg.): EVU auf dem Wege zum Dienstleistungsunternehmen – Instrumente und Beispiele. Düsseldorf

Kraft, A.; M. Kleemann (1998): Market Opportunities for Fuel Cells in Germany. A dynamic systems analysis study using the MARKAL Model. Paper presented at the IEA-ETSAP/Annex VI – 5th Workshop in Berlin, 7 May 1998. Forschungszentrum Jülich, STE

Krause, F. (1996): The costs of mitigating carbon emissions. A review of methods and findings from European studies. In: Energy Policy 24 10/11

Kreps, D. M. (1990): Leçons de théorie microéconomique. Paris

Layer, M.; H. Strebel (1984): Energie als produktionswirtschaftlicher Tatbestand. Zeitschrift für Betriebswirtschaft 54 (1984), S. 638-663

Lee, R. (1996): Externalities Studies: Why are the Numbers Different? In: Hohmeyer, O. et al. (Hrsg.): Social Costs and Sustainability. Heidelberg, S. 13-28

Leutgöb, K.; G. Benke; R. Herzinger; H. Lechner; B. Papousek (1997): Drittfinanzierung in Österreich. Modelle zur praktischen Umsetzung. Wien

Lücke, W. (1955): Investitionsrechnung auf der Basis von Angaben oder Kosten? Zeitschrift für handelswissenschaftliche Forschung 7 (1955), S. 310-324

Manne, A. S.; R. Mendelsohn; R. G. Richels (1995): MERGE. A Model for Evaluating Regional and Global Effects of GHG Reduction Policies. In: Energy Policy 23, 17-34

Markewitz, P. et al. (1998): Modelle für die Analyse energiebedingter Klimagasreduktionsstrategien. IKARUS-Teilprojekt 1 "Modelle". Endbericht. Schriften des Forschungszentrums Jülich. Reihe Umwelt, Band 7

Meyer, B. (1996): Ökologisch kontraproduktive Steuererleichterungen. Vorlage zur Vorbereitung einer gemeinsamen Konferenz der Umwelt- und Finanzminister des Bundes und der Länder. Gutachten im Auftrag des Ministeriums für Umwelt, Natur und Forsten des Landes Schleswig-Holstein, Hamburg

Meyer, B. et al. (1997): Was kostet eine Reduktion der CO_2-Emissionen? Ergebnisse von Simulationsrechnungen mit dem umweltökonomischen Modell PANTA RHEI. Beiträge des Instituts für empirische Wirtschaftsforschung der Universität Osnabrück Nr. 55

Molt, S.; U. Fahl (Hrsg.) (1997): Energiemodelle in der Bundesrepublik Deutschland – Stand der Entwicklung. Jülich

Nordhaus, W. D. (1994): Managing the Global Commons: the Economics of Climate Change. Cambridge MA: MIT Press

Ökobank (1998): Der Ökobank Anlagebrief Nr. 2 / 07.98. Frankfurt

Öko-Institut (1996): Nachhaltige Energiewirtschaft – Einstieg in die Arbeitswelt von Morgen. Freiburg

Ostertag, K. et al. (1998b): Erfolgreich Energie sparen mit privaten Haushalten. In: Energiewirtschaftliche Tagesfragen (1998), Nr. 4, S. 220-224

Ostertag, K. et al. (1997): Procurement as a means of Market Transformation for Energy Efficient Products. Task A: Country survey for Germany, Report within the EU-SAVE Project. Karlsruhe/Wuppertal

Ostertag, K. et al. (1998a): Energie erfolgreich rationeller nutzen – trotz bestehender Hemmnisse. In: VDI-Gesellschaft Energietechnik (Hrsg.): Innovationen bei der rationellen Energieverwendung – neue Chancen für die Wirtschaft. Düsseldorf: VDI, S. 1-18 (VDI Berichte 1385)

Ostertag, K.; K. Schlegelmilch (1995): Potential employment effects of achieving the Toronto Target. Literature Study: Germany. Wuppertal Institut für Klima, Umwelt, Energie. Vertrieb als Studie des WWF Europa: Saving the Climate – That's my Job!

Ostertag, K; U. Böde; E. Gruber; Radgen, P. (1998): Erfolgsreiche Beispiel für die Überwindung von Hemmnissen der rationellen Energieanwendung in Industrie und Kleinverbrauch. Endbericht an das Bundesministerium für Bildung, Wissenschaft, Foschung und Technologie. Karlsruhe: ISI

OVE (o. J.): Neue Wege gehen. Energiedienstleistung mit der OVE (Objekt-Versorgung mit rationellem Energieeinsatz). Eine Information zur neuen Dienstleistung "Wärmelieferung". Bad Rothenfelde

Peck, S. C; T. J. Teisberg (1993). Global Warming Uncertainties and the Value of Information: An Analysis Using CETA. In: Resource and Energy Economics 51, 71-97

Perry, M. K. (1989): Vertical Integration: Determinants and Effects. In: Schmalensee R.; R. D. Willig (ed.): Handbook of Industrial Organisation. Volume I. Amsterdam, pp. 183-260

Pfaffenberger, W. (1995): Arbeitsplatzeffekte von Energiesystemen. VDEW – Energiewirtschaftliche Studien 6. Frankfurt a. M

Piller, W.; M. Rudolph (1991): Kraft-Wärme-Kopplung. 2. Aufl., Frankfurt/Main

Prognos (Hrsg.) (1995): Energieverbrauch: Kostenwahrheit ohne Staat. Stuttgart

Prose, F. (1994): Ansätze zur Veränderung von Umweltbewußtsein und Umweltverhalten aus sozialpsychologischer Perspektive. In: Senatsverwaltung für Stadtentwicklung und Umweltschutz Berlin (Hrsg.): Neue Wege im Energiesparmarketing. Materialien zur Energiepolitik in Berlin, Heft 16/1994, S. 14-23

Rentz, O. et al. (1995): Ökonomische Beurteilung von Maßnahmen zur Minderung der CO_2-Emissionen. Im Auftrag der Bundesministerin für Umwelt, Naturschutz und Reaktorsicherheit und des Umweltbundesamtes. Institut für Industriebetriebslehre und Industrielle Produktion, Universität Karlsruhe (TH)

Riebel, P. (1983): Thesen zur Einzelkosten- und Deckungsbeitragsrechnung. In: Chmielewicz, K. (Hrsg.): Entwicklungslinien der Kosten- und Leistungsrechnung. Stuttgart

Riebel, P. (1993): Einzelkosten- und Deckungsbeitragsrechnung. 7. Auflage, Wiesbaden

Roth, H. et al. (1996): Die Nutzung industrieller Abwärme zur Fernwärmeversorgung. Analyse der Hemmnisse für die Nutzung industrieller Abwärme zur Fernwärmeversorgung. Im Auftrag des Umweltbundesamts Berlin, UBA-Texte 40/96

RWI, Ifo (1996): Gesamtwirtschaftliche Beurteilung von CO_2-Minderungsstrategien. Im Auftrag des BMWi. Essen/München

Schaumann, P. et al. (1994): Integrierte Gesamtstrategien der Minderung energiebedingter Treibhausgasemissionen (2005/2020). Studie im Auftrag der Enquête-Kommission "Schutz der Erdatmosphäre" des 12. Deutschen Bundestages. Stuttgart/Berlin: IER, DIW

Schmitt, D. (1998): "Stranded Costs" und Liberalisierung. Energiewirtschaftliche Tagesfragen 48 (1998) 3, S. 143-148

Schneider, S. H. (1998): The Climate for Greenhouse Policy in the U.S. and the Incorporation of Uncertainties into Integrated Assessments. In: Energy & Environment 9 (4), 425-440

Schöb, R. (1995): Zur Bedeutung des Ökosteueraufkommens: Die Double-Dividend-Hypothese. In: Zeitschrift für Wirtschafts- und Sozialwissenschaften 115.1995, Heft 1, S. 93-117. (B, S)

Schultz, P. A.; J. F. Kastings (1997): Optimal Reductions in CO_2 Emissions. In: Energy Policy 25, 491-500

Schulz, W. (1985): Der monetäre Wert besserer Luft. Frankfurt

Schulz, W. (1989): Ansätze und Grenzen der Monetarisierung von Umweltschäden. In: Zfu 1989, Heft 1, S. 55-72

Schweitzer, M.; H.-U. Küpper (1995): Systeme der Kostenrechnung. 6. Auflage, München

SPD, Bündnis 90 / Die GRÜNEN (1998): Aufbruch und Erneuerung – Deutschlands Weg ins 21. Jahrhundert. Koalitionsvereinbarung zwischen der Sozialdemokratischen Partei Deutschlands und Bündnis 90 / Die GRÜNEN. Bonn, 20. Oktober 1998

Stirling, A. (1997): Limits to the value of external costs. In: Energy Policy 25 5, S. 517-540

Strebel, H. (1975): Forschungsplanung mit Scoring-Modellen. Baden-Baden

Strebel, H. (1998): Erläuterung wirtschaftlicher Begriffe, Entscheidungsparameter und -verfahren im Zusammenhang mit der Beurteilung von CO_2-Minderungsmaßnahmen bzw. ihrer Kosten. Abschlußbericht an das ISI, 14.5.1998. Unveröffentlichtes Manuskript

Swoboda, P. (1994): Least-Cost Planning in Österreich. In: STEWEAG (Hrsg.): Aktuelle Probleme der Kostenrechnung und Strompreisbildung. Manuskript

Toman, M. (1998): Research Frontiers in the Economics of Climate Change. In: Environmental and Resource Economics 11(3-4), 603-621

UBA (1997): Verordnung zur Regelung der Energie- und Wärmenutzung und zur Änderung der Neunten und der Siebzehnten Verordnung zur Durchführung des Bundes-Immissionsschutzgesetzes. Entwurf vom 11.03.97

Umweltbundesamt (1997): Umweltschutz und Beschäftigung. Brückenschlag für eine lebenswerte Zukunft. Berlin

VDI (Hrsg.) (1983): VDI 2067. Berechnung der Kosten von Wärmeversorgungsanlagen. Betriebstechnische und wirtschaftliche Grundlagen. VDI-Richtlinien, Düsseldorf

VDI (Hrsg.) (1996): VDI 6025. Betriebswirtschaftliche Berechungen für Investitionsgüter und Anlagen. VDI-Richtlinien, Düsseldorf

VDI (Hrsg.) (1998): VDI 2067. Wirtschaftlichkeit gebäudetechnischer Anlagen. VDI-Richtlinien, Düsseldorf

Wagner H.-F.; G. Stein (Hrsg.) (1999): Das IKARUS-Projekt: Strategien zum Klimaschutz in Deutschland. Strategien für 2000-2020. Heidelberg: Springer

Walbeck, M. et al. (1988): Energie und Umwelt als Optimierungsaufgabe. Das MARNES-Modell. Berlin

Walz, R. (1995): Gesamtwirtschaftliche Auswirkungen von Klimaschutzmaßnahmen – der Modellierungsansatz der Enquête-Kommission. In: Hennicke, P. (Hrsg.): Globale Kosten/Nutzen-Analysen von Klimaänderungen. Berlin, S. 134-152

Walz, R. (1996): Auswirkungen von Klimaschutz auf die Volkswirtschaft. In: Brauch, H. G. (Hrsg.): Klimapolitik. Heidelberg, S. 189-199

Walz, R. (1997): Auswirkungen auf Beschäftigung durch rationelle Energieanwendung in Deutschland. In: VDI-Gesellschaft Energietechnik (Hrsg.): Industriestandort Deutschland – Arbeitsplätze und Energie. Düsseldorf: VDI-Verlag, S. 69-80

Walz, R. et al. (1998): Mikroökonomische Fundierung der innovatorischen Wirkung einer CO_2/Energieabgabe. In: Walz, R.; U. Kuntze (Hrsg.): Ordnungsrecht, Abgaben und Innovationen. Ausgewählte Beispiele im Umweltbereich. Karlsruhe, S. 124-215

Walz, R.; M. Schön; J. Blazejczak; D. Edler (1995): Gesamtwirtschaftliche Auswirkungen von Emissionsminderungsstrategien. In: Enquête-Kommission "Schutz der Erdatmosphäre" (Hrsg.): Studienprogramm, Band 3: Energie, Teilband 2. Bonn: Economica Verlag

Welsch, H (1996): Klimaschutz, Energiepolitik und Gesamtwirtschaft. Eine allgemeine Gleichgewichtsanalyse für die Europäische Union. München

Wicke, L. (1993): Umweltökonomie. 4. Auflage, München

Wietschel, M. et al. (1993): Emissionsminderungsoptionen auf Energieversorgungs- und -verbraucherebene. Entwicklung eines technisch-wirtschaftlichen Bewertungsansatzes. In: Energiewirtschaftliche Tagesfragen 7/1993, S. 460-465

Wigley, T.; R. Richels; J. Edmonds (1996): Economics and Environmental Choices in the Stabilisation of Atmospheric CO_2 Concentrations. Nature 379, 240-243

Wilson, D.; J. Swisher (1993): Exploring the gap – Top-down versus bottom-up analyses of the cost of mitigating global warming. In: Energy Policy 3, S. 249-263

Zhang, Z. X.; H. Folmer (1998): Economic modelling approaches to cost estimates for the control of carbon dioxide emissions. In: Energy Economics 20 (1998), S. 101-120

Ziesing et al. (1997): Politikszenarien für den Klimaschutz. Untersuchung im Auftrag des Umweltbundesamtes. In: G. Stein; Strobel, B. (Hrsg.): Szenarien und Maßnahmen zur Minderung von CO_2–Emissionen in Deutschland bis zum Jahre 2005, Band 1. Schriften des Forschungszentrums Jülich, Reihe Umwelt, Band 5.

Annex 1

A.1 Einzelwirtschaftliche Bewertungsverfahren am praktischen Beispiel

Wie kann es sein, das einerseits die Masse der privatwirtschaftlichen Entscheider wohldefinierte REN-Maßnahmen für unwirtschaftlich hält und andererseits viele beratende Ingenieure oder die Broschüren von Effizienz-Wettbewerben (wie z. B. der Eta-Wettbewerb der deutschen Elektrizitätswirtschaft) von erfreulichen Verzinsungen und sehr kurzen Kapitalrückflusszeiten dieser REN-Maßnahmen berichten? Oder noch paradoxer: Wie kann es sein, das einzelne Unternehmen – nämlich z. B. Contracting-Firmen – in Energieeffizienz ein lukratives Geschäftsfeld sehen und genau aus denjenigen Maßnahmen Gewinn schlagen, die sich laut Aussage ihrer Klienten nicht rechnen?

Oft lässt sich dieser Widerspruch durch einen genaueren Blick auf die "wirtschaftlichen Gründe" des Klienten erklären, auf die er seine Ablehnung von REN-Maßnahmen stützt. So lässt sich beobachten, das in vielen alltäglichen Entscheidungssituationen zwar nach einzelnen wirtschaftlichen Gesichtspunkten, nicht aber nach vollständigen Wirtschaftlichkeitsberechnungen entschieden wird. In eingeschliffenen Verhaltensweisen – oder auch wegen der kurzfristig nicht verfügbaren Daten, z. B. über den Energieverbrauch einer einzelnen Anlage – werden sehr verkürzte, überschlägige Rechnungen angestellt, die aus Sicht der Betriebswirtschaftslehre falsch oder nur schwach fundiert sind.

Die folgenden Beispiele zeigen einige gängige Schwachstellen in der einzelwirtschaftlichen Bewertung von Energieeffizienzmaßnahmen. Sie betreffen die Fragen, welche Kostendaten in eine Wirtschaftlichkeitsbetrachtung einfließen müssen (a-c), wie Investitionsrisiken (d) und Zinseffekte bewertet werden (e), und was bei der Bewertung von Wärme (f), speziell von Wärme aus Kraft-Wärme-Kopplung (g) im Rahmen der innerbetrieblichen Leistungsverrechnung zu beachten ist. Sie können einer Prüfung der Angaben zur Wirtschaftlichkeit auf ihre Stichhaltigkeit dienen, um Blockaden, die von einer vermeintlichen Unwirtschaftlichkeit ausgehen, abzubauen.

Bei dem dargestellten Fall "Befeuchtung" handelt es sich um ein bereits realisiertes Projekt bei der Taschenbuchdruckerei Clausen & Bosse[1]. Die Maßnahme besteht im Austausch von Nasswäschern für die Befeuchtung der Luft in der Klimaanlage durch einen Druckwasserbefeuchter. Die zu befeuchtende Luft durch Nasswäscher geleitet, in denen große Wassermengen umgewälzt werden. Entsprechend hoch ist

---

[1] Wir bedanken uns bei der Firma Clausen und Bosse für die Bereitstellung der Kostendaten für die Kalkulationsgrundlage.

der Stromverbrauch für die Umwälzpumpen dieser Anlagen. Um der Verkeimung und der Algenbildung in den Wäschern vorzubeugen, ist ein hoher Chemikalienzusatz und Reinigungsaufwand erforderlich. Aus diesem Grund, aber auch aus Gründen der Arbeitssicherheit beim Umgang mit den Chemikalien wurde nach alternativen Anlagenkonzepten gesucht.

Die Wahl fiel auf ein Druckbefeuchtersystem, bei dem jeweils nur genau die benötigte Wassermenge in den Luftstrom durch Hochdruck verdüst wird. Durch die Druckwasserbefeuchtung wird die Wassermenge und damit der Pumpaufwand für die Befeuchtung drastisch reduziert. Da zusätzlich kein Wasser mehr im ständigen Kontakt mit der Luft steht, werden Chemikalienzusatz und Reinigungsaufwand stark reduziert. Vorteile ergeben sich des weiteren aus der besseren Regelbarkeit der Anlage. Die ist insbesondere für den Buchdruck von Bedeutung, da hier die Einhaltung des Feuchtegehaltes direkte Auswirkungen auf die Produktion hat. Druckwasserbefeuchter zur Befeuchtung der Luft für die Klimaanlage sind breit einsetzbar.

a) REN-Maßnahmen sind Investitionen

Investitionen zeichnen sich dadurch aus, das aus der Anschaffung eine Kette von weiteren Aus- und Einzahlungen entsteht. In vielen Unternehmen werden zur Umsetzung der strategischen Planung jährliche Investitionsbudgets für die einzelnen Abteilungen vorgegeben. Wenn nun eine Ersatzbeschaffung bei der Klimaanlage fällig wird und für den dafür zuständigen Leiter der Abteilung Instandhaltung die Einhaltung seines Investitionsbudgets im Vordergrund steht, so können Unterschiede im Anschaffungspreis aus einsichtigen Gründen zum ausschlaggebenden Bewertungs- und Beschaffungskriterium werden, ohne das resultierende Ein- und Auszahlungen in den Folgeperioden berücksichtigt werden. Auf die Frage, warum nicht der wesentlich energie- und ressourceneffizientere Druckwasserbefeuchter angeschafft wird, lautet vielleicht die gängig Antwort, das die Kosten dafür zu hoch seien, wobei allein der höhere Anschaffungspreis gemeint ist.

REN-Maßnahmen gehören zu den **Rationalisierungsinvestitionen**, d. h. zu den Investitionsvorhaben, deren Nutzen zunächst in der Kostenminderung besteht. Zusätzliche Einnahmen, die im Regelfall durch Investitionen angestrebt werden, sind hier nicht primäres Ziel. Sie können aber als Nebeneffekt in Form von z. B. verbesserter Druckqualität durch genauer steuerbaren Feuchtegehalt der Luft auftreten. Es sollte deshalb immer geprüft werden, ob nicht auch solche Synergieeffekte auftreten.

Betriebskostengegenüberstellung Befeuchtung

	Druckwasser	Nasswäscher	Einsparung
Stromkosten			
Anschlusswert [kW]	1,5	9	
Betriebsstd. [h/a]	3000	3000	
Jahresverbrauch [kWh/a]	4500	27000	
Stromkosten/a (0,17 DM/KWh)	**765 DM**	**DM 4.590**	**DM 3.825**
Wasserkosten			
Wasserverbrauch [m^3/mon]	73	93	
Bezugskosten [DM/m^3]	1,11 DM	1,11 DM	
Wasserbezugskosten [DM/a]	972 DM	1.239 DM	
Ausbeute	60 %	50 %	
Abwassermenge [m^3/mon]	29,2	46,5	
Abwasserkosten [DM/m^3]	4,20 DM	4,20 DM	
Abwasserkosten [DM/a]	1.472 DM	2.344 DM	
Gesamt [DM/a]	**2.444 DM**	**3.582 DM**	**1.138 DM**
Betriebsstoffe			
Salz Wasserenthärtung [DM/kg]	0,90 DM	entfällt	
Einsatzmenge [kg/mon]	30	entfällt	
Kosten [DM/a]	324 DM	entfällt	
Varicid ST-Einsatz [DM/kg]	entfällt	11,58 DM	
Einsatzmenge [kg/mon]	entfällt	50	
Kosten [DM/a]	entfällt	6.948 DM	
Gesamt	**324 DM**	**6.948 DM**	**6.624 DM**
Reinigungskosten			
Intervall HD-Reinigung [/a]	6	25	
Ausführungszeit [h/Reinigung]	2	2	
Intervall Bad-Reinigung [/a]	0,5	1	
Ausführungszeit [h/Reinigung]	30	30	
Jahresstunden [h/a]	27	80	
Stundensatz [DM/h]	60	60	
Arbeitskosten	**1.620 DM**	**4.800 DM**	**3.180 DM**
Wartungskosten			
Tausch Osmosezelle 5000,- DM/6a	833 DM	entfällt	
Tausch UV-Zelle 1000,- DM/2a	500 DM	entfällt	(Mehr-
Ölwechsel HD-Pumpen 2/a	100 DM	entfällt	kosten!)
Wartung Wasseraufbereitung	1.500 DM	500 DM	
Gesamt	**2.933 DM**	**500 DM**	**-2.433 DM**
Zwischensumme	**8.086 DM**	**20.420 DM**	**12.334 DM**
Kapitalkosten			
Anlagenwert/Investition	100.000 DM	40.000 DM	-60.000DM
Nutzungsdauer [a]	15	15	
Zinssatz [%/a]	8 %	8 %	(Mehr-
Abschreibung [DM/a]	6.667 DM	2.667 DM	kosten!)
Zinsen [DM/a]	4.000 DM	1.600 DM	
Gesamt	**10.667 DM**	**4.267 DM**	**-6.400 DM**
Gesamtkosten	**18.753 DM**	**24.687 DM**	**5.934 DM**
Amortisationszeit (vorzeitiger Ersatz)		**8,1 a**	= 100.000 DM/12.334 DM
Amortisationszeit (regulärer Ersatz)		**4,9 a**	= 60.000 DM/12.334 DM

Keine Verkürzung allein auf den Anschaffungspreis!

Aufgrund dieser verschiedenen Zahlungsströme nach der Anschaffung darf die Entscheidung über eine REN-Maßnahme nicht allein aufgrund von Unterschieden im Anschaffungspreis (oft auch "Investitionskosten" genannt) erfolgen. Hätte die Firma Clausen und Bosse die Wahl der Anlage allein nach dem Anschaffungspreis getroffen, wäre sie beim alten System mit Nasswäschern und wesentlich höheren verbrauchs- und betriebsgebundenen Kosten.

b) Berücksichtigung nur der relevanten Kosten und Nutzen

Eine weit verbreitete Praktik im Zusammenhang mit der Produktpreiskalkulation ist die traditionelle Vollkostenrechnung, bei der alle Kosten des Betriebes letztlich den zur Veräußerung bestimmten Produkten oder Dienstleistungen zugeordnet werden und als Anhaltspunkte für die Preisuntergrenze herangezogen werden. Oft werden auch Investitionsvorhaben nach der Vollkostenmethode bewertet. Dies ist daran zu erkennen, das mit Gemeinkostenzuschlägen gearbeitet wird. Gemeinkosten sind Kosten, die nicht durch Entscheidungen über eine bestimmte REN-Maßnahme anfallen, sondern aus anderen Entscheidungen resultieren, so z. B. Verwaltungskosten aus der Entscheidung, einen gewissen organisatorischen Rahmen für ein Unternehmen zu etablieren.

Verfährt man nach den Prinzipien der Vollkostenrechnung, so werden Energiesparmaßnahmen auch mit Gemeinkosten belastet, d. h. mit Kosten, die sie gar nicht verursachen. **Nach dem betriebswirtschaftlichen Identitätsprinzip ist die Vollkostenrechnung zur Beurteilung eines Investitionsobjekts unzulässig.** Vielmehr dürfen nur Einzelkosten – d. h. Kosten, die durch die Entscheidung zur REN-Maßnahme zusätzlich entstehen – berücksichtigt werden. Zu den Einzelkosten gehören die variablen Kosten einer Anlage (z. B. Stromkosten), aber unter Umständen auch Teile der fixen Kosten, sofern sich diese der einzelnen Maßnahme zurechnen lassen. Nur diese Einzelkosten sind geeignete Grundlagen für Nutzen-Kosten-Vergleiche. Die Teilkostenrechnung erfüllt diese Forderung. Die Kalkulation der Firma Clausen und Bosse für den Luftbefeuchter zeigt eine solche Teilkostenrechnung ohne Gemeinkostenzuschläge.

c) Mögliche Kosteneinsparungen bei energieunspezifischen Kosten

Häufig werden Kostenveränderungen bei Kostenarten vernachlässigt, die nicht mehr direkt mit Energie im Zusammenhang stehen, z. B. die deutliche Reduzierung von Reinigungskosten bei Druckwasserbefeuchtung gegenüber herkömmlichen Luftwäschern. Grund dafür ist die Struktur der Kostenrechnung, die meist zu grob ist, als das Kosten für einzelne (Groß-) Anlagen ausgewiesen würden. Eigene überschlägige Kostenzurechnungen werden von den Entscheidern oft als zu aufwendig oder unzuverlässig angesehen und deshalb unterlassen. Diese versteckten Kostenwirkun-

Betriebskostengegenüberstellung Befeuchtung			
	Druckwasser	**Nasswäscher**	**Einsparung**
Stromkosten			
Anschlusswert [kW]	1,5	9	
Betriebsstd. [h/a]	3000	3000	
Jahresverbrauch [kWh/a]	4500	27000	
Stromkosten/a (0,17 DM/KWh)	**765 DM**	**DM 4.590**	**DM 3.825**
Wasserkosten			
Wasserverbrauch [m³/mon]	73	93	
Bezugskosten [DM/m³]	1,11 DM	1,11 DM	
Wasserbezugskosten [DM/a]	972 DM	1.239 DM	
Ausbeute	60 %	50 %	
Abwassermenge [m³/mon]	29,2	46,5	
Abwasserkosten [DM/m³]	4,20 DM	4,20 DM	
Abwasserkosten [DM/a]	1.472 DM	2.344 DM	
Gesamt [DM/a]	**2.444 DM**	**3.582 DM**	**1.138 DM**
Betriebsstoffe			
Salz Wasserenthärtung [DM/kg]	0,90 DM	entfällt	
Einsatzmenge [kg/mon]	30	entfällt	
Kosten [DM/a]	324 DM	entfällt	
Varicid ST-Einsatz [DM/kg]	entfällt	11,58 DM	
Einsatzmenge [kg/mon]	entfällt	50	
Kosten [DM/a]	entfällt	6.948 DM	
Gesamt	**324 DM**	**6.948 DM**	**6.624 DM**
Reinigungskosten			
Intervall HD-Reinigung [/a]	6	25	
Ausführungszeit [h/Reinigung]	2	2	
Intervall Bad-Reinigung [/a]	0,5	1	
Ausführungszeit [h/Reinigung]	30	30	
Jahresstunden [h/a]	27	80	
Stundensatz [DM/h]	60	60	
Arbeitskosten	**1.620 DM**	**4.800 DM**	**3.180 DM**
Wartungskosten			
Tausch Osmosezelle 5000,- DM/6a	833 DM	entfällt	
Tausch UV-Zelle 1000,- DM/2a	500 DM	entfällt	(Mehr-
Ölwechsel HD-Pumpen 2/a	100 DM	entfällt	kosten!)
Wartung Wasseraufbereitung	1.500 DM	500 DM	
Gesamt	**2.933 DM**	**500 DM**	**-2.433 DM**
Zwischensumme	**8.086 DM**	**20.420 DM**	**12.334 DM**
Kapitalkosten			
Anlagenwert/Investition	100.000 DM	40.000 DM	-60.000DM
Nutzungsdauer [a]	15	15	
Zinssatz [%/a]	8 %	8 %	(Mehr-
Abschreibung [DM/a]	6.667 DM	2.667 DM	kosten!)
Zinsen [DM/a]	4.000 DM	1.600 DM	
Gesamt	**10.667 DM**	**4.267 DM**	**-6.400 DM**
Gesamtkosten	**18.753 DM**	**24.687 DM**	**5.934 DM**
Amortisationszeit (vorzeitiger Ersatz)		**8,1 a**	= 100.000 DM/12.334 DM
Amortisationszeit (regulärer Ersatz)		**4,9 a**	= 60.000 DM/12.334 DM

Kosteneinsparungen bei Kosten außerhalb des Energiebereichs berücksichtigen!

gen sollten der Sache nach aber in die ökonomische Bewertung von REN-Maßnahmen einfließen. Das Ergebnis einer in diese Richtung erweiterten Betrachtung muss keineswegs zu einer Ausweisung von höheren Kosten von REN-Maßnahmen führen – das Zahlenbeispiel zeigt vielmehr das Gegenteil. **Nur durch konsequente Berücksichtigung aller Kosten werden auch alle Kosteneinsparungen sichtbar.**

d) Mögliche Kosteneinsparungen bei fixen Kosten

Häufig werden Kostenveränderungen im Bereich der fixen Kosten vernachlässigt, auch wenn sie durch die Entscheidung zur REN-Maßnahme entstehen und damit eindeutig zuordnungsfähige Einzelkosten sind. Beispiele sind kältebedarfsreduzierende Maßnahmen, wenn dadurch eine andernfalls nötige Ersatzbeschaffung von Kälteanlagen vermieden wird. Fixe Kosten sind der Definition nach Kosten, deren Höhe vom Produktionsvolumen unabhängig ist. Anders als der Begriff vielleicht nahe legt, sind fixe Kosten aber durchaus nicht unabänderlich, sondern können durch REN-Maßnahmen abgebaut werden. Dies zeigt folgendes Zahlenbeispiel aus einem kunststoffverarbeitenden Betrieb.

Bei der Herstellung von Kunststoffflaschen wird der warme Kunststoff mit Hilfe von Druckluft in die Blasformen eingebracht. Für die Kühlung der Blasformen und des Hydrauliköls in den Blasmaschinen benötigt man Kälte. Aufgrund des hohen Kältebedarfs wurde bei dem Betrieb untersucht, ob der Kältebedarf reduziert und die Kälteerzeugung wirtschaftlicher gestaltet werden kann.

Resultat der Untersuchung war die Trennung der Kühlung für die Blasformen von der Hydraulikölkühlung. Die Formkühlung konnte so mit in Kältemaschinen erzeugtem Kaltwasser und die Hydraulikölkühlung als offener Kühlturmwasserkreislauf mit den vorhandenen Kühltürmen realisiert werden. Dadurch konnte der Stromverbrauch um 0,75 Mio. kWh/Jahr (über 40 %) und die elektrische Leistung um ca. 130 kW (über 40 %) reduziert werden. Entsprechend hat sich der Fremdenergiebezug vermindert.

Durch die Trennung der Kühlkreisläufe konnte man auf den Betrieb von vier der ursprünglich sieben eingesetzten Kältemaschinen verzichten und benötigt nur noch zwei bis drei Maschinen. Dies führt bei den nun stillgelegten Maschinen zum Wegfall der Betriebskosten und zu reduzierten Wartungs- und Instandhaltungskosten. Mit dem Zeitpunkt der Ersatzbeschaffung entfallen dann außerdem die Investitionskosten für die vier nun überflüssigen Kälteanlagen. Geht man von eine Preis von 800 bis 1.000 DM pro installiertem Kilowatt Kälteleistung aus, so summiert sich dies bei 130 kW eingesparter Kälteleistung auf ca. 100.000 bis 130.000 DM.

Werden im Rahmen einer Kostenstellenrechung die Energiekosten auf betriebliche Organisationseinheiten, z. B. die Abteilung zur Flaschenherstellung, umgelegt, so ist darauf zu achten, das dies bedarfsgerecht, d. h. möglichst nach Maßgabe der tatsächlich eingesetzten Kältemenge geschieht. Außerdem muss der interne Verrechnungspreis der Kälte auch die nicht direkt energiebezogenen betriebsgebundenen Kosten und die Kosten für die Bereitstellung der Kältemaschine widerspiegeln. Eine Bewertung der Kälte nur mit den Strom- oder Brennstoffkosten würde ihre Kosten stark unterschätzen.

Kunststoffverarbeitung: Trennung der Form- und Hydraulikölkühlung		
Investitionskosten	(einmalig)	390 TDM
Eingesparte Stromkosten	Leistung (200kW)	ca. 60 TDM / a
	Arbeit (ca. 1000 MWh/a)	ca. 90 TDM / a
Betriebsgebundene Einsparungen	Wartung und Instandhaltung der Kälteanlagen zur Hydraulikölkühlung	ca. 60 TDM / a
Einsparung an fixen Kosten	(einmalig, werden erst zum Zeitpunkt der Ersatzbeschaffung realisiert, wenn nur noch 2-3 statt früher 7 Kältemaschinen beschafft werden müssen)	ca. 100.000 bis 130.000 DM

e) **Einheitlicher Bezugszeitpunkt zur Bewertung von Kosten und Erträgen**

Aus Gründen der Vereinfachung wird häufig bei Rentabilitätsrechnungen und den Bewertungen künftiger Ein- und Auszahlungen der Aspekt, wann genau diese Zahlungen entstehen, vernachlässigt. Statt dessen werden künftige Ein- und Auszahlungen mit heutigen Ein- und Auszahlungen gleichgesetzt, ohne Zins- und Zinseszinseffekte zu berücksichtigen. Um den zeitlichen Anfall der Ein- und Auszahlungen und entsprechende Zinseffekte sachgerecht zu berücksichtigen, sollten die Beträge, die in die Rentabilitätsrechung eingehen, auf einen einheitlichen Zeitpunkt abgezinst werden. Dies gilt gerade auch für typische REN-Investitionen, da die Nutzungsdauer z. B. bei Luftbefeuchtern in Klimaanlagen oft mehr als ein Jahrzehnt beträgt und damit die Zeitpunkte der Zahlungen stark divergieren können. Bei der dynamischen Betrachtung stellt sich allerdings die Frage nach dem angemessenen Zinssatz zur Abzinsung. Dieser sollte die Verzinsung einer bzgl. Risiko und Anlagebetrag vergleichbaren Investitionsalternative widerspiegeln. Da die Vergleichbarkeit zweier Investitionen nie exakt sondern immer nur annäherungsweise gegeben ist, besteht für die Wahl des angemessenen Zinssatzes ein gewisser Spielraum. Die Wahl des Zinssatzes innerhalb dieses Spielraums wirkt sich um so stärker auf das Ergebnis der Rentabilitätsrechnung aus, je weiter eine Investition in die Zukunft reicht. Durch Sensitivitätsrechnungen mit verschiedenen Zinssätzen sollte sich der

Investor deshalb ein Bild über mögliche Schwankungsbreiten der Rentabilität machen (s. Beispielrechnungen zum Kapitalwert im nächsten Abschnitt).

f) Bewertung der Rentabilität an Hand des Kapitalwerts

Während aus der tabellarischen Zusammenstellung der Betriebskosten der zwei Befeuchtungssysteme von Clausen und Bosse zunächst nur die (durchschnittlichen) jährlichen Kosten der beiden Anlagen hervorgehen, lässt sich aus den Daten leicht der Kapitalwert ermitteln. Dabei wird danach gefragt, ob sich die Investition in einen Druckluftbefeuchter an Stelle eines Nasswäschers lohnt. Man betrachtet in diesem Fall die Differenzinvestition und hat dann für die Kapitalwertberechnung folgende Formel und Ausgangsdaten:

$$C_0 = R \times \frac{q^n - 1}{q^n(q-1)} - I_0 \quad \text{mit } q = (1 + i)$$

Differenzinvestition $I_0 = 60.000$ DM
Nutzungsdauer der Anlage $n = 15$ Jahre
Kalkulationszinsfuß $i = 8\,\%$

Die Rückflüsse ergeben sich aus den Betriebskosteneinsparungen, die als fiktive Einzahlungen interpretiert werden können, und den Betriebsmehrkosten, die umgekehrt als fiktive Auszahlungen interpretiert werden können. Weiterhin wird angenommen, das diese Einsparungen und Mehrkosten über die gesamte Nutzungsperiode in jeder Periode wieder unverändert anfallen. Das heißt in Zahlen:

R_1
$= R_2 = R_3 = \ldots = R_{15}$
$= (3.825 \text{ DM} + 1.138 \text{ DM} + 6.624 \text{ DM} + 3.180 \text{ DM}) - 2.433 \text{ DM}$
$= 12.334 \text{ DM}$

Mit $i = 8\,\%$ und $n = 15$ ergibt sich dann für den Kapitalwert:

$$C_0 = 12.334 DM \times \frac{1,08^{15} - 1}{1,08^{15}(0,08)} - 60.000 DM$$
$$C_0 = 45.573 DM$$

Selbst mit $i = 15\,\%$ und $n = 15$ ergibt sich für den Kapitalwert noch:

$$C_0 = 12.334 DM \times \frac{1,15^{15} - 1}{1,15^{15}(0,15)} - 60.000 DM$$
$$C_0 = 12.121 DM$$

Und bei noch vorsichtigerer Rechnung mit einer kürzeren Nutzungsdauer von zehn Jahren ist der Kapitalwert immer noch positiv und die Investition damit rentabel:

$$C_0 = 12.334 DM \times \frac{1,15^{10}-1}{1,15^{10}(0,15)} - 60.000 DM$$
$$C_0 = 1.901 DM$$

Alternativ können auch die Kapitalwerte der beiden Investitionsoptionen getrennt berechnet werden, um dann in einem direkten Vergleich der Kapitalwerte der Druckwasserbefeuchtung und des Nasswäschersystems den Kapitalwert der Differenzinvestition zu berechnen. Dabei ist zu beachten, das beide betrachteten Investitionen keine Erträge, d. h. keine Einzahlungen erwirtschaften und deshalb für sich genommen negative Kapitalwerte haben. Für i = 8 % und n = 15 ergibt sich:

$$C_0^N = -20.420 DM \times \frac{1,08^{15}-1}{1,08^{15}(0,08)} - 40.000 DM = -214.785 DM$$
$$C_0^D = -8.086 DM \times \frac{1,08^{15}-1}{1,08^{15}(0,08)} - 100.000 DM = -169.212 DM$$
$$C_0 = C_0^D - C_0^N = 45.573 DM$$

mit C_0^N = Kapitalwert (KW) des Nasswäschersystems,
C_0^D = KW des Druckwasserbefeuchters,
C_0 = KW der Differenzinvestition

g) Bewertung des Risikos von Maßnahmen zur Steigerung der Energieeffizienz

Viele Investitionsobjekte werden ausschließlich nach der Amortisationsdauer beurteilt. Ein Grund dafür ist, das sie relativ leicht und mit relativ wenig Daten überschlägig ermittelt werden kann. Denn man spart sich Überlegungen zur Kosten- und Ertragsentwicklung in den Jahren, nachdem sich die Investition amortisiert hat.

Die Amortisationsdauer gibt an, in welchem Zeitraum die investierten Kapitalbeträge wieder zurückfließen. Richtig ist, das ein Kapitalbetrag umso länger Verlustgefahren (Risiken) unterliegt, je länger er gebunden ist, d. h. je höher die Amortisationsdauer ist. **Die Amortisationsvergleichsrechnung ist damit als Risikomaß berechtigt. Sie ersetzt jedoch keine Wirtschaftlichkeitsrechnung**, da sie Nutzen und Kosten einer Investition nicht vollständig berücksichtigt. Entscheidend für die Rentabilität einer Investition ist, wie lange sie über die Amortisationsdauer hinaus genutzt werden kann und Erträge erwirtschaftet. Da die Ertragskraft einer Investi-

Betriebskostengegenüberstellung Befeuchtung			
	Druckwasser	Nasswäscher	Einsparung
Stromkosten			
Anschlusswert [kW]	1,5	9	
Betriebsstd. [h/a]	3000	3000	
Jahresverbrauch [kWh/a]	4500	27000	
Stromkosten/a (0,17 DM/KWh)	**765 DM**	**DM 4.590**	**DM 3.825**
Wasserkosten			
Wasserverbrauch [m^3/mon]	73	93	
Bezugskosten [DM/m^3]	1,11 DM	1,11 DM	
Wasserbezugskosten [DM/a]	972 DM	1.239 DM	
Ausbeute	60 %	50 %	
Abwassermenge [m^3/mon]	29,2	46,5	
Abwasserkosten [DM/m^3]	4,20 DM	4,20 DM	
Abwasserkosten [DM/a]	1.472 DM	2.344 DM	
Gesamt [DM/a]	**2.444 DM**	**3.582 DM**	**1.138 DM**
Betriebsstoffe			
Salz Wasserenthärtung [DM/kg]	0,90 DM	entfällt	
Einsatzmenge [kg/mon]	30	entfällt	
Kosten [DM/a]	324 DM	entfällt	
Varicid ST-Einsatz [DM/kg]	entfällt	11,58 DM	
Einsatzmenge [kg/mon]	entfällt	50	
Kosten [DM/a]	entfällt	6.948 DM	
Gesamt	**324 DM**	**6.948 DM**	**6.624 DM**
Reinigungskosten			
Intervall HD-Reinigung [/a]	6	25	
Ausführungszeit [h/Reinigung]	2	2	
Intervall Bad-Reinigung [/a]	0,5	1	
Ausführungszeit [h/Reinigung]	30	30	
Jahresstunden [h/a]	27	80	
Stundensatz [DM/h]	60	60	
Arbeitskosten	**1.620 DM**	**4.800 DM**	**3.180 DM**
Wartungskosten			
Tausch Osmosezelle 5000,- DM/6a	833 DM	entfällt	
Tausch UV-Zelle 1000,- DM/2a	500 DM	entfällt	(Mehr-
Ölwechsel HD-Pumpen 2/a	100 DM	entfällt	kosten!)
Wartung Wasseraufbereitung	1.500 DM	500 DM	
Gesamt	**2.933 DM**	**500 DM**	**-2.433 DM**
Zwischensumme	**8.086 DM**	**20.420 DM**	**12.334 DM**
Kapitalkosten			
Anlagenwert/Investition	100.000 DM	40.000 DM	-60.000DM
Nutzungsdauer [a]	15	15	
Zinssatz [%/a]	8 %	8 %	(Mehr-
Abschreibung [DM/a]	6.667 DM	2.667 DM	kosten!)
Zinsen [DM/a]	4.000 DM	1.600 DM	
Gesamt	**10.667 DM**	**4.267 DM**	**-6.400 DM**
Gesamtkosten	**18.753 DM**	**24.687 DM**	**5.934 DM**
Amortisationszeit (vorzeitiger Ersatz)		**8,1 a**	= 100.000 DM/12.334 DM
Amortisationszeit (regulärer Ersatz)		**4,9 a**	= 60.000 DM/12.334 DM
Amortisationszeit nur als Zusatzkriterium			

tion in den Jahren, nachdem sie sich amortisiert hat, in die Amortisationsrechnung nicht eingeht, ist die **Amortisationsdauer nur als ergänzendes Risikokalkül zur eigentlichen Rentabilitätsrechnung sinnvoll.** Die Betriebskostengegenüberstellung von Clausen und Bosse weist die Amortisationsdauer nach statischer Berechnungsmethode aus. Dabei werden zwei Fälle unterschieden: Im Fall des regulären Ersatzes werden nur die Investitionsmehrkosten der Berechung zugrunde gelegt; im Fall des vorzeitigen Ersatzes gehen die vollen Investitionskosten des Druckluftbefeuchters in die Betrachtung ein. Die Unterschiede in der Amortisationsdauer hängen also von der zeitlichen Abstimmung der Maßnahme auf den Reinvestitionszyklus ab.

Annex 2

A.2 Liberalisierung der Elektrizitätswirtschaft

A.2.1 Die aktuelle Beschlusslage

Das Europäische Parlament und der Rat der Europäischen Union haben am 19.12.1996 die Richtlinie 96/92/EG betreffend gemeinsamer Vorschriften für den Elektrizitätsbinnenmarkt erlassen. Die Richtlinie zielt darauf ab, Markteinschränkungen und Monopole abzubauen, um eine kosteneffiziente, umweltfreundliche und sichere Stromversorgung zu gewährleisten. Sie sieht eine stufenweise Marktöffnung vor. Mit Hilfe von Schwellenwerten (ab 1997 – 1999: 40 GWh, ab 2000: 20 GWh, ab 2003: 9 GWh) wird eine Mindestmarktöffnung festgelegt. Die EU-Richtlinie trat am 19.02.1997 in Kraft. Die Mitgliedstaaten sind verpflichtet, die erforderlichen Rechts- und Verwaltungsvorschriften in Kraft zu setzen, um dieser Richtlinie bis zum 19.02.1999 nachzukommen.

In Deutschland wird die Binnenmarktrichtlinie durch das Gesetz zur Neuregelung des Energiewirtschaftsrechts umgesetzt, deren Kernstück das neue Energiewirtschaftsgesetz (EnWG) ist. Außerdem werden durch das Gesetz zur Neuregelung des Energiewirtschaftsrechts folgende Gesetze geändert:

- das Gesetz gegen Wettbewerbsbeschränkungen,
- das Stromeinspeisungsgesetz,
- das Gerätesicherheitsgesetz.

Durch das neue EnWG wird das bisher geltende Gesetz komplett außer Kraft gesetzt. Das Gesetz zur Neuregelung des Energiewirtschaftsrechts wurde am 05.03.1998 vom Bundestag beschlossen und am 24.04.1998 vom Bundespräsidenten unterzeichnet. Es wurde am 28.04.1998 im Bundesgesetzblatt I, S. 730, verkündet und ist seit dem 29.04.1998 in Kraft. Zu den wesentlichsten Änderungen gehören die folgenden Punkte:

- Einbeziehung der Umweltverträglichkeit als Zweck neben der sicheren und preiswerten Versorgung,
- Abschaffung der Konzessionsverträge mit Kommunen (Ausschließlichkeitsrechte, Verträge für 20 Jahre); bisherige Konzessionsverträge bleiben trotz Wegfalls der Ausschließlichkeit im übrigen unberührt,
- gesetzliche Voraussetzung dazu: Änderung des Gesetzes gegen Wettbewerbsbeschränkungen dahingehend, das §§ 103 und 103a auf die Versorgung mit Elektrizität (und Gas) nicht mehr anzuwenden sind,
- sofortige Unwirksamkeit aller Demarkationsverträge,

- prinzipielle Ermöglichung des direkten Netzzuganges; wird in der Praxis jedoch auf einen wettbewerbsorientierten verhandelten Netzzugang hinauslaufen,
- Reduzierung der staatlichen Kontrolle im Energierecht:
  - keine spezielle Investitionsaufsicht mehr,
  - Abschaffung der Genehmigungspflicht für KWK und erneuerbare Energien in bestimmten Fällen,
  - Beibehaltung der Tarifaufsicht,
  - Beibehaltung der kartellrechtlichen Missbrauchsaufsicht,
  - keine Regelungen in Bezug auf Umweltziele (z. B. Least-Cost Planning).

Das Kernstück der Energierechtsnovelle ist die Einführung des Wettbewerbs hauptsächlich durch die Abschaffung der geschlossenen Versorgungsgebiete und damit der Ausschließlichkeitsrechte in den Konzessionsverträgen. Dabei wird das durch die früheren Konzessionsverträge gewährte ausschließliche Versorgungsrecht ersetzt durch das einfache Recht zur Nutzung der öffentlichen Verkehrswege für die Verlegung und den Betrieb von Leitungen. Prinzipiell bedeutet dies die Aufteilung der Elektrizitätsversorgung in einen Markt für die reine Elektrizitätserzeugung und einen für den Transport.

Im Vergleich zur EU-Richtlinie sind folgende Übereinstimmungen und Unterschiede festzustellen:

- In der EU-Richtlinie sind zwei Systeme von Netzzugängen vorgesehen: das Alleinabnehmersystem und das System des verhandelten Netzzuganges. In Deutschland wurde für das zweitgenannte System entschieden. Das Alleinabnehmersystem wurde für die Versorgung von Letztverbrauchern als "Netzzugangsalternative", vorerst zeitlich befristet bis 2005, zugelassen; es bedarf jedoch der behördlichen Genehmigung.
- Keine Aktivitäten im Hinblick auf die Schaffung unabhängiger Netze. Gründe:
  - Angst vor der Schaffung eines gesetzlich geschützten neuen Monopols,
  - Notwendigkeit der Kontrolle durch eine (neue) bundesweite Behörde,
  - hoher Grad von Regulierung und Bürokratie,
  - verfassungsrechtliche Bedenken führen zur Ablehnung/Verzögerung des Modells.
- Keine Aktivitäten in Richtung Abrechnungs- und Preistransparenz (im Gegensatz zur EU-Richtlinie).
- Prinzipiell sofortige totale Marktöffnung (keine Nutzung der Übergangsregelungen der EU-Richtlinie).
- Genehmigungsverfahren für neue Kapazitäten.

A.2.2 Preisbildung

Grundlegendes Prinzip der Preisbildung ist die Kostenorientierung der Preise. Ausgangspunkt ist die Summe der betriebswirtschaftlichen Ist-Kosten, um auf diese Weise eine Deckung der gesamten Kosten der EVU zu gewährleisten. Die absolute Höhe der Strompreise basiert auf den Durchschnittskosten. Die Aufteilung der Kosten in Elektrizitätspreise erfolgt in mehreren Schritten:

- Verteilung auf die nach Spannungsstufe differenzierten Abnehmergruppen (Hoch-, Mittel- und Niederspannung),
- Aufteilung der Kosten einer Abnehmergruppe auf die Nutzergruppen (z. B. Haushalte, Gewerbe, Landwirtschaft im Niederspannungsbereich),
- Umrechnung der für jede Nutzergruppe errechneten Kosten unter Festlegung der Preisstruktur in konkrete Preise.

Rechtliche Grundlage dafür ist im Niederspannungsbereich die Bundestarifordnung Elektrizität (BTOElt). Diese gilt allerdings nicht für Sonderabnehmer. Nach der BTOElt muss das EVU einen leistungsbezogenen Tarif (Pflichttarif) öffentlich bekannt geben. Dieser setzt sich aus drei Komponenten zusammen:

- Arbeitspreis: Entgelt für den Verbrauch (variabler Bestandteil),
- Leistungspreis: Entgelt für die Bereitstellung (fester Bestandteil),
- Verrechnungspreis: Entgelt für die Kosten der Verrechnung, des Inkassos und bestimmter Mess- und Steuereinrichtungen (fester Bestandteil).

Die EVU sind verpflichtet, für Schwachlastzeiten einen Schwachlastarbeitspreis anzubieten. Neben dem Pflichttarif kann das EVU einen Wahltarif anbieten, dieser muss den Grundsätzen der BTOElt entsprechen. Inhaltliche Vorgaben dazu enthält die BTOElt nicht. Für unterschiedliche Bedarfsarten (Haushalts-, landwirtschaftlicher, gewerblicher, beruflicher oder sonstiger Bedarf) kann das EVU unterschiedliche Preise verlangen, eine Verpflichtung dazu besteht nicht.

A.2.3 Netzzugang und Durchleitungsrechte

Das neuen EnWG sieht folgende Bestimmungen zur Schaffung eines Wettbewerbsmarktes vor:

- EVU sind zu einem Betrieb ihres Versorgungsnetzes verpflichtet, der eine möglichst sichere, preisgünstige und umweltverträgliche leitungsgebundene Versorgung mit Elektrizität im Interesse der Allgemeinheit sicherstellt (§4 Abs. 1 EnWG).
- Die Betreiber des Übertragungsnetzes sind verpflichtet, technische Mindestanforderungen für den Anschluss an dieses Netz sowie objektive Kriterien für die

Einspeisung aus Erzeugungsanlagen und die Benutzung von Verbindungsleitungen festzulegen, zu veröffentlichen und diskriminierungsfrei anzuwenden. Das Übertragungsnetz ist als eigene Betriebsabteilung, getrennt von Erzeugung und Verteilung, zu führen (§4 Abs. 2-4 EnWG).

- Pflicht des Betreibers, anderen Unternehmen Zugang zum Versorgungsnetz durch diskriminierungsfreien verhandelten Netzzugang zu gewähren; Ausnahme: der Betreiber weist nach, das ihm die Durchleitung aus betriebsbedingten oder sonstigen Gründen nicht möglich oder nicht zumutbar ist.

Ihren Lieferanten frei wählen dürfen gemäß EU-Richtlinie "zugelassene Kunden". Als zugelassene Kunden zwingend vorgeschrieben sind Endverbraucher mit einem Jahresbedarf von mehr als 100 GWh. Die weitere Benennung von zugelassenen Kunden bleibt den Mitgliedstaaten überlassen. In Deutschland wird die freie Anbieterwahl über Durchleitungsregelungen zwischen verschiedenen Stromerzeugern umgesetzt.

Kriterien und Regeln für die Preisfindung bei der Durchleitung von Strom durch fremde Stromnetze haben VDEW, BDI und VIK in einer freiwilligen Verbändevereinbarung festgelegt. Diese Vereinbarung liegt zur Zeit dem Bundeswirtschaftsministerium und dem Bundeskartellamt zur Prüfung vor und wird erst danach unterzeichnet. Sie soll zunächst bis zum 30.09.1999 gelten. Bisher vereinbarte Grundsätze dieser Vereinbarung bezüglich der Entgelte umfassen:

- diskriminierungsfreie Gestaltung für alle Netzbenutzer,

- Angemessenheit; Preise sollen auf den pauschalierten Kosten der vorhandenen Netze basieren und der kartellrechtlichen Missbrauchsaufsicht unterliegen; alle Netzbetreiber sollen "die zur Ermittlung der Durchleitungsentgelte erforderlichen Bestimmungen, Größen und Preise in geeigneter Form" bekannt geben,

- verursachungsgerechte Gestaltung, frei von systemfremden Kosten und sonstigen Belastungen; Preise differenziert nach Spannungsstufen und erforderlicher Umspannung,

- Transparenz, einfacher Aufbau, klare Kalkulierbarkeit: "Briefmarkentarif" = Netznutzung wird in allen Spannungsebenen jeweils nur einmal, und zwar jeweils mit Pauschale, bezahlt. Ausnahme: Bei Nutzung des Höchstspannungsnetzes ist ab einer Entfernung von mehr als 100 km zusätzlich ein entfernungsabhängiger Zuschlag zu bezahlen.

Die Verbändevereinbarung beinhaltet keine Preisfestlegung, sondern nur die Verfahren, mit denen die Entgelte für die Stromdurchleitung berechnet werden können. Die Verbände gehen davon aus, das Durchleitungsentgelte nicht zu höheren Strompreisen führen werden, da Netzkosten auch bisher schon Bestandteil des Strompreises sind, aber nicht gesondert ausgewiesen werden.

Zur Schlichtung von Streitfällen bezüglich der Durchleitung oder der Entgeltkalkulation sieht die Verbändevereinigung eine "Clearingstelle" vor, die mit Hilfe unabhängiger Fachleute einvernehmliche Lösungen herbeiführen soll.

EVU haben allgemeine Anschluss- und Versorgungspflicht für Gemeindegebiete, in denen sie die allgemeine Versorgung von Letztverbrauchern durchführen. Unterschiedliche Allgemeine Tarife für verschiedene Gemeindegebiete sind prinzipiell nicht zulässig.

A.2.4 Kommunen und EVU

Durch Konzessionsverträge gewähren die Kommunen den EVU gegen Konzessionsabgaben innerhalb ihres Gebietes ausschließliche Wegerechte. Konzessionsverträge dürfen für maximal 20 Jahre abgeschlossen werden.

Das neue EnWG lässt den Abschluss von Konzessionsverträgen nicht mehr zu. Statt dessen sind die Gemeinden verpflichtet, ihre öffentlichen Verkehrswege den EVU für die Verlegung und den Betrieb von Leitungen diskriminierungsfrei durch Vertrag zur Verfügung zu stellen (einfache Wegerechte). Bereits bestehende Konzessionsverträge behalten zwar ihre Gültigkeit für die vereinbarte Vertragsdauer (einschließlich der Höhe der Konzessionsabgaben), die Ausschließlichkeit der Wegerechte fällt jedoch weg. Auch die einfachen Wegenutzungsverträge dürfen maximal für 20 Jahre abgeschlossen werden.

Kommunale EVU werden "normale" Wettbewerbsteilnehmer mit der Verpflichtung, anderen EVU ihr Netz durch Vertrag diskriminierungsfrei zur Durchleitung zur Verfügung zu stellen. Es gibt jedoch eine Übergangsregelung. Jedes EVU, das Letztverbraucher versorgt (i. d. R. sind dies die Stadtwerke), kann eine behördliche Bewilligung beantragen, die den verhandelten Netzzugang ausschließt; es wird somit zum Alleinabnehmer. Die Bewilligung kann längstens bis zum 31.12.2005 gelten. Als Alleinabnehmer ist das EVU verpflichtet, die Elektrizität abzunehmen, die ein Letztverbraucher in dem die Bewilligung betreffenden Gebiet bei einem anderen EVU gekauft hat.

Die Kommunen verlieren die Befugnis zur ausschließlichen Versorgung ihres Gebietes durch eigene Stadtwerke. Ihre Einnahmen durch Konzessionsabgaben werden wahrscheinlich zurückgehen. Zwar müssen die EVU auch für die einfachen Wegerechte Konzessionsabgaben zahlen, einfache Wegerechte werden für sie jedoch sicher einen erheblich geringeren Wert haben als ausschließliche. In der Stellungnahme des Bundesrates zum EnWG-Entwurf vom 19.12.1996 wird von einer zu erwartenden Halbierung des bisherigen Aufkommens von rund 6 Mrd. DM jährlich gesprochen.

TECHNIK, WIRTSCHAFT und POLITIK

Schriftenreihe des Fraunhofer-Instituts
für Systemtechnik und Innovationsforschung (ISI)

Band 2: B. Schwitalla
Messung und Erklärung industrieller Innovationsaktivitäten
1993. ISBN 3-7908-0693-4

Band 3: H. Grupp (Hrsg.)
Technologie am Beginn des 21. Jahrhunderts, 2. Aufl.
1995. ISBN 3-7908-0862-8

Band 4: M. Kulicke u. a.
Chancen und Risiken junger Technologieunternehmen
1993. ISBN 3-7908-0732-X

Band 5: H. Wolff, G. Becher, H. Delpho, S. Kuhlmann, U. Kuntze, J. Stock
FuE-Kooperation von kleinen und mittleren Unternehmen
1994. ISBN 3-7908-0746-X

Band 6: R. Walz
Die Elektrizitätswirtschaft in den USA und der BRD
1994. ISBN 3-7908-0769-9

Band 7: P. Zoche (Hrsg.)
Herausforderungen für die Informationstechnik
1994. ISBN 3-7908-0790-7

Band 8: B. Gehrke, H. Grupp
Innovationspotential und Hochtechnologie, 2. Aufl.
1994. ISBN 3-7908-0804-0

Band 9: U. Rachor
Multimedia-Kommunikation im Bürobereich
1994. ISBN 3-7908-0816-4

Band 10: O. Hohmeyer, B. Hüsing, S. Maßfeller, T. Reiß
Internationale Regulierung der Gentechnik
1994. ISBN 3-7908-0817-2

Band 11: G. Reger, S. Kuhlmann
Europäische Technologiepolitik in Deutschland
1995. ISBN 3-7908-0825-3

Band 12: S. Kuhlmann, D. Holland
Evaluation von Technologiepolitik in Deutschland
1995. ISBN 3-7908-0827-X

Band 13: M. Klimmer
Effizienz der computergestützten Fertigung
1995. ISBN 3-7908-0836-9

Band 14: F. Pleschak
Technologiezentren in den neuen Bundesländern
1995. ISBN 3-7908-0844-X

Band 15: S. Kuhlmann, D. Holland
Erfolgsfaktoren der wirtschaftsnahen Forschung
1995. ISBN 3-7908-0845-8

Band 16: D. Holland, S. Kuhlmann (Hrsg.)
Systemwandel und industrielle Innovation
1995. ISBN 3-7908-0851-2

Band 17: G. Lay (Hrsg.)
Strukturwandel in der ostdeutschen Investitionsgüterindustrie
1995. ISBN 3-7908-0869-5

Band 18: C. Dreher, J. Fleig, M. Harnischfeger, M. Klimmer
Neue Produktionskonzepte in der deutschen Industrie
1995. ISBN 3-7908-0886-5

Band 19: S. Chung
Technologiepolitik für neue Produktionstechnologien in Korea und Deutschland
1996. ISBN 3-7908-0893-8

Band 20: G. Angerer u. a.
Einflüsse der Forschungsförderung auf Gesetzgebung und Normenbildung im Umweltschutz
1996. ISBN 3-7908-0904-7

Band 21: G. Münt
Dynamik von Innovation und Außenhandel
1996. ISBN 3-7908-0905-5

Band 22: M. Kulicke, U. Wupperfeld
Beteiligungskapital für junge Technologieunternehmen
1996. ISBN 3-7908-0929-2

Band 23: K. Koschatzky
Technologieunternehmen im Innovationsprozeß
1997. ISBN 3-7908-0977-2

Band 24: T. Reiß, K. Koschatzky
Biotechnologie
1997. ISBN 3-7908-0985-3

Band 25: G. Reger
Koordination und strategisches Management internationaler Innovationsprozesse
1997. ISBN 3-7908-1015-0

Band 26: S. Breiner
Die Sitzung der Zukunft
1997. ISBN 3-7908-1040-1

Band 27: M. Kulicke, U. Broß, U. Gundrum
Innovationsdarlehen als Instrument zur Förderung kleiner und mittlerer Unternehmen
1997. ISBN 3-7908-1046-0

Band 28: G. Angerer, C. Hipp, D. Holland, U. Kuntze
Umwelttechnologie am Standort Deutschland
1997. ISBN 3-7908-1063-0

Band 29: K. Cuhls
Technikvorausschau in Japan
1998. ISBN 3-7908-1079-7

Band 30: J. Fleig
Umweltschutz in der schlanken Produktion
1998. ISBN 3-7908-1080-0

Band 31: S. Kuhlmann, C. Bättig, K. Cuhls, V. Peter
Regulation und künftige Technikentwicklung
1998. ISBN 3-7908-1094-0

Band 32: Umweltbundesamt (Hrsg.)
Innovationspotentiale von Umwelttechnologien
1998. ISBN 3-7908-1125-4

Band 33: F. Pleschak, H. Werner
Technologieorientierte Unternehmensgründungen in den neuen Bundesländern
1998. ISBN 3-7908-1133-5

Band 34: M. Fritsch, F. Meyer-Krahmer, F. Pleschak (Hrsg.)
Innovationen in Ostdeutschland
1998. ISBN 3-7908-1144-0

Band 35: Frieder Meyer-Krahmer, Siegfried Lange (Hrsg.)
Geisteswissenschaften und Innovationen
1999. ISBN 3-7908-1197-1

Band 36: B. Geiger, E. Gruber, W. Megele
Energieverbrauch und Einsparung in Gewerbe, Handel und Dienstleistung
1999. ISBN 3-7908-1216-1

Band 37: G. Reger, M. Beise, H. Belitz
Innovationsstandorte multinationaler Unternehmen
1999. ISBN 3-7908-1225-0

Band 38: C. Kolo, T. Christaller, E. Pöppel
Bioinformation
1999. ISBN 3-7908-1241-2

Band 39: R. Bierhals et al.
Mikrosystemtechnik – Wann kommt der Marktdurchbruch?
2000. ISBN 3-7908-1250-1

Band 40: Christiane Hipp
Innovationsprozesse im Dienstleistungssektor
2000. ISBN 3-7908-1264-1

Band 41: Ulrike Broß
Innovationsnetzwerke in Transformationsländern
2000. ISBN 3-7908-1287-0

Band 42: F. Pleschak, M. Fritsch, F. Stummer
Industrieforschung in den neuen Bundesländern
2000. ISBN 3-7908-1288-9

MIX
Papier aus verantwortungsvollen Quellen
Paper from responsible sources
FSC® C105338

If you have any concerns about our products,
you can contact us on
ProductSafety@springernature.com

In case Publisher is established outside the EU,
the EU authorized representative is:
**Springer Nature Customer Service Center GmbH
Europaplatz 3, 69115 Heidelberg, Germany**

Printed by Libri Plureos GmbH
in Hamburg, Germany